高等学校应用型通信技术系列教材

通信工程监理实务

◎ 王卓英　　　主编

李林 顾晶　副主编

清华大学出版社

北京

内 容 简 介

本书内容分为两大部分：第 1 部分通信工程监理应知，主要介绍通信监理需要掌握的基本理论和基础知识；第 2 部分通信工程监理应会，主要介绍工程施工阶段典型的 15 个监理工作任务以及施工现场监理日常工作任务，并给出通信管道、线路、设备安装三大典型通信工程项目的质量控制要点和安全管理细节。

本书从通信建设工程施工监理员的角度出发，理论适度够用，侧重应用，适用于刚刚步入通信工程监理领域的人员，可作为高职高专通信技术、通信工程设计与监理等专业的教材，也可作为广大企事业单位工程管理人员了解通信工程监理工作的入门教材。

图书在版编目（CIP）数据

通信工程监理实务/王卓英主编. —北京：清华大学出版社，2021.11（2024.7重印）

高等学校应用型通信技术系列教材

ISBN 978-7-302-58455-1

Ⅰ.①通…　Ⅱ.①王…　Ⅲ.①通信工程－施工监理－高等学校－教材　Ⅳ.①TN91

中国版本图书馆 CIP 数据核字（2021）第 118450 号

责任编辑：王剑乔
封面设计：刘　键
责任校对：刘　静
责任印制：刘海龙

出版发行：清华大学出版社

  网　　　址：https://www.tup.com.cn，https://www.wqxuetang.com

  地　　　址：北京清华大学学研大厦 A 座　　邮　　编：100084

  社 总 机：010-83470000　　　　　　　　邮　　购：010-62786544

  投稿与读者服务：010-62776969，c-service@tup.tsinghua.edu.cn

  质量反馈：010-62772015，zhiliang@tup.tsinghua.edu.cn

  课件下载：https://www.tup.com.cn，010-83470410

印 装 者：三河市铭诚印务有限公司

经　　销：全国新华书店

开　　本：185mm×260mm　　印　　张：15.5　　字　　数：353 千字

版　　次：2021 年 11 月第 1 版　　印　　次：2024 年 7 月第 2 次印刷

定　　价：49.00 元

产品编号：091172-01

PREFACE

前言

通信建设工程监理是通信建设行业不可缺少的环节,它主要是对通信工程建设实施进行专业化监督管理,控制项目造价、进度、质量,进行工程安全监督及工程协调,能有效提高通信工程建设的投资效益和社会效益。随着通信工程监理制度的完善,对监理的专业化和监理人员的素质提出了更高的要求。

在对通信工程监理人员的培养上,除了监理企业对入职员工的培训外,更多的高职院校开设了相关专业,培养监理方向的技能型人才。上海电子信息职业技术学院早在 2008 年就与上海信产管理咨询有限公司(原名"上海信产建设监理有限公司")联合进行通信工程监理人员的订单式培养。"通信工程监理实务"是该培养方向的一门核心课程,多年的合作使得"通信工程监理实务"这门课程日趋成熟,2014 年被评为"上海市精品课程"。本书在校本教材的基础上进行了修订,更新了法律法规和行业标准规范,对专业内容作了适当调整。

本书内容分为两大部分,共 4 章。第 1 部分为通信工程监理应知,介绍通信监理需要掌握的基本理论和基础知识,包括工程基本建设程序、通信建设工程监理基本概念、通信工程监理组织与实施、通信建设工程监理工作内容和工作程序等内容,让学习者能够对工程建设和通信工程监理有一个基本的认知,建立起通信工程监理学习的基本框架。第 2 部分为通信工程监理应会,首先选取 15 个典型通信工程施工监理工作任务,涵盖了施工准备到竣工验收整个工程施工阶段,以"项目引领、任务驱动"的形式呈现一个完整的通信工程监理项目流程;其次对现场监理员的日常工作进行介绍和指导,使学习者能够快速适应日常的监理工作;最后整理出通信管道、线路、设备安装(包括移动设备安装、天线安装等)三大典型通信工程项目的施工质量控制要求和安全管理措施,供学习者在实际工作中参考使用。

本书面向高职高专通信类专业学生,根据高职学习"理论适度够用,侧重应用"的特点,以工作任务为中心组织内容,根据工程项目开工到竣工验收全过程中的监理工作流程和工作内容来设计学习情境,将企业的实际工作岗位技能培训与高职教育教学规律相结合。本书内容的选取侧重于刚刚步入通信工程监理领域的监理人员,注重监理实际技能和具体操作的介绍,内容务实。本书还在章节学习重点和习题与思考题中加入了监理工程师资格考试的相关内容,为职业能力提升提供方向。

　　本书由上海电子信息职业技术学院王卓英担任主编,上海信产管理咨询有限公司李林、上海电子信息职业技术学院顾晶担任副主编。在本书的编写过程中,感谢上海信产管理咨询有限公司总监理工程师何雪平对本书的最初编写提供框架和资源;感谢总监理工程师赵忠强在本人企业实践期间亲自带教,手把手传授监理日常工作;感谢上海信产管理咨询有限公司总监理工程师李林在本次修订中给予了技术性的支持和帮助;同时也对支持编写工作的上海电子信息职业技术学院的领导和同事们表示感谢。

　　通信技术不断发展,通信建设工程项目的内容也会随之而变,通信建设工程监理需要紧跟通信建设行业发展趋势,不断学习和提升。由于编者水平所限,书中若有疏漏之处,恳请广大读者和同行批评、指正。

编　者

2021 年 8 月

CONTENTS

目 录

第 1 部分　通信工程监理应知

第 2 部分　通信工程监理应会

第1部分

通信工程监理应知

CHAPTER 1

第 1 章

通信建设工程项目基本认知

本章学习思维导图

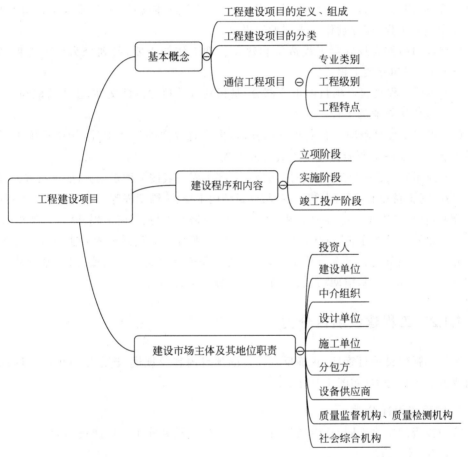

本章学习重点

(1) 工程建设程序。

(2) 通信工程项目的特点。

(3) 单项、单位、分部、分项工程的划分。

1.1 工程建设项目概述

1.1.1 工程建设项目的基本概念

建设项目是指按照一个总体设计进行建设,经济上实行统一核算,行政上有独立的组织形式,实行统一管理,由一个或若干个具有内在联系的工程所组成的总体。凡属于一个总体设计中的主体工程和相应的附属配套工程、综合利用工程、环境保护工程、供水供电工程等,均可作为一个建设项目。凡不属于一个总体设计,工艺流程上没有直接关系的几个独立工程,应分别作为不同的建设项目。

建设项目按照合理确定工程造价和建设管理工作的需要,可划分为单项工程、单位工程、分部工程和分项工程。

(1)单项工程是建设项目的组成部分,是指具有单独的设计文件,建成后能独立发挥生产能力或使用效益的工程。

(2)单位工程是单项工程的组成部分,是指具有独立的设计文件,能单独施工,但建成后不能独立发挥生产能力或使用效益的工程。

(3)分部工程是单位工程的组成部分。分部工程一般按工种来划分,如土石方工程、脚手架工程、钢筋混凝土工程、木结构工程、金属结构工程、装饰工程等。也可按单位工程的构成部分来划分,如基础工程、墙体工程、梁柱工程、楼地面工程、门窗工程、屋面工程等。

(4)分项工程是分部工程的组成部分,一般按照分部工程划分的方法划分分部工程,再将分部工程划分为若干个分项工程,如基础工程还可以划分为基槽开挖、基础垫层、基础砌筑、基础防潮层、基槽回填土、土方运输等分项工程项目。

1.1.2 工程建设项目分类

为了加强建设项目管理,正确反映建设的项目内容及规模,建设项目可按不同标准、原则或方法进行分类,如图 1-1 所示。

1. 按投资用途分类

按照投资的用途不同,建设项目可分为生产性建设和非生产性建设两大类。

(1)生产性建设。

生产性建设是指用于物质生产或为满足物质生产需要的建设,包括工业建设、建筑业建设、农林水利气象建设、运输邮电建设、商业和物资供应建设以及地质资源勘探建设。

上述运输邮电建设、商业和物资供应建设两项,也可以称为流通建设。因为流通过程是生产过程的继续,所以"流通过程"列入生产性建设中。

(2)非生产性建设。

非生产性建设一般是指用于满足人民物质生活和文化生活需要的建设,包括住宅建设、文教卫生建设、科学实验研究建设、公用事业建设和其他建设。

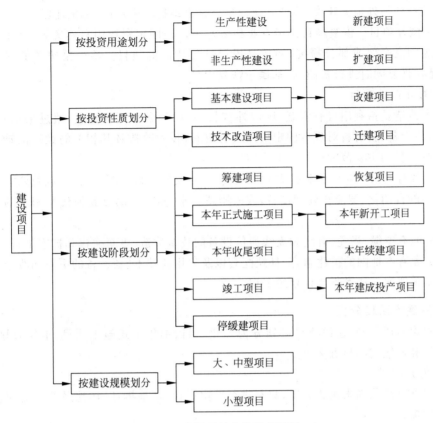

图 1-1　建设项目分类示意框图

2. 按投资性质分类

按照投资的性质不同,建设项目可以划分为基本建设项目和技术改造项目两大类。

1) 基本建设项目

基本建设项目是指利用国家预算内基建拨款投资、国内外基本建设贷款、自筹资金以及其他专项资金进行的,以扩大生产能力为主要目的的新建、扩建等工程的经济活动。具体包括以下五个方面。

(1) 新建项目。新建项目是指从无到有,"平地起家",新开始建设的项目;或原有基础很小,重新进行总体设计,经扩大建设规模后,其新增加的固定资产价值超过原有固定资产价值 3 倍以上的建设项目,也属于新建项目。

(2) 扩建项目。扩建项目是指企业和事业单位为扩大原有产品的生产能力和效益,或为增加新产品生产能力和效益,而扩建的主要生产车间或工程。

(3) 改建项目。改建项目是指原有企业和事业单位,为提高生产效率,改进产品质量,或为改进产品方向,对原有设备、工艺流程进行技术改造的项目。有些企业和事业单位为了提高综合生产能力,增加一些附属和辅助车间或非生产性工程,以及工业企业为改变产品方案而改装设备的项目,也属于改建项目。

(4) 迁建项目。迁建项目是指企业和事业单位由于各种原因迁到另外的地方建设的项目。搬迁到另外地方建设,不论其建设规模是否维持原来规模,都是迁建项目。

(5)恢复项目。恢复项目是指企业和事业单位的固定资产因自然灾害、战争或人为灾害等原因已全部或部分报废,而后又投资恢复建设的项目。不论是按照原来规模建设,还是在恢复同时进行扩建的,都属于恢复项目。

2)技术改造项目

技术改造是指利用自有资金、国内外贷款、专项基金和其他资金,通过采用新技术、新工艺、新设备、新材料对现有固定资产进行更新、技术改造及其相关的经济活动。通信技术改造项目的主要范围包括以下内容。

(1)现有通信企业增装和扩大数据通信、程控交换、移动通信等设备以及营业服务的各项业务的自动化、智能化处理设备,或采用新技术、新设备的更新换代及相应的补缺配套工程。

(2)原有电缆、光缆、有线和无线通信设备的技术改造、更新换代和扩容工程。

(3)原有本地网的扩建增容、补缺配套以及采用新技术、新设备的更新和改造工程。

(4)其他列入技术改造计划的工程。

3. 按建设阶段分类

按建设阶段不同,建设项目可划分为筹建项目、本年正式施工项目、本年收尾项目、竣工项目和停缓建项目五大类。

1)筹建项目

筹建项目是指尚未正式开工,只是进行勘察设计、征地拆迁、场地平整等为建设做准备工作的项目。

2)本年正式施工项目

本年正式施工项目是指本年正式进行建筑安装施工活动的建设项目,包括本年新开工的项目、以前年度开工跨入本年继续施工的续建项目、本年建成投产的项目和以前年度全部停缓建在本年恢复施工的项目。

(1)本年新开工项目。本年新开工项目是指报告期内新开工的建设项目,包括新开工的新建项目、扩建项目、改建项目、单纯建造生活设施项目、迁建项目和恢复项目。

(2)本年续建项目。本年续建项目是指本年以前已经正式开工,跨入本年继续进行建筑安装和购置活动的建设项目。以前年度全部停缓建,在本年恢复施工的项目也属于续建项目。

(3)本年建成投产项目。本年建成投产项目是指报告期内按设计文件规定建成主体工程和相应配套的辅助设施,形成生产能力(或工程效益),经过验收合格,并且已正式投入生产或交付使用的建设项目。

3)本年收尾项目

本年收尾项目是指以前年度已经全部建成投产,但尚有少量不影响正常生产或使用的辅助工程或非生产性工程在报告期继续施工的项目。本年收尾项目是报告期施工项目的一部分,但不属于正式施工项目。

4)竣工项目

竣工项目是指整个建设项目按设计文件规定的主体工程和辅助、附属工程全部建成,并已正式验收移交生产或使用部门的项目。建设项目的全部竣工是建设项目建设过程全部结束的标志。

5) 停缓建项目

停缓建项目是指经有关部门批准停止建设或近期内不再建设的项目。停缓建项目分为全部停缓建项目和部分停缓建项目。

4. 按建设规模分类

按建设规模不同,建设项目可划分为大、中型项目和小型项目两类。

建设项目的大、中型和小型是按项目的建设总规模或总投资确定的。生产单一产品的工业企业,按产品的设计能力划分;生产多种产品的工业企业,按其主要产品的设计能力划分;产品种类繁多,难以按生产能力划分的,按全部投资金额划分;新建项目按整个项目的全部设计能力所需要的全部投资划分;改、扩建项目按改、扩建新增加的设计能力,或改、扩建所需要全部投资划分。对国民经济具有特殊意义的某些项目,如产品为全国服务,或者生产新产品、采用新技术的重大项目,以及对发展边远地区和少数民族地区经济有重大作用的项目,虽然设计能力或全部投资不够大、中型标准,经国家指定,列入大、中型项目计划的,也可以按大、中型项目管理。

工业建设项目和非工业建设项目的大、中型和小型划分标准,会根据各个时期经济发展水平和实际工作中的需要而有所变化,执行时以国家主管部门的规定为准。以通信基建项目为例,具体如下。

1) 大、中型基建项目

长度在 500km 以上的跨省、区长途通信光(电)缆工程项目;长度在 1000km 以上的跨省、区长途通信微波工程项目以及总投资在 5000 万元以上的其他基本建设项目。

2) 小型基建项目

建设规模或计划投资在大、中型项目以下的基本建设项目。

1.1.3　通信建设工程项目

1. 通信建设单项工程项目划分

通信建设单项工程项目划分见表 1-1。

2. 通信建设工程类别划分

为加强通信建设管理,规范工程施工行为,确保通信建设工程质量,原邮电部在邮部【1995】945 号文中发布了《通信建设工程类别划分标准》,将通信建设工程分别按照建设项目、单项工程划分为一类工程、二类工程、三类工程和四类工程。各类工程的设计单位和施工企业级别均有严格的要求,不允许低级别的施工企业承担高级别的工程项目,但高级别的施工企业可以承担相应类别及以下类别的工程。

一类、二类、三类和四类工程的具体要求如下。

(1) 符合下列条件之一者为一类工程:大、中型项目或投资在 5000 万元以上的通信工程项目;省际通信工程项目;投资在 2000 万元以上的部定通信工程项目。

表 1-1　通信建设单项工程项目划分表

专 业 类 别		单项工程名称（举例）	备 注
通信电源设备安装工程		××电源设备安装工程（包括专用高压供电线路工程）	
有线通信设备安装工程	传输设备安装工程	××数字复用设备及光、电设备安装工程	
	交换设备安装工程	××通信交换设备安装工程	
	数据通信设备安装工程	××数据通信设备安装工程	
	视频监控设备安装工程	××视频监控设备安装工程	
无线通信设备安装工程	微波通信设备安装工程	××微波通信设备安装工程（包括天线、馈线）	
	卫星通信设备安装工程	××地球站通信设备安装工程（包括天线、馈线）	
	移动通信设备安装工程	① ××移动控制中心设备安装工程 ② 基站设备安装工程（包括天线、馈线） ③ 分布系统设备安装工程	
	铁塔安装工程	××铁塔安装工程	
通信线路工程		① ××光、电缆线路工程 ② ××水底光、电缆工程（包括水线房建筑及设备安装） ③ ××用户线路工程（包括主干及配线光、电缆；交接及配线设备；集线器；杆路等） ④ ××综合布线系统工程 ⑤ ××光线到户工程	进局及中继光（电）缆工程可按每个城市作为一个单项工程
通信管道工程		××路（××段）、××小区通信管道工程	

（2）符合下列条件之一者为二类工程：投资在 2000 万元以下的部定通信工程项目；省内通信干线工程项目；投资在 2000 万元以上的省定通信工程项目。

（3）符合下列条件之一者为三类工程：投资在 2000 万元以下的省定通信工程项目；投资在 500 万元以上的通信工程项目；地市局工程项目。

（4）符合下列条件之一者为四类工程：县局工程项目；其他小型项目。

1.1.4　通信建设工程的特点

通信建设工程科技含量高，专业复杂，有其特有的工程特点。

（1）通信建设工程具有全程全网、互联互通的特点，为保证通信工程适应通信网的技术要求，要求入网的通信设备和通信专业器材必须取得电信设备、器材入网许可证。

（2）通信建设工程项目点多面广，线路长，应具有全网的统一性和安全性。

（3）通信建设工程安装工艺要求精密、整齐、美观且牢固抗震。

（4）通信设备对环境温度、湿度、洁净度、防火、安全、防盗、防腐等要求高。

1.2　工程基本建设程序

　　建设程序是指建设项目从项目建议、可研、评估、决策、设计、施工到竣工验收、投入生产整个建设过程中,各项工作必须遵循的先后顺序的法则。这个法则是在人们认识客观规律的基础上制定出来的,是建设项目科学决策和顺利进行的重要保证,是多年来从事建设管理经验总结的高度概括,也是取得较好投资效益必须遵循的工程建设管理方法。按照建设项目进展的内在联系和过程,建设程序分为若干阶段,它们之间的先后次序和相互关系不是任意决定的。这些进展阶段有严格的先后顺序,不能任意颠倒。违反了这个规律会使建设工作出现严重失误,甚至会造成建设资金的重大损失。

　　在我国,一般的大、中型和限额以上的建设项目从建设前期工作到建设、投产要经过项目建议书、可行性研究、初步设计、年度计划安排、施工准备、施工图设计、施工招投标、开工报告、施工、初步验收、试运转、竣工验收、交付使用等环节。具体到通信行业基本建设项目和技术改造建设项目,尽管其投资管理、建设规模等有所不同,但建设过程中的主要程序基本相同。下面就以图 1-2 为例,对建设项目的建设程序及内容加以说明。

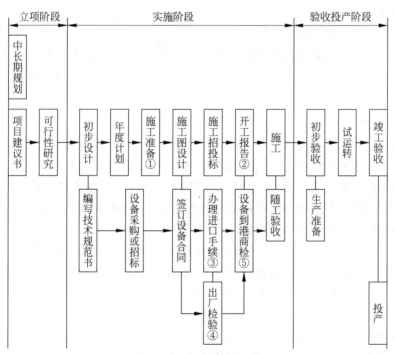

附注:①施工准备包括征地、拆迁、三通一平、地质勘探等。
　　　②开工报告:属于引进项目或设备安装项目(没有新建机房),设备发运后,即可写出开工报告。
　　　③办理进口手续:引进项目按国家有关规定办理报批及进口手续。
　　　④出厂检验:对复杂设备(无论购置国内、国外的)都要进行出厂检验工作。
　　　⑤非引进项目为设备到货检查。

图 1-2　工程项目建设程序

1.2.1　立项阶段

立项阶段是工程建设的第一阶段,包括中长期规划、项目建议书、可行性研究等内容。

1. 项目建议书

项目建议书是要求建设某一具体项目的建议文件,是投资决策前对拟建项目的轮廓设想,具体论述项目建设的必要性、条件的可行性和成功的可能性。

项目建议书的主要内容有以下几点。

(1) 项目名称。

(2) 建设项目提出的必要性和依据。

(3) 项目方案、市场预测、拟建规模和建设地点的初步设想。

(4) 资源情况、建设条件、协作关系和技术、设备可能的引进国别、厂商的初步分析。

(5) 环境保护。

(6) 投资估算和资金筹措设想,包括偿还贷款能力的大体测算。

(7) 项目实施规划设想。

(8) 经济效果和社会效益的初步估算。

项目建议书的审批视建设规模按国家相关规定执行。项目建议书报经有审批权限的部门批准后,可以进行可行性研究工作,但并不表明项目非上不可,项目建议书不是项目的最终决策。

2. 可行性研究

建设项目可行性研究是对拟建项目在决策前调查、研究、分析与项目有关的工程、技术、经济、市场等各方面条件和情况,比较论证各种可能的建设方案和技术方案,预测和评价项目建成后的经济效益、风险状况的一种科学分析方法,是基本建设前期工作的重要组成部分。可行性研究从项目建设和生产经营的全过程考察分析项目的可行性,其结论是对项目的最终决策提供直接的依据。

根据主管部门的相关规定,凡是达到国家规定的大、中型建设规模的项目,以及利用外资的项目、技术引进项目、主要设备引进项目、国际出口局新建项目、重大技术改造项目等,都要进行可行性研究。对小型通信建设项目进行可行性研究时,也要求参照其相关规定进行技术经济论证。

在可行性研究的基础上编制可行性研究报告。可行性研究报告的内容根据行业的不同而各有所侧重,通信建设工程的可行性研究报告一般应包括以下几项主要内容。

(1) 总论,包括项目提出的背景、建设的必要性和投资效益、可行性研究的依据及简要结论等。

(2) 需求预测与拟建规模,包括业务流量、流向预测,通信设施现状,国家从战略、边海防等需要出发对通信特殊要求的考虑,拟建项目的构成范围及工程拟建规模等。

(3) 建设与技术方案论证,包括组网方案,传输线路建设方案,局站建设方案,通路组织方案,设备选型方案,原有设施利用、挖潜和技术改造方案以及主要建设标准的考虑等。

（4）建设可行性条件,包括资金来源、设备供应、建设与安装条件、外部协作条件以及环境保护与节能等。

（5）配套及协调建设项目的建议,如进城通信管道、机房土建、市电引入、空调以及配套工程项目的提出等。

（6）项目实施进度安排的建议。

（7）维护组织、劳动定员与人员培训。

（8）主要工程量与投资估算,包括主要工程量、投资估算、配套工程投资估算、单位造价指标分析等。

（9）经济评价,包括财务评价和国民经济评价。财务评价是从通信企业或通信行业的角度考察项目的财务可行性,计算的财务评价指标主要有财务内部收益和静态投资回收期等；国民经济评价是从国家角度考察项目对整个国民经济的净效益,论证建设项目的经济合理性,计算的主要指标是经济内部收益率等。当财务评价和国民经济评价的结论发生矛盾时,项目的取舍取决于国民经济评价。

（10）需要说明的有关问题。

可行性研究报告通过审批,便是编制设计文件的重要依据,必须有相当的深度和准确性,且不得随意修改或变更。如果在建设规模、产品方案、建设地区、主要协作关系等方面有变动,以及突破投资控制限额时,应经过原批准机构同意。

3. 建设项目评估、决策

项目可行性研究报告提出后,由具有一定资质的咨询评估单位对拟建项目本身及可行性研究报告进行技术上、经济上的评价论证。决定项目可行性研究报告提出的方案是否可行,科学、客观、公正地提出项目可行性研究报告的评价意见,为决策部门、单位或业主对项目地审批决策提供依据。可行性研究报告经评估后按项目审批权限由各级审批部门进行审批。可行性研究报告批准后即意味着企业同意该项目进行投资建设,项目才算正式"立项",列入预备项目计划。

1.2.2　实施阶段

实施阶段可以划分为工程设计和工程施工两大部分,具体来说,主要包括项目设计、制订年度计划、项目招投标、施工准备、施工建设等环节。

1. 项目设计

通信建设项目设计过程划分为初步设计和施工图设计两个阶段,称二阶段设计。对技术复杂而又缺乏经验的项目,增加技术设计阶段。对一些规模不大、技术成熟或可以套用标准设计的项目,经主管部门同意,项目设计可以不分阶段一次完成,称为一阶段设计。

1）初步设计

初步设计是根据批准的可行性研究报告,以及有关的设计标准、规范,并通过现场勘察工作取得的设计基础资料后进行编制的。初步设计的主要任务是确定项目的建设方案、进行设备选型、编制工程项目的总概算。其中,初步设计中的主要设计方案及重大技术措施等应通过技术经济分析,进行多方案比选论证,未采用方案的扼要情况及采用方案的选定理由均应写入设计文件。

每个建设项目都应编制总体设计部分的总体设计文件(即综合册)和各单项工程设计文件,其内容深度要求如下。

(1) 总设计文件。

内容包括设计总说明及附录、各单项设计总图、总概算编制说明及概算总表。设计总说明的具体内容可参考各单项工程设计内容择要编写。总说明的概述一节,应扼要说明设计的依据及其结论意见,叙述本工程设计文件应包括的各单项工程分册及其设计范围分工(引进设备工程要说明与外商的设计分工)、建设地点现有通信情况及社会需要概括、设计利用原有设备及局所房屋的鉴定意见、本工程需要配合及注意解决的问题(如抗震设防、人防、环保等要求,后期发展与影响经济效益的主要因素,本工程的网点布局、网络组织、主要的通信组织等),以表格形式列出本期各单项工程规模及可提供的新增生产能力并附工程量表、增员人数表、工程总投资及新增固定资产值、新增单位生产能力、综合造价、传输质量指标分析、本期工程的建设工期安排意见以及其他必要的说明等。

(2) 各单项工程设计文件。

一般由文字说明、图纸和概算三部分组成,具体内容依据各专业的特点而定。概括起来应包括以下内容:概述,设计依据,建设规模,产品方案,原料、燃料、动力的用量和来源,工艺流程、主要涉及标准和技术措施,主要设备选型及配置,图纸,主要建筑物、构筑物,公用、辅助设施,主要材料用量,配套建设项目,占地面积和场地利用情况,综合利用、"三废"治理、环境保护设施和评价,生活区建设,抗震和人防要求,生产组织和劳动定员,主要工程量及总概算,主要经济指标及分析,需要说明的有关问题等。

初步设计文件应当满足编制施工招标文件、主要设备材料订货和编制施工图设计文件的需要,是下一阶段施工图设计的基础。如果是一阶段设计,其设计依据与初步设计相同。它包含初步设计和施工图设计有关部分的内容以及工程预算,其深度应能满足设计方案和技术措施的确定,并能指导施工。

如果项目的初步设计概算金额超过立项批复金额的10%,则需要重新办理立项手续。

2) 施工图设计

施工图设计文件应根据批准的初步设计文件和主要设备订货合同进行编制,并绘制施工详图,标明房屋、建筑物、设备的结构尺寸,安装设备的配置关系和布线,施工工艺和提供设备、材料明细表,并编制施工图预算。

施工图设计文件一般由文字说明、图纸和预算三部分组成。各单项工程施工图设计说明应简要说明批准的初步设计方案的主要内容并对修改部分进行论述,注明有关批准文件的日期、文号及文件标题,提出详细的工程量表,测绘出完整的线路(建筑安装)施工图纸、设备安装施工图纸,包括建设项目的各部分工程的详图和明细表等。它是初步设计(或技术设计)的完善和补充,是施工的依据。施工图设计的深度应满足设备、材料的订货,施工图预算的编制,设备安装工艺及其他施工技术要求等。施工图设计可不编制总体部分的综合文件。

施工图设计审查单位必须是取得审查资格,且符合审查权限要求的设计咨询单位。施工图设计文本必须由审查单位审查并加盖审查专用章后使用。经审查的施工图设计还必须经有权审批的部门进行审批。设计单位出具施工图设计文本并盖章确认,工程管理部门组织施工单位和监理单位(如有)召开施工图设计文本评审会议(俗称设计会审),并拟定评审会议纪要,由参与单位代表签字确认。

施工图预算如超过初步设计批复的投资概算规模,需要对项目概算进行修正,并由原审批单位进行审批。

2. 制订年度计划

制订年度计划包括基本建设拨款计划、设备和主材(采购)储备贷款计划、工期组织配产合计划等,是编制保证工程项目总进度要求的重要文件。

建设项目必须具有经过批准的初步设计和总概算,经资金、物资、设计、施工能力等综合平衡后,才能列入年度建设计划。经批准的年度建设计划是进行基本建设拨款或贷款的主要依据。年度计划中应包括整个工程项目和年度的投资及进度计划。

3. 项目招投标

建设工程招标是指建设单位通过招标的方式,将工程建设项目的勘察、设计、施工、材料设备供应、监理等业务一次或分部发包,由具有相应资质的承包单位通过投标竞争的方式承接。

必须进行招标的项目有以下几个。

(1) 施工、系统集成发包单项合同估算价在 200 万元人民币及以上的项目。

(2) 重要设备、软件、材料等物资的采购,单项合同估算价在 100 万元人民币及以上的项目。

(3) 勘察、设计、监理等服务的采购,单项合同估算价在 50 万元人民币及以上的项目。

(4) 单项合同估算价低于第(1)～(3)项规定的标准,但项目总投资额在 3000 万元人民币及以上的项目。

整个招标投标过程经过招标、投标和定标 3 个主要阶段。招标是招标人(建设单位)向特定或不特定的人发出通知,说明建设工程的具体要求以及参加投标的条件、期限等,邀请对方在期限内提出报价。然后根据投标人提供的报价和其他条件,选择对自己最为有利的投标人作为中标人,并与之签订合同。如果招标人对所有的投标条件都不满意,也可以全部拒绝,宣布招标失败,并可另择日期,重新进行招标活动。直至选择最为有利的对象(成为中标人)并与其达成协议,建设工程招投标活动即告结束。

4. 施工准备

工程项目列入年度建设计划后,工程项目进入施工准备阶段。施工准备是基本建设程序中的重要环节,是衔接基本建设和生产的桥梁。

1) 任务分工

在施工准备阶段,不同的工程主体需要完成的任务不同。主要有以下内容。

(1) 建设单位。制定建设工程管理制度,落实管理人员;汇总拟采购设备、主材的技术资料；落实施工和生产物资的供货来源；落实施工环境的准备工作，如征地、拆迁、"三通一平"（水、电、路通和平整土地等）；组织设计会审。

（2）施工单位。组建项目部、编制施工组织设计、进行项目成本预算、劳务采购、材料采购、仪表工器具组织、岗前培训等开工前准备工作。

（3）监理单位。编制监理规划和监理细则。

在签订施工及监理合同后，建设单位在落实了年度资金拨款、设备和主材供应及工程管理组织等各项准备工作就绪后，建设项目于开工前由施工单位提出开工报告。施工单位提交工程开工报审表和施工组织方案报审表，由监理单位审核后报建设单位审批。

2）技术准备

（1）施工图设计审核。

施工图设计审核的目的是在工程开工前，发现施工图设计中存在的问题和错误，为施工项目实施提供一份准确、齐全的施工图纸，使参与施工的工程管理及技术人员充分地了解和掌握设计图纸的设计意图、工程特点和技术要求。审查施工图设计的程序通常分为自审、会审两个阶段。

（2）设计交底。

为确保所承担的工程项目满足合同规定的质量要求，应使所有参与施工的人员熟悉并了解项目的概况、设计要求、技术要求、工艺要求。技术交底是确保工程项目质量的关键环节，是质量要求、技术标准得以全面认真执行的保证。

（3）编制施工组织设计。

由施工单位编制完成。在施工组织设计方案中应确定开/完工时间、计划进度表、施工资源投入（人、机、料），并制定施工方法、技术措施和生产安全方法、技术措施（含安全生产事故应急预案）。

（4）新技术的培训。

随着信息产业的飞速发展，新技术、新设备的不断推出，新技术的培训是通信工程实施的重要技术准备，是保证工程顺利实施的前提。

5. 施工建设

施工建设主要指项目管理团队从正式开工、完成管线、硬件等工程项目的施工、质量检查、问题整改、测试、开通或割接，包括现场资料收集等一系列工作，直至现场施工任务初步完成的过程。

施工单位应按批准的施工图设计及施工组织设计方案进行施工。每一道隐蔽工程结束后应由建设单位委派的工地代表或监理人员进行验收，验收合格后进入下一道工序。监理单位代表建设单位采用巡检、旁站、平行检验等方式对施工过程中的工程质量、进度、资金使用进行全过程管理控制。

1.2.3 竣工投产阶段

工程项目施工建设结束后，为了保证施工质量，必须要经过验收合格才能投产使用，本阶段主要包括初验、试运行和终验等环节。

1. 初验

项目初验是由施工企业完成施工承包合同工程量后,依据合同条款向建设单位申请完工验收。初验由建设单位或监理公司组织,相关设计、施工、维护、工程档案及质量管理部门参加并完成初验报告的签字确认,确认遗留问题,并对存在的问题彻底整改,为项目内审做好充分准备。

初步验收应在原定计划建设工期内进行,以批复的初步设计或一阶段设计为单位。初步验收工作包括检查过程质量、审查交工资料、分析投资效益、对发现的问题提出处理意见,并组织相关责任单位落实解决。初步验收后应向该项目主管部门报送初验报告、初步决算,同时进行项目预转固。

2. 试运行

项目试运行由建设单位负责组织,供货厂商、设计、施工和维护部门参加,对设备、系统的性能、功能和各项技术指标以及设计和施工质量等进行全面考核。经过试运行,如发现有质量问题,由相关责任单位免费返修。试运行结束后,使用部门应出具试运行报告,经使用部门负责人审阅并签字确认后提交工程管理部门。试运行期一般为3个月。

3. 终验

项目终验阶段主要指项目管理团队问题整改初验合格,配合甲方试运行并完成资产转固后,完成终验报告签署并将其返存的过程。

1)竣工项目验收准备工作

(1)建设单位向负责验收的单位提出竣工验收申报。

(2)编制项目过程总决算,分析预(概)算执行情况。

(3)整理出相关技术资料(包括竣工图纸、测试资料、重大障碍和事故处理记录等)。

(4)清理所有物资和未完或应收回的资金等。

2)竣工验收必须提供的资料文件

(1)项目的审批文件。

(2)竣工验收申请报告。

(3)工程决算报告。

(4)工程质量检查报告。

(5)工程质量评估报告。

(6)工程质量监督报告。

(7)工程竣工财务决算批复。

(8)工程竣工审计报告。

(9)其他需要提供的资料。

3)竣工验收的依据

(1)经批准的可行性研究报告。

(2)初步设计、施工图纸和说明。

（3）设备技术说明书。

（4）招标投标文件和工程承包合同。

（5）施工过程中的设计修改签证。

（6）现行的施工验收规范以及主管部门有关审批、修改、调整文件等。

4）竣工验收环节

（1）组成验收委员会或验收组。

（2）验收委员会或验收组负责审查工程建设的各个环节,听取各有关单位的工作总结汇报,审阅工程档案并实地查验建筑工程和设备安装,并对工程设计、施工和设备质量等方面作出全面评价。

（3）不合格的工程不予验收。对遗留问题提出具体解决意见,限期落实完成。

（4）验收委员会或验收组形成验收鉴定意见书。验收鉴定意见书由验收会议的组织单位印发各有关单位执行。

竣工项目经过验收交接后,应迅速办理固定资产交付使用的转账手续,技术档案移交维护单位统一保管。通信工程竣工验收备案应报通信工程质量监督中心。

1.3　工程建设市场的主体

工程建设市场的主体(参与者)包括投资人、建设单位、中介组织、设计单位、施工单位、分包单位、生产厂商、政府建设行政主管部门、质量监督机构、质量检测机构和社会综合机构等。不同的利益相关者,对工程有不同的期望,享有不同的利益,在工程项目中扮演不同的角色。为了确保工程项目的成功,必须分析各相关者在项目中的地位、作用、沟通方式和管理特点,以便充分调动其积极性,保证项目成功。

1.3.1　投资人

投资人是为工程项目提供资金的人,可能是项目的发起人,也可能是项目发起人的融资对象。投资人的目的是通过投资使工程项目完成,满足其获得收益的期望。作为发起人,其职责是发起项目,提供资金,保证项目的正确方向,监督项目的进程、资金运用和质量,对需要其决策的问题作出反应。

1.3.2　建设单位

建设单位是受投资人或权利人(政府)委托进行工程项目建设的组织,是建设项目的管理者。它是从投资者的利益出发,根据建设意图和建设条件,对项目投资和建设方案作出决策,并在项目的实施过程中为项目的实施者创造必要的条件。建设单位的决策水平、管理水平、行为的规范性等对一个项目的建设成功起着关键的作用。

1.3.3　中介组织

建设单位对建设项目进行管理需要一定的资质,当建设单位不具备工程项目要求的相应资质时,或虽然有资质但自身认为有必要时,或制度要求必需时,可聘请具有相应资质的社会服务性工程中介组织进行管理或咨询,如进行项目策划、编制项目建议书、进行可行性研究、进行设计和施工过程的监理、造价咨询、招标代理、项目管理等。常见的中介组织有咨询公司、招标代理公司、工程监理公司、工程项目管理公司等。中介组织作为单独一方,均可为建设单位提供所需要的服务。

1.3.4　设计单位

设计单位将建设单位的意图、建设法律法规规定和建设条件作为投入,经过设计人员在技术和经济方面综合的智力创造,最终产出可指导施工和安装活动的设计文件。设计单位的工作联系着工程项目的决策和施工两个阶段,既是决策方案的体现,又是编制施工方案的依据,它具体确定了工程项目的功能、总造价、建设规模、技术标准、质量水平等目标。设计单位还要把工作延伸到施工过程,直至竣工验收交付使用的最后阶段,以便处理设计变更和其他技术变更,通过参与验收确认施工最终的产品与设计文件要求一致,因此,设计单位责任重大。

1.3.5　施工单位

施工单位承建工程项目的施工任务。通常,施工单位通过竞争取得施工任务,通过签订工程施工合同与建设单位建立协作关系,然后编制施工项目管理规划,组织投入人力、物力、财力进行工程施工,实现合同和设计文件确定的功能、质量、工期、费用、能源消耗等目标,产出工程项目产品,通过竣工验收交付给建设单位,继而在保修期限内进行保修。

1.3.6　分包方

分包方包括设计分包和施工分包,从总承包方已经接到的任务中获得任务。双方成交后建立分包合同关系,分包方不直接与建设单位建立关系,而直接与总包方建立关系,在工程质量、工程进度、工程造价、安全等方面对总包方负责,服从总包方的监督和管理。

1.3.7　设备供应商

设备供应商包括建筑材料、构配件、设备、其他工程用品的生产厂家和供应商。他们为工程项目提供生产要素,是工程项目的重要利益相关者。生产厂商的交易行为、产品质量、价格、供货期和服务体系关系到项目的投资、进度和质量目标的实现。

1.3.8　质量监督机构和质量检测机构

质量监督机构代表政府对工程项目的质量进行监督,对设计、材料、施工、竣工验收进行质量监督,对有关组织的资质与工程项目需要的匹配进行检查与监督,以充分保证工程项目的质量。

我国实行质量检测制度,由国家技术监督部门认证批准监理工程质量检测中心。它分为国家级、省级和地区级三级,按其资质依法接受委托承担有关工程质量的检测试验工作,出具检测试验报告,为工程质量的认证和评价、为质量事故的分析和处理、为质量争端的调节与仲裁等提供科学的检测数据和权威性的证据。

质量监督机构和质量检测机构也都是中介服务组织。

1.3.9　社会综合机构

工程项目所在地区有许多系统的接口与配套设施,既为工程项目提供条件,同时也对其提出要求,包括供电、供气、给水、排水、消防、安全、通信、环卫、环保、道路、交通、运输、治安、街道居民、商店、其他建筑设施及其使用者等。与这些单位或机构建立密切的沟通与协调,取得相互的支持和理解是非常必要的。

习题与思考

一、单选题

1. 对于重大工程和技术复杂工程,应根据初步设计和更详细的调查研究资料编制
(　　　),以进一步解决初步设计中的重大技术问题,使工程设计更具体、更完善、技术指标更好。

　　A. 详细勘察计划　　B. 方案设计　　　　C. 技术设计　　　　D. 施工图设计

2. 新上项目在项目建议书被批准后,负责派代表组成项目法人筹备组,具体负责项目法人筹建工作的是项目的(　　　)。

　　A. 监理方　　　　　B. 投资方　　　　　C. 设计方　　　　　D. 施工方

3. 具有单独的设计文件,建成后能独立发挥生产能力或效益的工程称为(　　　)。

　　A. 单项工程　　　　B. 单位工程　　　　C. 分部工程　　　　D. 分项工程

二、简答题

1. 请描述工程建设的程序。

2. 通信工程项目的特点是什么?

3. 建设市场有哪些主体?各自的作用是什么?

CHAPTER 2

第2章

通信建设工程监理基本概念及组织与实施

本章学习思维导图

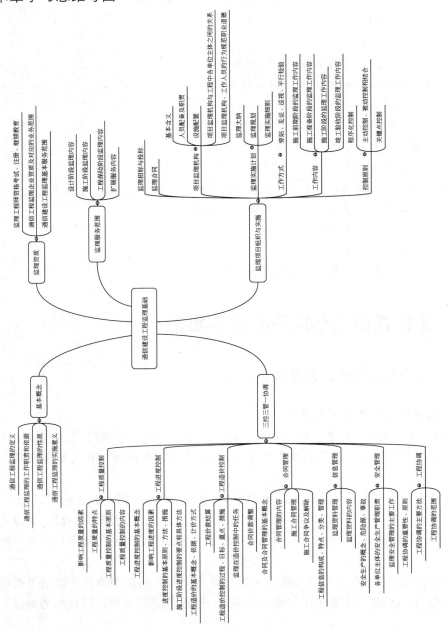

本章学习重点

(1) 建设工程监理的性质、法律地位和责任。

(2) 监理招标及投标。

(3) 监理工程师资格考试、注册、执业和继续教育。

(4) 建设工程监理的基本服务范围。

(5) 项目监理机构及其人员职责、职业道德。

(6) 监理大纲、监理规划、监理实施细则的编制、主要内容和报审。

(7) 建设工程监理主要方式、工作内容。

(8) 工程目标控制的内涵、任务、目标、主要方式、相互关系。

(9) 施工质量控制的依据、程序和方法。

(10) 影响进度的因素。

(11) 施工进度控制的内容、程序、措施和任务。

(12) 工程造价控制的目标、任务及措施。

(13) 工程造价的构成。

(14) 工程费用支付的基本原则、支付程序。

(15) 合同价款调整。

(16) 施工合同管理。

(17) 建设工程监理基本表式及主要文件资料。

(18) 建设工程监理文件资料管理职责和要求。

(19) 施工危险源辨识与风险评价。

(20) 建设各方安全责任和义务。

(21) 建设工程安全生产管理的监理工作。

2.1 通信建设工程监理的基本概念

2.1.1 通信建设工程监理的含义

1. 通信建设工程监理的含义

根据《建设工程监理规范》(GB/T 50319—2013),工程监理单位是依法成立并取得建设主管部门颁发的工程监理企业资质证书,从事建设工程监理与相关服务活动的服务机构。

建设工程监理是工程监理单位受建设单位委托,根据法律法规、工程建设标准、勘察设计文件及合同,在施工阶段对建设工程质量、造价、进度进行控制,对合同、信息进行管理,对工程建设相关方的关系进行协调,并履行建设工程安全生产管理法定职责的服务活动。

通信建设工程监理是指具有通信工程监理相应资质的监理单位受通信工程项目建设单位的委托,依据国家有关工程建设的法律、法规,经建设主管部门批准的通信工程项目建设文件、通信建设工程监理委托合同及建设工程的其他合同(采购、施工等)对通信工程建设实施的专业化监督管理。

2. 通信建设工程监理单位的工作职责和工作依据

监理单位作为独立于工程建设承包合同双方之外的第三方,其工作职责是受建设单位委托管理承包合同、监督承包合同的履行。其工作依据主要是法律、法规;经有关部门批准的工程项目文件和设计文件;建设单位与监理企业签订的委托监理合同;建设单位与承包单位签订的施工合同。其工作方式是依靠自身的专业技术知识管理工程建设的实施,因而监理工作具有公正、独立、诚信、科学的特点。监理单位必须依法执业,既要维护建设单位的利益,也不能损害承包单位的合法利益。

3. 通信工程监理的性质

1) 服务性

工程监理的服务性是由它的业务性质决定的。监理的服务对象是通信建设单位,监理服务按照委托监理合同的规定进行,受法律的约束和保护。在监理过程中,工程监理企业既不直接进行设计,也不直接进行施工;既不向建设单位承包造价,也不参与承包商的利益分成,只向建设单位收取一定的管理酬金。监理人员利用自己在工程建设方面的专业知识、技能和经验,通过必要的试验和检测手段,把好工程质量关,控制工期进度,为建设单位提供高智能的监督管理服务。工程监理企业不能完全取代建设单位的管理活动,它只能在建设单位授权范围内代表建设单位进行管理,工程建设中的重大问题决策仍由建设单位负责。

2) 科学性

工程监理的科学性是由它的技术服务性质决定的。监理提供的服务要求通过对科学知识的应用实现其价值,因此,要求监理单位和监理工程师在开展监理服务时能够提供科学含量高的服务,以创造更大的价值。作为专业的监理机构,工程监理企业有组织能力强、工程建设经验丰富的领导者,有具有丰富管理经验和应变能力的监理工程师队伍,有健全的管理制度,掌握先进的管理理论、方法和手段,并积累了足够的技术、经济资料和数据,因此能科学地对通信工程项目建设进行监理,实事求是、有创造性地开展工作。

3) 独立性

工程监理企业是工程建设中独立的一方,既要认真、勤奋,竭诚为委托方(建设单位)服务,协助委托方实现预定的目标,也要按照公正、独立、自主的原则开展监理工作。按照独立性的要求,工程监理企业应当严格按照有关法律、法规、规章、工程建设文件、工程建设技术标准、建设工程委托监理合同以及有关的建设工程合同等开展工作,实施监理。在工程监理过程中,必须建立自己的组织,按照自己的工作计划、程序、流程、方法、手段独立地开展工作。

4) 公正性

在开展工程监理的过程中,工程监理企业应当排除各种干扰,客观、公正地对待建设单位和承建单位。特别是当这两方发生利益冲突或者矛盾时,工程监理企业应当以事实为依据,以法律和有关合同为准绳,在维护建设单位利益的同时,不损害承建单位的合法权益。为了保证公正性,监理单位在人事和经济上必须独立,避免"同体监理"。在委托监理的工程中,监理单位与承建单位不得有隶属关系和其他利害关系。

2.1.2　通信建设工程监理的发展和实施意义

1. 通信工程监理的发展背景

在改革开放中,我国通信行业迅速崛起。随着国家对通信行业管理机制的改变,通信市场已逐步形成竞争局面,由此而带动了通信建设市场的发展,使得许多通信设备制造厂商和施工承包单位都参加到通信建设工程行列,打破了原来计划经济体制下,通信工程由指定的通信专业队伍施工的界限。这虽然加快了通信建设速度和规模,但对通信建设工程质量方面冲击甚大,因为许多承建商和供货厂商进入通信建设市场后,各自有一套施工方法和要求,标准不一,技术上无人协调,造成有些通信线路工程故障多、质量隐患多,有些局站设备安装、布线混乱,调测困难。总的看来,工程质量呈下降趋势。在此情况下,有许多运营公司为了保证工程质量,按国家建设工程监理制度,对大、中型通信工程项目的建设都委托了监理,从而将通信建设监理制度引入了通信建设市场。

随后,通信建设工程监理制度在全国范围内健康、迅速地发展起来,在通信工程建设中发挥着越来越重要的作用,受到了广泛关注和普遍认可。通信建设工程监理工作具有技术管理、经济管理、合同管理、组织管理和工程协调等多项业务职能,可以协助建设单位进行工程项目可行性研究、优选设计方案和承包单位、审查设计文件、控制工程质量、造价和工期、监督管理通信建设工程合同的履行,以及协调建设单位与通信工程建设有关各方的工作关系等,解决了建设单位在通信工程建设中缺乏懂技术、懂工程管理人才的困难,避免了工程建设中的各种浪费现象,保证了工程质量进度和效益,制约了腐败现象的产生。

我国通信建设领域引入建设工程监理制度是通信工程建设领域管理体制的重大改革。通信工程建设市场引入通信建设工程监理制后,除原有的建设单位、设计单位、施工承包单位等外,还增加了监理单位,并将各方的协作关系由计划经济的指令性确立转变为通过社会招投标活动来确立,即建设单位立项投入某一通信建设工程项目后,首先通过招投标来确定要选择的监理单位。监理单位在授权范围内,协助建设单位再通过招投标来确定设计单位、供货单位、施工承包单位等。由此可见,通信建设工程监理已成为通信工程建设的强有力支柱之一,它已经成为通信建设工程全过程的重要角色。

2. 通信工程监理的意义

实行通信建设工程监理的目的在于提高通信工程建设的投资效益和社会效益。10多年来的通信建设工程监理实践证明,实施通信建设工程监理制度,能起到控制项目造价、进度、质量和安全监督及工程协调的作用,推行通信建设工程监理制度有效地控制了工程建设的进度和造价,提高了工程质量,实现了工程管理的专业化,促进了施工单位管理水平的提高,使通信建设市场形成新的运行机制,为我国通信建设工程监理业进入国际市场奠定了坚实的基础。

2.1.3　通信工程监理人员培养及管理

监理人员的培养及管理是一个长期、持续的过程。一般的监理员需要经过培训取得监理员上岗资格证,持证上岗。而监理工程师则需要通过国家考试,经过注册后才能取得监理执业资格,在注册有效期内还应周期性地接受继续教育。

1. 监理工程师资格考试

1996 年 8 月,原建设部、人事部下发了《建设部、人事部关于全国监理工程师执业资格考试工作的通知》。从 1997 年起,全国正式举行监理工程师执业资格考试。目前,考试工作由住房和城乡建设部、人力资源和社会保障部共同负责,日常工作委托中国建设监理协会承担,具体考务工作由人力资源和社会保障部人事考试中心负责。考试每年举行一次,考试时间一般安排在 5 月中旬。凡中华人民共和国公民,遵纪守法并具备以下条件之一者,均可申请参加全国监理工程师执业资格考试。

(1) 工程技术或工程经济专业大专(含大专)以上学历,按照国家有关规定,取得工程技术或工程经济专业中级职务,并任职满 3 年。

(2) 按照国家有关规定,取得工程技术或工程经济专业高级职务。

(3) 1970 年(含 1970 年)以前工程技术或工程经济专业中专毕业,按照国家有关规定,取得工程技术或工程经济专业中级职务,并任职满 3 年。

考试设"建设工程监理基本理论与相关法规""建设工程合同管理""建设工程质量、投资、进度控制""建设工程监理案例分析"共 4 个科目。考试合格者,由各省、自治区、直辖市人事(职改)部门颁发经人力资源和社会保障部统一印制,人力资源和社会保障部、住房和城乡建设部用印的"中华人民共和国监理工程师执业资格证书"(以下简称"监理工程师执业资格证书")。

2. 监理工程师注册

监理工程师实行注册执业管理制度。取得资格证书的人员,经过注册取得监理工程师注册证书,方能以注册监理工程师的名义执业。按照中华人民共和国建设部令第 147 号发布的《注册监理工程师管理规定》的有关规定,监理工程师依据其所学专业、工作经历、工程业绩,按专业注册、每人最多可以申请两个注册专业,注册证书和执业印章的有效期为 3 年。监理工程师的注册分为初始注册、延续注册和变更注册 3 种形式。

申请初始注册时,取得资格证书并受聘于一个建设工程勘察、设计、施工、监理、招标代理、造价咨询等单位的人员,通过聘用单位向单位工商注册所在地的省、自治区、直辖市人民政府建设主管部门提出注册申请。省、自治区、直辖市人民政府建设主管部门受理后提出初审意见,并将初审意见和全部申报材料报国务院建设主管部门审批。符合条件的,由国务院建设主管部门核发注册证书和执业印章。

3. 注册监理工程师继续教育

注册监理工程师每年都要接受一定学时的继续教育。通过继续教育使注册监理工程师及时掌握与工程监理有关的政策、法律、法规和标准规范,熟悉工程监理与工程项目管理的新理论、新方法，了解工程建设新技术、新材料、新设备及新工艺，适时更新业务知识，不断提高注册监理工程师的业务素质和执业水平，以适应开展工程监理业务和工程监理事业发展的需要。

注册监理工程师在每一注册有效期内应当达到国务院建设主管部门规定的继续教育要求，作为注册监理工程师初始注册、延续注册和重新申请注册的条件之一。继续教育分为必修课和选修课，在每一注册有效期内各为 48 学时。

4. 通信监理工程师资格

针对通信建设领域，根据《工业和信息化部行政许可实施办法》的要求，申请人员通过各省通信管理局组织的资格考试并受聘于相关通信监理企业方能申请通信建设监理工程师执业资格，并取得监理工程师执业资格证书。

通信建设监理工程师按专业设置，分为电信工程专业和通信铁塔专业，资格任职条件如下。

（1）遵守国家各项法律规定。

（2）从事通信建设工程监理工作，在通信建设监理单位任职。

（3）身体健康，能胜任现场监理工作，年龄不超过 65 周岁。

（4）申请电信工程专业监理工程师资格的，应当具有通信及相关专业或者经济及相关专业中级以上（含中级）职称或者同等专业水平，并有 3 年以上从事通信建设工程工作经历；申请通信铁塔专业监理工程师资格的，应当具有工民建及相关专业中级以上（含中级）技术职称或者同等专业水平，并有 3 年以上从事相关工作经历。

（5）近 3 年内承担过 2 项以上（含 2 项）通信建设工程项目。

（6）取得通信建设监理工程师考试合格证书。

2.1.4　通信工程监理企业资质

通信工程（建设）监理企业资质是指对该企业从事通信工程建设监理业务应当具备的组织机构和规模、人员组成、人员素质、资金数量、固定资产、专业技能、管理水平及监理业绩等的综合评定。对工程监理企业进行资质管理的制度是政府实行市场准入控制的有效手段。

凡属中央管理的企业申请通信建设监理企业资质证书的，将申报材料报工业与信息化部综合规划司，综合规划司组织专家对企业的申请材料进行审查。非中央管理企业申请通信建设监理企业资质证书的，将申报材料报所在省、自治区、直辖市通信管理局，省、自治区、直辖市通信管理局组织专家对申报材料进行审查。部综合规划司根据申请材料，对人员素质、专业技能、管理水平、资金数量、固定资产以及实际业绩进行综合评价，经审查符合资质等级条件的，发给相应的通信建设监理企业资质证书。

根据 2009 年 4 月 10 日起施行的《工业和信息化部行政许可实施办法》，通信建设监理企业资质等级分为甲级、乙级和丙级。甲级和乙级资质分为电信工程专业和通信铁塔专业，丙级资质只设电信工程专业，并对各级通信建设监理企业资质等级的标准做出以下规定。

1. 甲级

1) 有关负责人资历

企业负责人应当具有从事通信建设或者管理工作的经历,并具有中级以上(含中级)职称或者同等专业水平;企业技术负责人应当具有 8 年以上从事通信建设或者管理工作的经历,并具有高级技术职称或者同等专业水平,同时取得通信建设监理工程师资格。

2) 工程技术、经济管理人员的要求

通信建设监理工程师总数不少于 60 人,申请资质中包含电信工程专业的,电信工程专业监理工程师应当不少于 45 人;申请资质中包含通信铁塔专业的,通信铁塔专业监理工程师应当不少于 5 人。在各类专业技术人员中,高级工程师或者具有同等专业水平的人员不少于 12 人,具有高级经济系列职称或同等专业水平的人员不少于 3 人,具有通信建设工程概预算资格证书的人员不少于 20 人。

3) 注册资本

注册资本不少于 200 万元。

4) 业绩

企业近 2 年完成 2 项投资额 3000 万元以上或者 4 项投资额 1500 万元以上的通信建设监理工程项目。

2. 乙级

1) 有关负责人资历

企业负责人应当具有从事通信建设或者管理工作的经历,并具有中级以上(含中级)职称或者同等专业水平;企业技术负责人应当具有 5 年以上从事通信建设或者管理工作的经历,并具有高级技术职称或者同等专业水平,同时取得通信建设监理工程师资格。

2) 工程技术、经济管理人员的要求

通信建设监理工程师总数不少于 40 人,申请资质中包含电信工程专业的,电信工程专业监理工程师应当不少于 30 人;申请资质中包含通信铁塔专业的,通信铁塔专业监理工程师应当不少于 3 人。在各类专业技术人员中,高级工程师或者具有同等专业水平的人员不少于 8 人,具有高级经济系列职称或同等专业水平的人员不少于 2 人,具有通信建设工程概预算资格证书的人员不少于 12 人。

3) 注册资本

注册资本不少于 100 万元。

4) 业绩

企业近 2 年完成 2 项投资额 1500 万元以上或者 5 项投资额 600 万元以上的通信建设监理工程项目,但首次申请乙级资质的除外。

3. 丙级

1) 有关负责人资历

企业负责人应当具有从事通信建设或者管理工作的经历,并具有中级以上(含中级)职称或者同等专业水平;企业技术负责人应当具有 3 年以上从事通信建设或者管理工作的经历,并具有高级技术职称或者同等专业水平,同时取得通信建设监理工程师资格。

2)工程技术、经济管理人员的要求

通信建设监理工程师总数不少于 25 人,高级工程师或者具有同等专业水平的人员不少于 3 人,具有中级以上(含中级)经济系列职称或同等专业水平的人员不少于 1 人,具有通信建设工程概预算资格证书的人员不少于 8 人。

3)注册资本

注册资本不少于 50 万元。

4)业绩

企业近 2 年完成 5 项投资额 300 万元以上的通信建设监理工程项目。但首次申请乙级资质的除外。

2.1.5　通信建设工程监理的服务范围

1. 监理业务范围

按照《工业和信息化部行政许可实施办法》(工信部第 2 号令)的相关规定,通信建设监理企业资质等级分为甲级、乙级和丙级。不同等级的监理企业可承担的业务范围如下。

1)甲级

可在全国范围内承担经批准专业的各种规模的下列业务。

(1)电信工程专业:有线传输、无线传输、电话交换、移动通信、卫星通信、数据通信、通信电源、综合布线、通信管道工程。

(2)通信铁塔专业。

2)乙级

可在全国范围内承担经批准专业的下列业务。

(1)电信工程专业:工程投资额在 3000 万元以下的省内有线传输、无线传输、电话交换、移动通信、卫星通信、数据通信、通信电源等专业工程;$10km^2$ 以下的建筑物的综合布线工程;通信管道工程。

(2)通信铁塔专业:塔高 80m 以下的通信铁塔工程。

3)丙级

可在全国范围内承担工程投资额在 1000 万元以下的本地网有线传输、无线传输、电话交换、移动通信、卫星通信、数据通信、通信电源等专业工程,$5000m^2$ 以下的建筑物的综合布线工程;48 孔以下通信管道工程。

通信工程监理企业应当依法取得相应等级的资质证书,并在其资质等级许可的范围内承担工程监理业务。禁止通信工程监理单位超越本单位资质等级许可的范围或者以其他工程监理单位的名义承担工程监理业务,也禁止工程监理单位允许其他单位或者个人以本单位的名义承担工程监理业务。

2. 通信建设工程监理的基本服务范围

监理企业可以和建设单位约定对通信工程建设全过程(包括设计阶段、施工阶段和保修期阶段)实施监理,也可以约定对其中某个阶段实施监理。具体监理范围和内容,由建设单位和监理企业在委托合同中约定。

1) 设计阶段监理内容

(1) 协助建设单位选定设计单位,商签设计合同并监督管理设计合同的实施。

(2) 协助建设单位提出设计要求,参与设计方案的选定。

(3) 协助建设单位审查设计和概(预)算,参与施工图设计阶段的会审。

(4) 协助建设单位组织设备、材料的招标和订货。

2) 施工阶段监理内容

(1) 协助建设单位审核施工单位编写的开工报告。

(2) 审查施工单位的资质,审查施工单位选择的分包单位的资质。

(3) 协助建设单位审查批准施工单位提出的施工组织设计、安全技术措施、施工技术方案和施工进度计划,并监督检查实施情况。

(4) 检查工程使用的材料、构件和设备的数量、规格和质量。

(5) 检查施工单位严格执行工程施工合同和规范标准。

(6) 检查施工单位在工程项目上的安全生产规章制度和安全监管机构的建立、健全及专职安全生产管理人员配备情况;审核施工单位应急救援预案和安全防护措施费用使用计划;监督施工单位按照施工组织设计中的安全技术措施和专项施工组织方案组织施工,及时制止违规施工作业。

(7) 实施旁站监理,检查工程进度和施工质量,验收分部分项工程,签署工程付款凭证,做好隐蔽工程的签证。

(8) 审查工程结算。

(9) 协助建设单位、组织设计单位和施工单位进行竣工初步验收,并提出竣工验收报告。

(10) 审查施工单位提交的交工文件,督促施工单位整理合同文件和工程档案资料。

3) 工程保修期阶段监理内容

(1) 监理企业应依据委托监理合同确定质量保修期的监理工作范围。

(2) 负责对建设单位提出的工程质量缺陷进行检查和记录,对施工单位进行修复的工程质量进行验收。与施工阶段的要求是一致的。

(3) 协助建设单位对工程质量缺陷原因进行调查分析并确定责任归属,对非施工单位原因造成的工程质量缺陷,核实修复工程的费用和签发支付证明,并报建设单位。

(4) 保修期结束后协助建设单位结算工程保修金。

3. 通信工程建设监理的扩展服务范围

扩展服务内容不是必须全部委托的,而是根据建设单位的需要进行委托。扩展服务内容包括以下方面。

1) 项目决策方面

(1) 工程可行性研究。

(2) 进行市场调查与市场预测。

（3）进行投资估算。

2）工程招标方面

（1）进行招标的策划或合同规划。

（2）编制招标文件。

（3）组织招标工作。

（4）编制标底。

（5）组织评标。

3）勘察设计监理方面

（1）协调设计工作与勘察要求的关系。

（2）审查勘察方案。

（3）控制勘察进度。

（4）验收勘察成果。

（5）对勘察工程量进行计量,并审查勘察费用支付。

（6）审查方案设计和投资估算。

（7）审查初步设计和设计概算。

（8）审查施工图设计和施工图预算。

（9）控制设计进度。

（10）审查设计费用支付,处理设计合同纠纷。

4）设备和材料的采购及制造方面

（1）有关设备和材料的市场调查等。

（2）设备和材料的采购招标与合同签订。

（3）建设单位供应的设备和材料的厂内监造、验收运输等。

5）代理施工前期外协调工作

（1）办理施工用电、用水的增容和使用。

（2）办理有关的施工许可证件。

（3）办理有关交通、消防、人防等相关政府主管部门的审批工作。

6）其他方面

（1）特殊要求的非常规质量监测和检测。

（2）工程项目的后评估。

2.2　通信工程建设监理项目组织与实施

2.2.1　通信建设工程监理的选择

1. 通信建设工程监理的招标或议标

建设单位在决策建设某项通信工程以后,首先应按照工程的类别、技术的难易程度,在相关专家、主管的协助下编写通信建设工程监理招标书,进行公开招标或有选择地邀请 3 个以上具有相应于该通信建设工程监理资质的监理单位参加,最终确定该通信工程的监理单位。

2. 通信建设工程的监理投标

具有与通信建设工程相应的监理资质和能力的监理单位,获取招标或议标信息后,应按招标书的要求编写投标书。其内容格式一般应包括以下几项。

(1) 投标书。

(2) 报价书(含成本分析)。

(3) 财务审计证书。

(4) 投标保函(标书有要求时)。

(5) 资信资料(资质证书、营业执照、信誉证书等)。

(6) 监理业绩。

(7) 对招标书技术问题的应答。

(8) 监理机构(拟派监理机构人员资质、岗位及设施配备等)。

(9) 监理大纲。

(10) 监理合同标准文本(中标后签订)。

3. 监理合同签订

建设单位经过评标或议标后,最终选定监理单位并以书面形式发出"中标通知书",监理单位接到通知后,应按通知规定的时间、地点与建设单位签订监理合同。监理合同的内容格式根据《中华人民共和国合同法》和通信工程监理的具体要求编写,也可采用《建设工程监理合同(示范文本)》(GF—2012—0202)。采用标准文本在签订合同时应注意以下问题。

(1) 合同起止时限,即为监理服务时限。合同开始时间可为中标后合同签订之日或监理服务开始之日。合同终止时间可为被监理工程规定的竣工工期时间再加监理整理资料的时间(一般该段时间为 15～45 天)。

(2) 合同标准条件为国家按合同法要求对合同双方的基本规定。即双方的责任、权利、义务以及合同执行中的签订、变更、争议、终止等处理办法。

(3) 合同专用条件是对标准条件的补充,即按通信建设工程监理的特点规定其具体条款。

(4) 在合同专用条件中监理服务范围和工作内容应规定明确。它是监理工作的权限范围和工作提纲。服务范围是指工程的实施阶段和工程的规模容量。工作内容是指在工程实施阶段和工程规模容量内监理单位所应做的具体工作。

(5) 在合同专用条件中也应对外部条件做出明确规定。一般规定工程外部条件由建设单位负责,但也可部分或全部委托监理办理。而办理外部条件的费用并未含在监理收费标准中,必须在合同中明确该部分的费用。对通信建设工程的外部条件一般是指建设工程用电、用水、施工许可证、交通运输、消防、人防等政府主管部门的审批工作。

(6) 在合同专用条件中对监理工作酬金应经建设单位与监理单位充分协商,根据所在通信工程建设市场经济水平、生产力水平等综合因素确定监理费。该费用仅限于监理工作范围、时限和工程维修期以内的费用。

（7）对监理附加工作酬金是指合同中明确规定的外部协调服务、监理提供的仪表音像设备的有偿使用、由于非监理方的原因所造成的监理服务工作量的增加、由于非监理方的原因而工期延误所造成的监理时限的延长等，应视为监理附加工作。对此建设单位应支付监理附加工作酬金。

（8）对监理额外工作酬金是在执行监理合同期间非监理方原因而建设单位书面通知监理单位暂停全部服务或部分服务或终止合同时，监理单位用于暂停和恢复服务或终止服务的资料整理和善后工作，应视为额外工作。额外工作时限应在合同中明确。对此，建设单位应支付监理额外工作酬金。

监理合同签订以后，建设单位在监理企业实施监理前，将监理企业的名称、监理的范围和内容、项目总监理工程师的姓名以及所授予的权限，书面通知被监理企业。被监理企业应当接受监理企业的监理，按照要求提供完整的原始记录、检测记录等技术、经济资料，并为其开展工作提供方便。

2.2.2　项目监理机构的建立

1. 项目监理机构

在监理合同签订以后，工程监理单位按照监理合同要求，及时建立该工程的项目监理机构。项目监理机构是监理单位为了履行委托监理合同而组建的组织机构，其目标是高质量、高效率地完成好监理任务。监理工作结束后，项目监理机构即可撤销。

项目监理机构的组织形式和规模，应根据委托监理合同规定的服务内容、工期、工程规模、技术复杂程度、工程环境要求等因素确定，根据项目的大小，项目监理机构可称为项目监理部或项目监理组。

项目监理机构实行总监理工程师负责制，全权代表监理单位负责监理合同委托的所有工作。一名总监理工程师宜担任一项委托监理合同的项目总监理工程师工作，当需要同时担任多项委托监理合同的项目总监理工程师时，必须经建设单位同意，且最多不超过 3 项。

2. 项目监理机构中的人员配备

实践证明，工程项目监理工作质量和水平关键在于现场项目监理机构组成人员的素质和综合能力。一位具有注册资格的可信赖的项目总监和一个高效精干、配置合理的监理班子是建设单位招标中接受监理单位的先决条件。因此，监理单位应根据建设单位对监理的委托范围及内容要求，本着精干高效的原则，针对被监理工程的性质特点，合理选配好各种专业人员组成项目监理机构，以满足今后有效开展现场监理工作的需要。

监理行业是一种智力密集型工作，项目监理机构的人员组成应具有合理的职称结构，即与通信建设工程项目监理业务相适应的高、中、初级职称的人员比例。一般来说，监理机构组成人员的职称结构以中级职称为主，占人员总数的 $50\% \sim 60\%$，但项目总监和主要专业监理工程师应具有高级职称，其他专业监理工程师也应具有中级以上技术职称。

项目监理机构的监理人员由总监理工程师、专业监理工程师和监理员组成,专业配套、数量应满足建设工程监理工作需要,必要时可设总监理工程师代表。

1)总监理工程师

根据《建设工程监理规范》(GB/T 50319—2013)规定,总监理工程师是由工程监理单位法定代表人书面任命,负责履行建设工程监理合同、主持项目监理机构工作的注册监理工程师。通信建设工程的总监理工程师必须持有通信专业工程师资格证,取得通信建设监理工程师资格证书或全国注册监理工程师资格证书(通信专业毕业)及安全生产考核合格证书,且具有 3 年通信工程监理经验;遵纪守法,遵守监理工作职业道德,遵守企业各项规章制度;有较强的组织管理能力和协调沟通能力,善于听取各方面意见,能处理和解决监理工作中出现的各种问题;能管理项目监理机构的日常工作,工作认真负责;具有较强的安全生产意识,熟悉国家安全生产条例和施工安全规程。

工程建设项目监理实行总监理工程师负责制。总监理工程师是开展项目监理工作过程中监理机构的唯一代表人,是项目监理机构的组织者,是项目监理工作的指挥者。总监的工作能力和业务水平在相当程度上决定了监理单位派驻现场监理机构的工作成效。在授权范围内,总监理工程师是建设单位的代表,因而监理单位在投标时会认真选择合适的人选担任,这既是对建设单位负责,更是监理单位对自身形象和信誉负责。

总监理工程师岗位职责如下。

(1)确定项目监理机构人员及其岗位职责。

(2)组织编写工程项目监理规划,审批监理实施细则。

(3)根据工程进展及监理工作情况调配监理人员,检查监理人员工作。

(4)组织召开监理工作会议,签发项目监理机构的文件和指令。

(5)审查施工单位、分包单位的资质,并提出审查意见。

(6)组织审查施工单位的实施组织设计方案。

(7)审查工程开复工报审表,签发工程开工令、停工令、复工令。

(8)组织检查施工单位现场质量、安全生产管理体系的建立及运行情况。

(9)组织审核施工单位的付款申请,签发工程款支付证书,组织审核竣工结算。

(10)组织审查和处理工程变更。

(11)调解建设单位与施工单位的合同争议,处理工程索赔。

(12)组织验收分部工程,组织审查单位工程质量检验资料。

(13)审查施工单位的竣工申请,组织工程竣工预验收,组织编写工程质量评估报告,参与工程竣工验收。

(14)参与或配合工程质量安全事故的调查和处理。

(15)组织编写监理月报、监理工作总结,组织整理监理文件资料。

2)总监理工程师代表

总监理工程师代表是经工程监理单位法定代表人同意,由总监理工程师书面授权,代表总监理工程师行使其部分职责和权力,具有工程类注册执业资格或具有中级及以上专业技术职称、3 年及以上工程实践经验并经监理业务培训的人员。

总监理工程师代表的职责如下。

(1) 总监理工程师代表由总监理工程师授权,负责总监理工程师指定或交办的监理工作。

(2) 负责本项目的日常监理工作和一般性监理文件的签发。

(3) 总监理工程师不得将下列工作委托总监理工程师代表。

① 根据工程进展及监理工作情况调配监理人员。

② 组织编写监理规划,审批监理实施细则。

③ 组织审查施工单位的实施组织设计方案。

④ 签发工程开工令、停工令、复工令。

⑤ 签发工程款支付证书,组织审核竣工结算。

⑥ 调解建设单位和施工单位的合同争议,处理工程索赔。

⑦ 审查施工单位的竣工申请,组织工程竣工预验收,组织编写工程质量评估报告,参与工程竣工验收。

⑧ 参与或配合工程质量安全事故的调查和处理。

3) 专业监理工程师

专业监理工程师是由总监理工程师授权,负责实施某一专业或某一岗位的监理工作,有相应监理文件签发权。专业监理工程师必须具有通信行业工程类注册执业资格或具有中级及以上专业技术职称、2 年及以上工程实践经验并经监理业务培训的人员。

专业监理工程师的职责如下。

(1) 参与编制监理规划,负责编制监理实施细则。

(2) 审查施工单位提交的涉及本专业的报审文件,并向总监理工程师报告。

(3) 参与审核分包单位资格。

(4) 指导、检查监理员工作,定期向总监理工程师报告本专业监理工作实施情况。

(5) 检查进场的工程材料、构配件、设备质量。

(6) 验收检验批、隐蔽工程、分项工程,参与验收分部工程。

(7) 处置发现的质量问题和安全事故隐患。

(8) 进行工程计量。

(9) 参与工程变更的审查和处理。

(10) 组织编写监理日志,参与编写监理月报。

(11) 收集、汇总、参与整理监理文件资料。

(12) 参与工程竣工预验收和竣工验收。

4) 监理员

监理员必须是从事具体监理工作,具有中专及以上学历并经过所监理专业业务培训合格的人员。

监理员在专业监理工程师的指导下开展现场监理工作,具体工作职责如下。

(1) 对进入现场的人员、材料、设备、机具、仪表的情况进行观测并做好检查记录。

(2) 实施旁站、巡视和见证取样。

(3) 复核或从实施现场直接获取工程量核定的有关数据并签署原始凭证、文件。

(4) 检查工序施工结果。

（5）对施工现场发现的质量、安全隐患和异常情况，应及时提醒施工单位，并向本专业监理工程师报告。

（6）做好监理日记和有关的监理记录。

5）信息资料员

信息资料员必须具有计算机操作能力，懂得计算机管理监理工作的基本知识。资料信息员的职责如下。

（1）收集工程各种资料和信息，及时向总监理工程师汇报。

（2）整理档案资料，负责工程档案的归档。

（3）向建设单位递送监理周（月）报。

（4）负责与建设项目有关文件的收发。

3. 项目监理机构的设施配置

项目监理机构在现场实施对工程的项目监理，需要配备相关的设施。建设单位根据委托监理合同约定向项目监理机构提供必要的监理设施，项目监理机构在完成监理工作后移交建设单位。监理单位根据项目类别、规模、技术复杂程度、工程所在地环境条件，按委托监理合同的约定，配备满足监理工作所需的检测设备和工具及办公、交通、通信、生活等设施。

4. 项目监理机构与工程中各单位的关系

1）项目监理机构与建设单位的关系

项目监理机构与建设单位的关系是委托监理合同关系，项目监理机构是监理单位派驻工程项目的开展项目监理工作的组织机构，它的主要任务是向建设单位提供委托监理合同所约定的监理服务内容。

监理工作不是承包工程，主要的服务内容是管理行为，所以建设单位要向监理机构提供一些条件，比如向项目监理机构授权有关技术资料，提供合同约定的办公、通信、交通和生活设施，支持项目监理机构在职权范围内的监理工作，维护监理人员的威信。

建设单位与项目监理机构在所监理的工程项目中的目标是一致的，监理机构不可避免经常要与建设单位打交道，双方在工作中要互相配合。建设单位与项目监理机构经常要发生工作关系的事项主要有以下几个。

（1）项目监理机构应及时向建设单位报送有关报告和材料。

（2）项目监理机构要协调处理建设单位与承包单位之间的工程变更、索赔、合同纠纷等事宜。

（3）建设单位要向项目监理机构及时提供有关资料或条件，如项目监理机构在编制监理规划之前要熟悉和分析工程项目的具体要求和特点、难点，如果项目监理机构不能及时收到设计文件及相关资料，将影响监理规划的编制，甚至影响监理工作的实施。

2）项目监理机构与承包单位之间的关系

项目监理机构与承包单位之间是通过建设单位与承包单位的施工承包合同建立了监理和被监理的关系。监理单位受建设单位委托对工程建设项目进行监理，在实施工程监理前，建设单位将委托的工程监理单位、监理内容及监理的权限，书面通知被监理的承包单位。这就规定了在监理的内容范围和权限内，承包单位应当接受监理人员对于承包单位不履行合同约定、违反施工技术标准或设计要求所发出的有关监理工程师指令。应该强调，基本的监理服务内容是不能减少的，基本的监理权限也是不可缺少的。对于项目监理机构中的总监理工程师代表或专业监理工程师发出的监理指令，承包单位的项目经理部认为不合理时，应在合同约定的时间内书面要求总监理工程师进行确认或修改。如果总监理工程师仍决定维持原指令，承包单位应执行监理指令。

　　承包单位对工程项目的管理是通过项目经理部，项目经理部是代表承包单位履行施工合同的现场机构。项目监理机构与承包单位的项目经理部是为了工程项目的建设而共同工作的，承包单位的任务是提供工程建设产品，它对所生产或建设的产品（包括工程的质量、进度和合同造价）负责；监理单位提供的是针对工程项目建设的监理服务，它对自己所提供的监理服务水平和行为负责。双方只是分工不同而已，都是独立的实体，法律上是平等的。双方都应遵守工程建设的有关法律、行政法规和工程技术标准或规范、工程建设的有关合同。在施工阶段，承包单位有义务向项目监理机构报送有关建设方案，按照经过审查批准的施工设计文件组织施工，按照施工合同及监理规范的有关规定向项目监理机构报送有关文件供监理机构审查，并接受项目监理机构的审查意见。承包单位在完成隐蔽工程施工和材料进场后，应报请项目监理机构现场进行验收。

　　项目监理机构在授权范围内，等同于建设单位委派的代表，保障建设单位的权益。同时，项目监理机构以独立、自主、公正的工作原则，维护承包单位的合法利益。因为承包单位一旦不能获得合同约定的工作条件或合理的付款，可能会导致工程项目的拖延、中断、纠纷或者合同争议，使通信工程项目不能如期地建成并投入使用，最终损失的仍然是建设单位，所以，项目监理机构尽管是建设单位的代表，仍然要维护承包单位符合合同约定的利益。

　　3）项目监理机构与设计单位的关系

　　在施工阶段的监理工作中，监理机构与设计单位并没有合同关系，也没有建设单位所授权的监理关系，两者之间是互相配合的工作关系。项目监理机构要领会设计文件的意图，设计单位也要对设计文件进行技术交底，以便使工程项目的建设能够实现设计要求。

　　设计单位对工程项目的设计文件承担设计责任。在工程建设过程中，当建设单位或承包单位提出需要进行设计变更时，项目监理机构要审核同意后，通过建设单位提交设计单位修改设计。当项目监理机构在工作中发现设计文件中存在缺陷或错误时，也有义务通过建设单位向设计单位提出。

　　4）项目监理机构与政府监督机构之间的关系

　　工信部或者省通信管理局依照有关法律、法规对通信建设监理企业、监理工程师等进行监督管理，不定期对监理企业、监理现场进行监督检查。项目监理机构要接受政府质量监督机构的质量监督与检查，对于违反《建设工程质量管理条例》的，要接受处罚。

　　根据《建设工程质量管理条例》，质量监督机构的主要任务是对有关工程建设质量的法律法规和强制性标准执行情况的监督与检查，质量监督机构的目标与项目监理机构的目标是一致的，质量监督机构的检查有助于工程项目的质量管理。为此，项目监理机构应向质量监督机构提供反映工程质量实际情况的资料,配合质量监督机构进入施工现场进行检查,督促相关单位执行质量监督机构依法作出的质量监督指令。但是对于法律法规没有作出规定,或属于非强制性标准范畴内质量指标、要求或行为应按照施工合同的约定来执行。

5)项目监理机构与材料设备供应单位的关系

材料设备供应单位向工程项目供应材料设备有 3 种情况,不同的情况下,项目监理机构与材料设备供应单位之间的工作关系有所不同。

(1)与承包单位签订供货合同。这种情况下,承包单位对所购买的材料、设备向监理机构报审,由监理机构依据合同、设计要求和有关规范标准对材料、设备进行审查和验收。

(2)与建设单位签订供货与安装合同(主要指设备或构件)。这种情况下,供应安装单位已经成为独立的专业承包单位,对自己的构配件或设备负责,建设单位在这种设备供应合同中,或另外以书面形式向供应安装单位说明授予项目监理机构权限,专业承包单位直接向项目监理机构申请报验拟进场的设备和构配件,并接受安装施工过程的监理。

(3)由建设单位负责采购,提供给承包单位进行安装。在这种情况下,承包单位在使用前对材料设备进行检验或试验,检验费由建设单位承担。至于由谁来向项目监理机构申请报验,应该在承包合同或设备供应合同中予以明确。

5. 项目监理机构与工作人员行为规范

项目监理机构是监理单位派驻工程现场的工作机构,全权代表监理单位执行监理合同,并按建设单位的授权在监理服务范围内进行监理工作。无论是项目监理机构还是其工作人员,都有严格的行为规范。

1)项目监理机构的行为规范

(1)监理机构必须理顺参与工程建设各单位之间的关系,在授权范围内独立开展工作,科学管理、公正办事,既要确保建设单位的利益,又要维护承包单位的合法权益。

(2)监理机构必须坚持原则,热情服务,采取动态与静态相结合的控制方法,抓好关键点,确保工程顺利完成。

(3)监理机构不得聘用不合格监理人员承担监理业务。

(4)监理机构必须廉洁自律,严禁行贿受贿,不得让承包单位管吃管住,严禁监理机构与建设单位或承包单位串通、弄虚作假,在工程上使用不符合设计要求的通信器材和设备,降低工程质量。

2)项目监理人员的职业道德

道德既是一种行为准则,又是一种善恶标准;既表现为道德心理和意识现象,又表现为道德行为和活动现象。各行各业都有自己的道德规范,这些规范是由职业特点决定的。国家要求监理工程师应具备的职业道德如下。

(1)热爱本职工作,忠于职守,认真负责,具有对建设单位和工程项目的高度责任感。

(2)严格按照工程合同来实施对工程的监理,既要保护建设单位的利益,又要公正地对待承包单位的利益。

（3）模范地遵守国家以及地方的各种法律、法规和规定,也要求承包单位模范地遵守,从而保护建设单位的正当权益,监理机构及监理人员的办公和吃、住、行应严格与承包单位分离。

（4）廉洁奉公,不得接受所支付酬金外的报酬以及任何回扣、提成、津贴或其他间接报酬。

（5）监理工程师了解和掌握的有关建设单位事业的情报资料,必须保守秘密,不得有丝毫的失密行为。

（6）监理工程师认为自己正确的判断或决定被建设单位否决时,应阐述自己的观点,并书面通知建设单位,说明可能带来的不良后果。

（7）发现自己处理问题有错误时,应当向建设单位及时承认错误并提出改进意见。

（8）项目监理机构应实事求是,不向建设单位隐瞒机构的人员状况,以及可能影响服务质量的因素。

（9）项目监理机构中的监理人员不得经营或参与该工程承包施工、设备材料采购或经营销售业务等有关活动,也不得在政府部门、承包单位、设备供应单位任职或兼职。

2.2.3 监理实施计划的编制

监理实施计划是在实施前产生的计划性文件,主要包括监理大纲、监理规划和监理实施细则,它们是监理工程师实施具体工作的重要指导文件。监理大纲用于建设单位招标监理单位的过程中,是监理单位投标书的重要组成部分,用于向建设单位表明,若采用本监理单位制订的监理方案,能够圆满实现业主的投资目标和建设意图,进而赢得竞争投标的胜利。监理规划是在监理委托合同签订后,由监理单位制定的指导监理工作开展的纲领性文件。它起着指导监理单位规划自身的业务工作,并协调与业主单位在开展监理活动中的统一认识、统一步调、统一行动的作用。在监理规划指导下,监理项目部已经建立,各项专业监理工作责任制已经落实,配备的专业监理工程师已经上岗,此时由专业监理工程师根据专业项目特点、本专业技术要求编制监理细则,它是具有实施性和可操作性的业务性文件。

监理大纲、监理规划和监理实施细则三者之间是有一定联系性的,都是由监理单位对特定的监理项目而编制的监理工作计划性文件,且编制的依据具有一定的共同性,编制的文件格式也具有一定的相似性。

1. 监理大纲

1）监理大纲编制的意义

监理大纲是监理单位在建设单位招标过程中,为承揽监理业务而编制的监理方案性文件,它是监理投标书的重要组成部分,其目的是要使建设单位信服本监理单位能胜任该项目的监理工作。其作用是为监理单位经营目标服务的,起承揽监理任务的作用。

监理大纲是制定监理规划的依据。监理大纲的编制人员应该是监理单位经营部门或技术管理部门人员,也应包括拟定的总监理工程师。

2)监理大纲的主要内容

(1)工程项目概况。

(2)监理工作范围及监理目标。

(3)监理工作依据。

(4)监理机构组成及人员资质情况。

(5)监理方案与措施。

(6)监理工作程序。

(7)监理设施配置。

2. 监理规划

1)监理规划编制的意义

监理规划是指导项目监理机构全面开展监理工作的指导性文件。监理规划将监理委托合同规定的责任和任务具体化,并在此基础上制定出实现监理任务的措施。同时监理规划也是通信工程项目监理活动的实施过程具体化,将实施过程纳入规范化、系统化、标准化的科学管理范畴,以确保监理任务完成和监理目标的最终实现。

2)监理规划编制程序

监理规划在签订委托监理合同及收到设计文件后,并在监理大纲基础上结合设计文件和工程具体情况,广泛收集工程信息和资料的情况下编制。监理规划的编制由总监理工程师主持,专业监理工程师参加。监理规划编制完成后,必须经监理单位技术负责人批准,并应在召开第一次工地会议前报送建设单位。

在监理工作实施过程中,如监理规划需做重大调整时,由总监理工程师组织专业监理工程师研究修改,按原报审程序经过批准后报建设单位。

3)监理规划编制依据

(1)与通信工程建设相关的法律、法规及项目审批文件等。

(2)与工程项目有关的验收标准、设计文件、技术资料等,其中标准应包含公认应该遵循的相关国际标准、国家或地方标准。

(3)监理大纲、委托监理合同文件以及与本项目建设有关的合同文件。

4)监理规划的主要内容

(1)工程项目概况。

(2)监理工作范围。

(3)监理工作内容。

(4)监理工作目标。

(5)监理工作依据。

(6)项目监理机构的组织形式。

(7)项目监理机构的人员配备计划。

(8)项目监理机构的人员岗位职责。

（9）监理工作程序。

（10）监理工作方法及措施。

（11）监理工作制度。

（12）监理设施配置。

监理规划是指导整个监理项目工作的纲领性文件，在编制监理规划时应当做到其内容构成力求统一。这是监理工作规范化、制度化、统一化的基本要求，也是监理工作科学化的要求。监理规划的内容应有针对性，针对具体的通信工程建设项目进行目标规划，建立监理项目部和制度。监理规划的内容应该具有时效性。监理规划的内容应该随着工程项目的逐步开展，对其不切实际的措施进行不断的补充、完善、调整。实际上它是把开始勾画的轮廓进一步细化，使监理规划变得更加详尽可行。

3. 监理实施细则

监理实施细则是在监理规划指导下，在落实了各专业监理的责任后，由专业监理工程师针对具体情况制定的更具有实施性和可操作性的业务文件。它起着具体指导监理业务的作用，其内容按监理规划中对本专业项目的要求进行分解细化，使其更有监理业务的操作性，包括适应本专业的监理控制表格和事件处理程序。

1）监理实施细则编制的意义

（1）对监理项目部的作用。监理实施细则的编写，使监理工程师增加对本工程项目的认识程度，使他们更加熟悉工程的一些技术细节。监理细则是指导监理工作开展的文件与备忘录。

（2）对施工单位的作用。监理实施细则提供给承建单位，能起工作联系单或通知书的作用。监理实施细则提供给施工单位，能为施工单位起到提醒与警示的作用。

（3）对建设单位的作用。监理实施细则，使建设单位对工程的质量、进度、投资、变更等控制方法有一定的把握，从而有利于建设单位对工程的管理和控制。

2）监理实施细则编制程序

监理实施细则在相应工程实施开始前，由各专业监理工程师编制，经总监理工程师批准。在实施通信建设工程监理过程中，监理实施细则可根据实际情况进行补充、修改，再经总监理工程师批准后实施。

3）编制监理实施细则的依据

（1）已经批准的项目监理规划。

（2）与专业工程相关的国家、地方政策、法规和技术标准。

（3）与工程相关的设计文件和技术资料。

（4）施工组织设计。

4）监理实施细则的主要内容

作为实施监理工作的指导性文件。无论是哪种专业的，都要包含以下 4 个方面的内容。

（1）专业工程的特点。

（2）监理工作流程。

（3）监理工作的控制要点及目标值。

（4）监理工作的方法及措施。

监理实施细则要符合项目本身的专业特点，严格执行国家、地方的规范、标准并考虑项目自身的特点，尽可能地对专业方面的技术指标量化、细化，使其更具有可操作性。具体来说，对于质量控制的实施细则主要由以下几个部分组成，包括使用范围、编制依据（检验标准、施工规范、设计文件、招投标文件、承包合同中的规定等）、控制要点（控制点设置及预控措施）、控制程序、资料管理、有关附录等。对于进度控制的实施细则涉及施工组织设计及工程进度计划审查、计划衔接（出图计划、供应计划、人员计划）、控制点、控制措施、周/月度计划、协调会议等方面的内容。对于投资控制的实施细则包含工程款支付、合同外费用增加、合同变更、索赔处理、竣工决算、工程结算等。

2.2.4　现场施工监理的工作方式

1. 旁站

旁站是指项目监理机构对工程关键部位或关键工序的施工质量进行的监督活动。旁站是以确保关键工序或关键操作符合规范要求为主，实施旁站的监理人员主要以监理员为主。

对施工过程中的一些关键工序或关键操作进行现场监督或检查工作是监理工作的一个非常重要且不可缺少的手段。

2. 巡视

巡视是指项目监理机构对施工现场进行的定期或不定期的检查活动。相对于旁站而言，巡视是对于一般的施工工序或施工操作所进行的一种监督检查的手段。项目监理机构为了了解施工现场的具体情况（包括施工的部位、工种、操作机械、质量情况等）需要每天巡视施工现场。

旁站和巡视的目的不同。巡视以了解情况和发现问题为主，巡视的方法以目视和记录为主；旁站是以确保关键工序或关键操作符合规范要求为目的，除了目视外，必要时还要辅以常用的检测工具。实施旁站的监理人员主要以监理员为主，而巡视是所有监理人员都应进行的一项日常工作。

3. 见证

见证也是监理人员现场监理工作的一种方式。见证的适用范围主要是质量的检查试验工作、工序验收、工程计量及有关按 FIDIC 合同实施人工工日、施工机械台班计量等。施工单位在实施某一工序时或进行某项工作时，应在监理人员的监督之下进行。如监理人员在施工单位对工程材料的取样送检过程中进行的见证取样，又如通信建设监理人员对施工单位在通信设备加电过程中所做的加电试验过程的记录。

对于见证工作，项目监理机构应在项目的监理规划中确定见证工作的内容和项目，并通知施工单位。施工单位在实施应见证的工作时，主动通知项目监理机构有关见证的内容、时间和地点。见证工作的频度根据实际工作的需要进行确定。

4. 平行检验

平行检验是项目监理机构在施工单位自检的同时,按有关规定、建设工程监理合同约定对同一检验项目进行的检测试验活动。

平行检验是项目监理机构独立于施工单位之外对一些重要的检验或试验项目所进行的检验或试验。它是监理机构独自利用自有的试验设备或委托具有试验资质的实验室来完成的。由于工程建设项目类别和需要检验的项目非常多,各个检验项目在不同的工程类别中,其重要程度也各不相同,因此监理规范中未作出一个统一的平行检测标准。另外,平行检验涉及监理单位的监理成本,目前的取费标准中并没有明确平行检验的内容。所以,关于平行检验的频度应在委托监理合同进行约定。

2.2.5 通信建设工程监理实施的工作内容

根据工程项目进展的时间顺序,监理项目可以分为施工前期、施工准备、施工建设、工程验收等阶段,不同阶段监理的工作重点有所不同。通信建设工程监理的工作流程如图 2-1 所示。

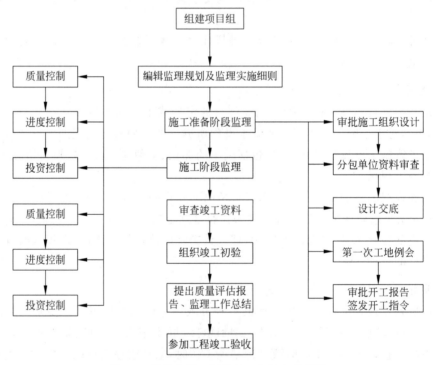

图 2-1 通信建设工程监理工作总流程框图

规范化开展监理工作强调工作的时序性、分工的严密性和目标的确定性。监理的各项工作都应该按一定的逻辑顺序先后展开,从而使监理工作能有效地达到目标,避免工作状态无序和混乱。监理工作是由不同专业、不同层次的专家群体共同完成的,他们之间严密的职责分工是协调进行监理工作的前提和实现监理目标的重要保证。在职责分工的基础上,每一项监理工作的具体目标都应是确定的,有完成时限规定,能通过报表资料对监理工作及其效果进行检查和考核。

1. 施工前期阶段的监理工作内容

1）组建项目监理机构

监理单位根据建设工程的规模、性质以及业主对监理的要求,委派合适的人员担任项目总监理工程师,适时组建工程项目监理机构,同时建立起对外联系和沟通渠道。

总监理工程师首先熟悉任务书或中标书内容及要求,作为项目负责人第一时间拜访建设单位,汇报监理方的准备工作,与主管单位、建设单位及其他相关部门进行工程相关资料交底,了解其对工程项目实施的要求。同时还要了解设计单位工作进展,敦促设计单位按既定数量、时间、单位分发设计文件。

2）编制建设工程监理规划和监理实施细则

由总监理工程师组织编制建设工程监理规划,监理规划是开展工程监理活动的纲领性文件。在监理规划的指导下,结合建设工程实际情况,制定各专业的监理实施细则。

2. 施工准备阶段的监理工作内容

在施工准备阶段,工程监理的主要工作如下。

（1）协助建设单位审查批准施工单位提出的施工组织设计方案、安全技术措施、施工技术方案和施工进度计划,并监督检查实施情况。

（2）审查施工单位的资质,审查施工单位选择的分包单位的资质。

（3）协助组织相关单位组织召开第一次工地例会。

（4）协助建设单位审核施工单位编写的开工报告,落实开工条件,签发开工令。

3. 施工阶段的监理工作内容

施工阶段监理的主要工作是进行质量控制、进度控制、成本控制、合同管理、安全管理、信息管理和组织协调,简称"三控三管一协调",达成工程项目总目标。具体的工作有以下几项。

（1）审查施工单位提供的材料和设备清单及其所列的规格和质量证明资料,检查工程使用的材料、构件和设备的质量。

（2）协助建设单位组织召开第一次工地例会。

（3）检查工程进度和施工质量,做好隐蔽工程的签证,验收分部分项工程,签署工程付款凭证。

（4）监督施工单位按照施工组织设计中的安全技术措施和专项施工组织方案组织施工,及时制止违规施工作业;定期巡视检查施工过程中的危险性较大工程作业情况;检查施工现场各种安全标志和安全防护措施是否符合强制性标准要求,并检查安全生产费用的使用情况;督促施工单位进行安全自查工作,并对施工单位资产情况进行抽查,参加建设单位组织的安全生产专项检查;分析工程安全事故并参与处理。

（5）严格执行工程合同和规范标准,处理工程暂停及复工、处理工程变更、处理费用索赔、处理工程延期及工程延误等。

4. 竣工验收阶段的监理工作内容

1）组织工程预验收

建设工程施工完成以后，项目监理机构在正式验收前组织预验收，针对发现的问题，及时与施工单位沟通，提出整改要求，并提出质量评估报告。

2）审查竣工资料，协助建设单位组织工程初验

竣工预验收通过后，项目监理机构审查施工单位提交的竣工文件，督促施工单位整理合同文件和工程档案资料，并且协助建设单位组织设计单位和施工单位进行竣工初步验收。

3）参与验收、签署建设工程监理意见

工程初验后进入一般为期 3 个月的试运行，试运行结束，项目监理机构参加建设单位组织的工程竣工验收，签署监理单位意见。

4）提交建设工程监理档案资料

监理工作完成后，项目监理机构向业主提交在委托监理合同中约定的监理档案资料。不管在合同中是否做出明确规定，监理单位提交的资料均应符合有关规范的要求，一般应包含设计变更、工程变更、监理指令性文件、各种现场签证资料等。

5）进行监理工作总结

监理工作完成后，项目监理机构及时从两方面进行工作总结。一是向业主提交的监理工作总结，主要内容包括委托监理合同履行情况概述，监理组织机构、监理人员和投入的监理设施，监理任务或监理目标完成情况的评价，工程实施过程中存在的问题和处理情况，业主提供供监理单位活动使用的办公用房、车辆、试验设施清单，表明监理工作终结的说明等。二是向监理单位提交的监理工作总结，主要内容包括监理工作的经验、监理工作中存在的问题及改进的建议。

2.2.6　通信建设工程监理实施的控制原则

1. 程序化控制的原则

程序是对操作或事务处理流程的一种描述、计划和规定。程序是一种计划，程序是一种标准，程序是一种系统。监理工作程序是将计划和各种规定融入监理工作流程的一种形象表述。程序化管理是通信工程监理的重要活动之一。程序化管理可以规范监理行为，统一工作标准，可以明确并清晰地表述监理的任务和内容。严格执行监理工作程序是实现监理目标的有力保证。

监理工作程序是一系列正确、先进、高效的控制程序，有明确的控制目标，切合具体的工程建设项目的特点及目标控制系统的实际情况，运用现有的管理与控制理论以及积累的建设监理实际控制的经验。经常使用的监理工作程序有：工程质量控制程序，工程进度控制程序，工程造价控制程序，工程停工、复工程序，工程变更程序，工程竣工验收程序等。

程序的制定和发布要具有权威性。程序要由总监理工程师组织制定，并会同建设单位和承包商（设计及施工）最后审定，并且要在正式的文件上予以发布（可在监理规划或

以通知形式让参与建设的各方明确控制程序），总监理工程师及其项目监理机构包括建设单位的代表要带头遵守，并且不得破例和损坏程序的执行。必须坚持对程序的实施进行检查与监督，要对违反程序者不论是否造成事故或损失都要进行追究和处理。

2. 主动控制、被动控制相结合的原则

主动控制是指预先分析目标偏离的可能性，并且拟定和采取各项预防措施，以使计划目标得以实现的一种控制类型。下列措施有助于进行主动控制。

（1）详细调查并分析研究工程项目的外部环境条件，以确定哪些是影响建设目标实现和计划运行的各种有利和不利因素，并将它们考虑在工程监理规划及细则中或监理工作职能中。

（2）努力将各种影响建设目标实现和计划实施的潜在因素揭示出来，为风险分析和风险管理提供依据，并在工程监理工作当中做好风险管理工作。

（3）用科学的方法制订计划。制定工程监理规划及细则时要考虑一定的风险量，使监理工作保持主动。

（4）高质量地做好监理机构的组织工作，把监理的目标控制任务落实到监理机构的每位成员，做到职权明确、通力协作。

（5）制订必要的备用方案以应付可能出现的意外情况。

（6）保证信息传递渠道的畅通，并加强信息收集和信息处理工作，为预测工程建设的未发展状况提供全面、及时和可靠的信息。

被动控制是指当工程建设按计划进行时，监理人员对计划（包括质量管理方案）的实施进行跟踪，把输出的结果信息进行加工整理，并与原来的计划值进行对比，从中发现偏差，从而采取措施纠正偏差的一种控制类型。

主动控制可以防患于未然，对于具有单件性的工程项目建设来说，它应该是首选的控制类型，它可以帮助监理人员避免一些不应发生的偏差，保障工程项目建设的成功。在监理规范中，审查施工方案、进度计划、对原材料及其配合比进行检验以及核验特殊工种人员的上岗证书等许多措施均属于主动控制类型的措施。但是，工程项目的建设受到很多因素的干扰，主动控制也可能发生偏差。因此当采取主动控制的措施之后，是否发生偏差还很难确定。为了保证工程项目顺利建成，不出现任何不合格工序或单位工程，被动控制的措施是不能被取代的。

3. 关键点控制原则

关键点控制是目标控制的又一条重要措施，它可以表述为：为了进行有效的控制，需特别注意那些在根据目标及其计划、标准来检查工程项目建设过程中对项目建设结果有关键意义的因素、环节、过程等，将这些具有关键意义的因素、环节、过程等作为目标控制工作的重点。

选择关键点是控制工作的一种艺术，也是运用关键点控制原理的关键。控制人员选择关键点时，需要精通工程建设的投资、设计和施工等方面的各专业知识，并且具有丰富的实践经验和监理工作经验。选择关键点的原则是根据工程项目建设的特点，选择那些对实现工程项目建设目标难度大、影响大、危害大的对象作为控制关键点。

关键点可按质量关键点、进度关键点、造价关键点 3 个方面来分类设置,也可以按工程项目建设的过程(如设计阶段、施工阶段)来分类设置。关键点的选择遍布于工程项目建设监理的目标控制的全过程,可选择技术要求高、施工难度大的施工工序;可选择影响工程项目建设目标实现的关键工序、操作或某一环节;可选择工程项目设计或施工中的某些指标;也可选择工程项目建设监理的某些关键程序等。

1) 质量控制关键点

质量控制关键点是指影响工程质量的关键工序、操作、施工顺序、技术参数、材料、设备、施工机械、自然环境等,具体有以下几类。

(1) 设计文件审批与设计变更、开工审批、交工与验收等各类程序。

(2) 各种设计与施工技术、参数、财务评价、技术经济等各类指标。

(3) 设计、施工中的关键工序、工艺流程、重要环节及隐蔽工程。

(4) 设计、施工中的薄弱环节,或质量不稳定、不成熟的方案、工序、工艺等。

(5) 对后续工程的设计或施工或安全有重大影响的工序、部位、环节、对象等。

(6) 采用新技术、新工艺、新材料、新人员(缺乏经验者)等。

(7) 设计或施工中无足够把握、技术难度大、施工困难多的工序或环节等。

质量控制关键点的设置有明显的专业特点,如通信设备的安装质量控制点可设置为进场检验、机房布局、设备加固、地线安装、通信线与电源线的间距及交叉、设备加电、光电特性、功能指标等。通信线路工程的质量控制点可设置为进场材料屯放检验、隐蔽作业要求、接续工艺质量、光/电缆特性测试、安全可靠性等。通信管道建筑工程的质量控制点可设置为管道材料屯放检验、隐蔽作业要求、管道接续和试通、人(手)孔建筑要求等。

2) 进度控制关键点

工程进度控制的关键点可以在以下几类中选择与设置。

(1) 设计或施工的前提资料或施工场地的交付工作条件与时间。

(2) 工程项目建设资源投入(包括人力、物力、资金、信息等)及其数量、质量和时间。

(3) 进度计划的横道图和时标网络图中所有可能的关键线路上的各种操作、工序及部位。

(4) 设计、施工中的薄弱环节,难度大、困难多或不成熟的工艺,可能会导致较大的工程延误。

(5) 设计、施工中各种风险的发生。

(6) 采用的新技术、新工艺、新材料、新方法、新人员、新机械等。

(7) 进度计划的编制、调整与审批程序。

3) 造价控制关键点

在设计阶段,造价控制的目标是使工程项目的投资所产生的价值和功能最佳,而不是一味追求投资越少越好。在施工阶段,造价控制要在保证设计的功能与使用价值不变的前提下,尽可能使费用减少到最小。这样,造价控制的关键点可以从以下几个方面的实施中去选择和确定。

(1) 组网方案优化以及技术经济指标的贯彻。

（2）设计指标、参数的确定，设计标准与标准设计的应用。

（3）概算、预算、标底、合同价、决算的编制审查。

（4）计量支付的程序、方法和审批。

（5）设计变更和工程变更的程序与审批。

（6）索赔与反索赔的处理。

（7）设计、施工中选用新技术、新工艺、新材料所引起的造价与投资的变化。

（8）设备和材料的采购与支付环节。

上述质量、进度、造价三方面控制关键点的选择和设置，在监理规划和细则中应按通信建设工程的具体特点，明确该工程的控制关键点。当然，在监理过程中，控制关键点会随着工程项目的实施发生变化，监理工作中应根据情况及时增减。

尽管将质量、进度、造价三方面目标控制关键点的选择和设置分别做了叙述，但是可以看到，有些关键点同时都是 3 个目标控制的关键因素。工程项目建设目标是一个综合的、系统的、复杂的目标，在选择和设置关键点时，要充分认识到质量目标、进度目标、造价目标的对立统一关系，综合分析各个关键点对工程项目具体的影响程度，采取切实可行的控制措施。

2.3　"三控三管一协调"

质量控制、进度控制、造价控制、合同管理、安全管理、信息管理和沟通协调是工程监理的重要内容，监理的目的就是在做好"三控"平衡的基础上达成项目总目标，同时通过高效、科学的管理手段做好整个工程的管理工作，使项目能够顺利完成并达到预期效果。

进度控制、质量控制、造价控制是监理工作的三大目标，简称为"三控"。这 3 项控制之间互相依赖、互相制约。进度加快，可以使工程项目早日投产，早日收回投资，但进度加快需要增加投资，也可能会影响工程质量；反之，质量控制严格可能会影响工程进度，但工程质量控制得好，避免返工，又可以加快进度。因此，监理工程师在工作中要对这三大控制系统全面地考虑，正确处理好进度、质量、投资之间的关系。

2.3.1　工程质量控制

1. 工程质量的基本概念

工程质量是指工程满足业主的需要，符合国家法律、法规、技术规范标准、设计文件及合同规定的特性总和。

1）影响工程质量的因素

影响工程质量的因素有很多，归纳起来主要有 5 个方面，即人、机、料、法、环。

（1）人。人是生产作业的主体，也是工程项目的决策者、管理者、操作者，工程建设的全过程都通过人来完成。与工程项目相关的各单位、各部门、各岗位人员的工作质量，都直接或间接地影响工程质量。

（2）机。机是指在施工过程中使用的各类工具、机械设备、各种安全设施、各类测量仪器和计量器具等。工程用机具设备产品质量的优劣，直接影响工程质量。

（3）料。料是工程材料，泛指构成工程实体的各类材料、构配件和设备，它是工程建设的物质条件，是工程质量的基础。

（4）法。法是指工艺方法、操作方法和施工方案。在工程施工中，施工方案是否合理、施工工艺是否先进，施工操作是否正确，都会对工程质量造成重大影响。

（5）环。环是指对工程质量特性起重要作用的环境因素，包括工程技术环境、工程作业环境（机房土建，市电引入，防雷、保护接地，工程沿线地形、地质、气象、障碍等条件）、工程管理环境（相关批文、合同、协议、管理制度等条件）等，环境条件往往对工程造成特定的影响。把握作业环境、加强环境管理是控制工程质量的重要保证。

2）工程质量的特点

（1）影响因素多。建设工程质量受到多种因素的影响，如决策、设计、材料、机具、设备、施工方法、环境等，这些因素直接或间接影响工程项目质量。

（2）质量波动大。由于建设生产不像一般的工业产品生产那样有固定的生产流水线、非常规范化的生产工艺和比较单一稳定的检测手段、成套的生产设备和稳定的生产环境，所以工程质量容易产生波动且波动大。

（3）质量存在隐蔽性。建设工程施工作业运行过程中工序作业交接多、隐蔽工程多，后一道工序有可能会掩盖前一道工序的质量，因此质量存在隐蔽性。

（4）终检存在局限性。工程项目建成后不可能像一般工业产品一样依靠终检来判断产品质量，一般的竣工验收无法进行工程内部的质量检验，发现隐蔽的质量缺陷，从而存在质量隐患。因此，工程项目的终检存在一定的局限性。

（5）评价方法存在特殊性。通信建设工程质量的检查评定及验收是按工序、单位工程进行的。每一道工序的质量是单位工程乃至整个工程质量的检验基础，隐蔽工程在隐蔽前要检查合格。工程的竣工验收一般要经过施工单位自检、初验、试运行和终验，这体现了"验评分离、强化验收、完善手段、过程控制"的指导思想。

2. 工程质量控制的基本原则

1）实行全过程的质量控制

通信工程监理质量控制可分为工程建设的勘察设计阶段、施工准备阶段、施工阶段、施工验收阶段和保修阶段等过程。根据委托监理合同约定，监理机构可对全过程实施监理，也可对其中某个阶段实施监理。各阶段的过程又可分解为各自不同的子过程，它们之间既有联系又相互制约，监理人员应对工程建设的全过程实行严格的控制。

2）生产要素的控制

监理人员应对工程项目建设各阶段的人、机、料、法、环等生产要素，实施全方位的质量控制。比如，实行资质管理和各类专业人员持证上岗制度，保证人员素质；严格把控工程中使用的机具、材料和设备质量；按照标准规范进行施工；把握作业环境、加强环境管理等。

3）主动控制与被动控制相结合

主动控制与被动控制必须相结合，缺一不可。影响工程质量的因素比较多，只采取主动控制也可能发生偏差，不能实现预期的质量目标。为了保证工程项目顺利建成，当出现不合格工序或单位工程时，必须采取被动控制的措施。

（1）主动控制的主要措施。

① 编写监理规划，拟订质量控制目标和措施。

② 审查工程设计文件。

③ 审查施工单位提交的施工组织设计中的质量目标和技术措施。

④ 核查总承包单位的施工资质，审查分包单位的施工资质。

⑤ 审查特殊工种作业操作资格证书等。

⑥ 检查进入现场的施工机具、仪表的状况。

⑦ 检查工程作业环境，审查开工条件。

⑧ 工程设备和材料到达现场后组织相关单位和人员检验，未经监理工程师核验或经核验不合格的设备、材料不准在工程上使用。

（2）被动控制的主要措施。

① 未经监理工程师验收或经验收不合格的工序不予签认，施工单位不准进入下一道工序施工。

② 监理工程师应对单项工程进行预验，对不合格项目必须责令施工单位整修或返工，直至达到合格。

③ 监理工程师应参加建设单位组织的工程竣工验收，并向建设单位提交工程质量的情况和评语。

4）执行质量标准

工程质量应符合合同、设计及规范规定的质量标准要求。通过质量检验并和质量标准对照，符合质量标准的才合格，不符合质量标准的必须返工处理。

5）以科学为依据

在工程质量控制中，监理人员必须坚持科学，尊重科学，实事求是，以数据资料为依据，客观、公正地处理质量问题。

3. 工程质量控制的内容

工程质量的形成过程贯穿于整个建设项目的决策过程、工程项目的设计和施工过程。工程质量控制按工程质量的形成过程，由各个阶段的质量控制组成，不同阶段的控制内容各不相同。

1）勘察设计阶段的质量控制

勘察设计阶段一般是从项目可行性研究报告经审批并由投资人做出决策后（简称立项后），直至施工图设计完成并交给建设单位投入使用的阶段。工程勘察设计阶段的质量控制，主要是选择好勘察单位，保证工程设计符合决策阶段的质量要求，符合有关技术规范和标准的规定，设计文件图纸符合现场和施工的实际条件，其深度能满足施工的需要。勘察设计阶段主要质量控制点如表 2-1 所示。

表 2-1　勘察设计阶段主要质量控制点

序号	控制点	控制目标（要求）	监理方法
1	勘察设计单位资质	① 营业执照有效期在范围内 ② 资质证书的类别、等级及所规定的业务范围与拟建工程的类型、规模相符，所规定的有效期没有过期，其资质年检结论是合格 ③ 主要技术人员的执业资格证书和上岗证有效，有类似经历和业绩，人数符合要求	审查资质和业绩
2	勘察仪表、工作计划	① 仪表品种类型齐全，有检验合格证 ② 工作计划内容具体详细，合同、可行，符合合同要求，质量保证措施有效	检查仪表、详尽审查方案
3	设计过程跟踪	① 投入的人员符合要求 ② 严格按工作计划实施 ③ 工作记录要求详细、准确	巡视抽查
4	设计文件	① 勘察设计文件总体要求：勘察成果能够作为初步设计和施工图设计的依据，设计文件能指导施工 ② 说明部分：工程概况、技术方案措施及总体要求内容详尽 ③ 图纸：符合机房、网络、管线路由的实际，详尽具体，有责任人签字	以设计规范标准和工程合同对照阅读检查，现场核对
5	设计会审	① 会审前应有足够时间让相关参建方阅读审查 ② 设计人员对会审的意见要做出说明，形成会议纪要，应按会议纪要进行修改	参加会议

2) 施工阶段的质量控制

施工阶段的质量控制，一是择优选择能保证工程质量的施工单位；二是严格监督施工单位按合同、设计及规范规定的质量标准要求进行施工，并形成符合合同文件规定质量的最终建设产品。

施工阶段监理质量控制工作程序如图 2-2 所示。

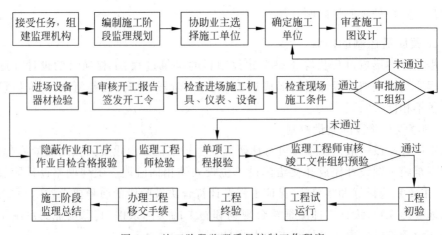

图 2-2　施工阶段监理质量控制工作程序

（1）按照要求建立项目监理机构，编制施工阶段监理规划。

（2）协助建设单位选择施工单位。审核施工单位资质等级，对于资质等级范围不符合条件的，应向建设单位提出书面意见；工程若有分包，还要对分包单位进行资质审核。

（3）参加由建设单位主持的设计会审。在设计会审前，总监理工程师组织监理工程师审查施工图设计文件，形成书面意见，并督促承包单位认真做好现场及图纸核对工作，发现的问题以书面形式汇总提出。

（4）审核施工单位提交的《施工组织设计》中的质量目标和技术措施。

（5）检查现场施工条件。

（6）检验进场施工机具、仪表和设备。

（7）审核开工报告、签发开工申报表。

（8）检验进场设备、材料。

（9）检查施工单位的施工质量，对全过程进行严格的控制。根据施工合同中约定的质量标准进行控制和检查，如果双方对工程质量标准有争议时，可由设计单位做出解释，或参照国家和行业相关的工程验收规范进行检验；对施工中出现的质量缺陷，监理工程师应及时下达监理工程师通知单，要求施工单位整改，并检查整改结果。

（10）工程验收。通信工程验收一般分为 4 个步骤，即随工检查、初验、试运行和终验。对隐蔽工程部分进行施工现场检验，对合格部分予以签认。单位工程结束后，监理单位对竣工文件进行审核，参与建设单位主持和组织的初验。通信工程经过初验后，进行不少于 3 个月的试运行。试运行时，应投入设备容量的 20% 以上运行。监理单位定期向建设单位通报工程试运行情况，对于试运行期间出现的问题，应会同相关单位研究解决办法。运行期间，设备的主要技术性能和指标均应达到要求。如果主要指标达不到要求，应进行整治合格后重新试运行 3 个月。试运行结束后，由运行维护单位编制试运行测试和试运行情况的报告。建设单位在收到维护单位编写的试运行报告，承包单位编写的初验遗留问题整改、返修报告，项目监理机构编写的关于工程质量评定意见和监理资料后，组织终验工作，对工程质量、安全、档案、结算等作出书面综合评价，终验通过后签发验收证书。

3）质量保修阶段的质量控制

保修期自工程终验完毕之日起算，保修期一般为一年。监理工程师依据委托监理合同约定的时间、范围和内容开展保修阶段的工作。

在保修期内，监理工程师对工程质量出现的问题督促相关单位及时派员到现场进行修复，并对修复完毕的工程质量进行检查，合格后予以确认。监理工程师对出现的缺陷原因进行调查分析，按照工程合同的约定确认责任，对由质量问题引起的经济、争议理赔进行处理。

2.3.2　工程进度控制

1. 工程进度控制概述

1）工程进度控制的基本概念

通信建设工程进度控制是指在通信建设工程项目的实施过程中，通信建设监理工程师按照国家、通信行业相关法规、规定及合同文件中赋予监理单位的权力,运用各种监理手段和方法,督促承包单位采用先进合理的施工方案和组织形式,制订进度计划和管理措施,并在实施过程中经常检查实际进度是否与计划进度符合,分析出现偏差的原因,采取补救措施,并调整、修改原计划,在保证工程质量、投资的前提下,确保通信工程项目按既定工期目标实现。

2)影响工程项目进度的因素

由于通信工程建设项目的特点,尤其是较大和复杂的线路工程项目工期长,因此影响进度的因素较多。编制和执行控制施工进度计划时必须充分认识和估计这些因素,才能克服其影响,使施工进度尽可能按计划进行。当出现偏差时,应考虑有关影响因素,分析产生的原因,进行计划调整。主要影响因素如下。

(1)有关单位的影响。

通信工程建设项目的施工单位对施工进度起决定性作用。但是建设单位、设计单位、材料设备供应商以及政府的有关主管部门都可能给施工某些方面造成困难而影响施工进度。其中设计单位图纸不及时、有错误以及有关部门对设计方案的变动是经常发生和影响最大的因素。材料和设备不能按期供应,或质量、规格不符合要求,会引起施工停顿。资金不能保证也会使施工进度中断或速度减慢等。

(2)施工条件的变化。

施工中工程地质条件和水文地质条件与勘察设计的不符,如地质断层、溶洞、地下障碍物、软弱地基,以及恶劣的气候、暴雨、高温和洪水等,都会对施工进度产生影响,造成临时停工或破坏。

(3)技术失误。

施工单位采用技术措施不当会导致施工中发生技术事故,应用新技术、新材料、新结构时,会因为缺乏经验而不能保证施工质量,进而影响施工进度。

(4)施工组织管理不当。

施工单位施工组织不当、流水施工安排不合理、劳动力和施工机械调配不当、施工平面设置不科学等,都会影响施工进度计划的执行。

(5)意外事件的出现。

施工中如果出现意外的事件,如战争、严重自然灾害、火灾、重大工程事故、工人罢工等,也会影响施工进度计划。

2. 进度控制的基本原则、方法和措施

1)进度控制的原则

(1)动态控制原则。

进度按计划进行时,计划的实现就有保证。进度产生偏差,应采取措施,尽量使工程项目按调整后的计划继续进行。但在新的因素干扰下,又有可能产生新的偏差,需要继续控制。进度控制就是采用这种动态的控制方法。

(2)系统原则。

实现工程项目的进度控制,首先应编制工程项目的各种计划,包括进度和资源计划等。计划的对象由大到小,计划的内容从粗到细,形成工程项目的计划系统。工程项目涉及各个相关主体、各类不同人员,需要建立组织体系,形成一个完整的工程项目实施组织系统。为了保证工程项目进度,自上而下都应设有专门的职能部门或人员,负责工程项目的检查、统计和分析及调整等工作。不同的人员负有不同的进度控制责任,分工协作,形成一个纵横相连的工程项目进度控制系统。所以,无论是控制对象还是控制主体,无论是进度计划还是控制活动,都是一个完整的系统。进度控制实际上就是用系统的理论和方法解决系统问题。

(3)封闭循环原则。

工程项目进度控制的全过程是一种循环性的例行活动,其中包括编制计划、实施计划、检查、比较与分析、确定调整措施和修改计划,从而形成一个封闭的循环系统,进度控制过程就是这种封闭循环中不断运行的过程。

(4)信息原则。

信息是工程项目进度控制的依据,工程项目的进度计划信息从上到下传递到工程项目实施相关人员,以使计划得以贯彻落实;工程项目的实际进度信息则自下而上反馈到各有关部门和人员,以供分析并做出决策和调整,以使进度计划仍能符合预定工期目标。为此需要建立信息系统,以便不断地迅速传递和反馈信息,所以工程项目进度控制的过程也是一个信息传递和反馈的过程。

(5)弹性原则。

工程项目一般工期长且影响因素多,这就要求计划编制人员能根据经验估计各种因素的影响程度和出现的可能性,并在确定进度目标时分析目标的风险,从而使进度计划留有余地。在控制工程项目进度时,可以利用这些弹性因素缩短工作的持续时间,或改变工作之间的搭接关系,以使工程项目最终能实现工期目标。

(6)技术原则。

技术上,进度控制的方法有工程进度图(横道图)控制法、进度曲线控制法、网络计划技术控制法等。通过特定的方式表示工程进度计划,在实施过程中,记录实际进度计划的进展情况,通过有关的计算、定量和定性分析,及时采取对策,纠正偏差,从而达到控制的目的,体现了科学且有效的进度管理方法。

2)进度控制的方法

(1)行政方法。

行政方法主要是指参与建设工程的各单位领导、上级单位及上级领导利用其行政地位和权力,做出对工程进度的要求,采用的手段主要是行政考核、监督、督促及通报(表扬、批评)等。行政手段控制进度比较直接有效,但有时会出现主观、片面和武断的瞎指挥,导致对工程的不利干涉。随着市场经济的扩大化,除了一些重大项目外,行政方法已较少采用。

(2)经济方法。

有关部门和单位通过经济手段对进度控制施加影响。比如通过投资的投放速度控制工程项目的实施进度;在承发包合同中写进有关工期和进度的条款;通过招标的进度优惠条件鼓励施工单位加快进度;通过工期提前奖励和延期罚款实施进度控制等。

在实施过程中,及时支付预付款,及时签署月进度支付凭证,对已获准的延长工期所涉及的费用数额及时增加到合同价格上,及时处理索赔,都有利于进度计划的实施。

(3) 管理方法。

进度控制的管理技术方法主要是监理工程师采用科学的管理手段对工程实施进度控制,可以分为规划、控制、协调等手段。

① 规划。监理工程师根据工程项目的特点,结合参加工程建设各方的实力和素质,考虑工程的实际情况,对工程项目总进度计划控制目标、重点工程进度计划控制目标以及年度进度控制目标等实施规划。

② 控制。以控制循环理论为指导,充分发挥建设单位、设计单位、工程施工单位等参与工程项目的各方面人员的主观能动性及积极性,对工程实施过程进行监控。通过比较计划进度和实际进度,发现偏差后及时查找原因,采取有效纠偏措施,予以修改和调整计划进度,确保工程按期建成。

③ 协调。在计划实施过程中,由于实际进度会受到多方面影响,有时可能产生一些不协调,为此,监理工程师应积极发挥公正的作用,及时处理和协调参与工程各方以及与当地各相关部门的关系,使进度计划顺利进行。

3) 进度控制的措施

(1) 组织措施。

明确现场监理机构进度控制人员的职责,建立进度控制体系;进行项目和进度目标的分解;建立工程有关单位的进度协调组织和进度协调工作制度;在工程进度控制实施过程中,检查调整有关进度组织体系。

(2) 技术措施。

审批承包单位各种加快工程进度的措施;向建设单位和承包单位推荐、介绍先进、科学、合理、经济的技术手段和方法,以加快工程进度。

(3) 合同措施。

利用监理合同赋予监理工程师的权力督促承包单位按期完成进度计划;利用承包合同规定可采取的各种手段和措施督促承包单位按期完成进度计划。

(4) 经济措施。

按合同约定的时间对承包单位完成的工作量进行检查、核验并签发支付证书;督促建设单位及时支付监理工程师认可的款额;制定奖罚措施,对提前完成计划的予以奖励,对延误工程进度的按有关规定给予经济惩罚。

3. 通信建设工程施工阶段进度控制要点和具体方法

施工阶段是工程实体的形成阶段,对其进度进行控制是整个工程项目建设进度控制的重点。使施工进度计划与工程项目建设总目标一致,并跟踪检查施工进度计划的执行情况,必要时对施工进度计划进行调整,对于工程项目建设总目标的实现具有重要意义。

1) 施工阶段进度事前控制要点和具体方法

(1) 施工阶段进度事前控制要点。

通信建设工程施工阶段进度事前控制的要点主要是计划。监理工程师在施工阶段进度事前控制中的任务,就是在满足工程项目建设总进度目标要求的基础上,根据工程特点,确定计划目标,明确各阶段计划控制的任务。

为保证工程项目能按期完成工程进度预期目标,需要对施工进度总目标从不同角度层层分解,形成施工进度控制目标体系,从而作为实施进度控制的依据。

① 按工程项目组成分解,确定各单项工程开工和完工日期。各单项工程的进度目标在工程项目建设总进度计划及建设工程年度计划中都有体现。在施工阶段进一步明确各单项工程的开工和完工日期,以确保施工总进度目标的实现。

② 按施工单位分解,明确分工条件和承包责任。在一个单项工程中有多个施工单位参加施工时,按施工单位将单项工程的进度目标分解,确定出各分包单位的进度目标,列入分包合同,以便落实分包责任,并根据各专业工程交叉施工方案和前后衔接条件,明确不同施工单位工作面交接的条件和时间。

③ 按施工阶段分解,划定进度控制分界点。根据工程项目的特点,将施工分成几个阶段,每一阶段的起止时间都要有明确的标志。特别是不同单位承包的不同施工段之间,更要明确划定时间分界点,以此作为形象进度的控制标志,从而使单项工程完工目标具体化。

④ 按计划期分解,组织综合施工。将工程项目的施工进度控制目标按年度、季度、月(旬)进行分解,并用实物工程量或形象进度表示,将更有利于监理工程师明确对施工单位的进度要求,同时,还可以据此监督实施,检查完成情况。计划期越短,进度目标越细,进度跟踪就越及时,发生进度偏差时也就越能有效采取措施予以纠正。这样,就形成一个有计划、有步骤的协调施工,长期目标对短期目标自上而下逐级控制,短期目标对长期目标自下而上逐级保证,逐步趋近进度总目标的局面,最终达到工程项目按期竣工交付使用的目的。

(2) 施工阶段进度事前控制的具体方法。

① 编制施工阶段进度控制监理工作细则。施工进度控制监理工作细则是在工程项目监理规划的指导下,依据被批准的施工进度计划,由该工程项目监理机构中负责进度控制的监理工程师编制的具有实施性和操作性的监理业务文件,是该工程监理细则的重要组成部分。其主要内容包括:施工进度控制目标分解图;施工进度控制的主要工作内容和深度;进度控制人员的具体分工;与进度控制有关各项工作的时间安排及工作流程;进度控制的方法(包括进度检查日期、数据收集方式、进度报表格式、统计分析方法等);进度控制的具体措施(包括组织措施、技术措施、经济措施及合同措施等);施工进度控制目标实现的风险分析;尚待解决的有关问题。

② 审核施工进度计划。项目监理机构应在总监理工程师主持下对承包单位提交的施工进度计划进行审核。施工进度计划审核的主要内容有:总目标的设置是否满足合同规定的要求,各项分目标是否与总目标保持协调一致,开工日期、竣工日期是否符合合同要求;施工顺序安排是否符合施工程序的要求;编制的施工总进度计划有无漏项,是否能保证施工质量和安全的需要;劳动力、原材料、配构件、机械设备的供应计划是否与施工进度计划相协调,且建设资源使用是否均衡;建设单位的资金供应是否满足施工进度的要求;施工进度计划与设计图纸的供应计划是否一致;施工进度计划与业主供应的材

料和设备,特别是进口设备到货是否衔接;各专业施工计划相互是否协调;实施进度计划的风险是否分析清楚,是否有相应的防范对策和应变预案;各项保证进度计划实现的措施设计得是否周到、可行、有效。

③ 发布开工令。监理工程师在检查施工单位各项施工准备工作、确认建设单位的开工条件已齐备后,发布工程开工令。工程开工令的发布时机要尽可能及时,因为从发布工程开工令之日起计算,加上合同工期后即为工程竣工日期。如果开工令发布拖延,等于推迟竣工时间。如果是建设单位原因导致,可能会引起施工单位的索赔。

2)施工阶段进度事中控制要点和具体方法

(1)施工阶段进度事中控制要点。

① 监督实施。根据监理工程师批准的进度计划,监督施工单位组织实施。

② 检查进度。施工单位在进度计划执行过程中,监理工程师随时按照进度计划检查实际工程进展情况。

③ 分析偏差。监理工程师将实际进度与原有进度计划进行比较,分析实际进度与计划进度两者出现偏离的原因。

④ 处理措施。监理工程师针对分析出的原因,研究纠偏的对策和措施,并督促施工单位实施。

(2)施工阶段进度事中控制的具体方法。

① 协助承建单位实施进度计划。监理工程师要随时了解施工进度计划实施中存在的问题,并帮助施工单位予以解决,特别是解决施工单位无力解决的内外关系协调问题。

② 进度计划实施过程跟踪。这是施工期间进度控制的经常性工作,要及时检查承建单位报送的进度报表和分析资料。同时还要派进度管理人员实地检查,对所报送的已完工程项目及工程量进行核实,杜绝虚报现象。

③ 进度偏差调整。在对工程实际进度资料进行整理的基础上,监理工程师应将其与计划进度相比较,以判断实际进度是否出现偏差。如果出现进度偏差,监理工程师应进一步分析此偏差产生的原因以及对后续工作及总工期的影响,当需要采取一定的进度调整措施时,应以关键控制节点以及总工期允许变化的范围作为限制条件,对原进度进行调整。在后期的工程项目实施过程中,执行经过调整而形成的新的进度计划。在新的计划中一些工作的时间会发生变化,因此监理工程师要做好协调,并采取相应的经济措施、组织措施和合同措施。

④ 组织协调工作。监理工程师应组织不同层次的进度协调会,以解决工程施工中影响工程进度的问题,如各施工单位之间的协调、工程的重大变更、前期工程进度完成情况、本期以及预计影响工期的问题、下期工程进度计划等。

进度协调会召开的时间可根据工程具体情况而定,一般每周一次,如有施工单位较多、交叉作业频繁以及工期紧迫时可增加召开次数。如有突发事件,监理工程师还可通过发布监理通知解决紧急情况。

⑤ 签发进度款付款凭证。对施工单位申报的已完分项工程量进度核实,在质量管理工程师通过检查验收后,总监理工程师签发进度款付款凭证。

⑥ 审批进度拖延。造成工程进度拖延的原因有两个方面:一是由于施工单位自身

的原因；二是由于施工单位以外的原因。前者所造成的进度拖延称为工程延误；而后者所造成的进度拖延称为工程延期。监理工程师要根据具体情况区别处理。

当出现工程延误时，监理工程师有权要求施工单位采取有效措施加快施工进度。如果经过一段时间后，实际进度没有明显改进，仍然拖后于计划进度，而且显然将影响工期按期竣工时，监理工程师应要求施工单位修改进度计划，并提交监理工程师重新确认。

⑦ 向建设单位提供进度报告。监理工程师应随时整理进度资料，做好工程记录，定期向建设单位提交工程进度报告表，为建设单位了解工程实际进度提供依据。

3）施工阶段进度事后控制要点和具体方法

（1）施工阶段进度事后控制要点。

事后进度控制是指完成整个施工任务后进行的进度控制工作，其控制要点是根据实际施工进度及时修改和调整监理工作计划，以保证下一阶段工作的顺利展开。

（2）施工阶段进度事后控制方法。

① 督促施工单位整理技术资料。监理工程师要根据工程进展情况，督促施工单位及时整理有关技术资料。

② 协助建设单位组织竣工初验收。审批施工单位在工程竣工预检基础上提交的初验申请报告，协助建设单位组织设计单位和施工单位进行竣工初步验收，并提出竣工验收报告。

③ 整理工程进度资料。工程进度资料的收集、归类、编目和建档，作为其他项目进度控制的参考。

④ 工程移交。监理工程师督促施工单位办理工程移交手续。

2.3.3　工程造价控制

1. 工程造价

1）工程造价的基本概念

从投资者的角度而言，工程造价是工程项目按照确定的建设内容、建设规模、建设目标功能要求和使用要求等，全部建成并验收合格交付使用所需的全部费用，一般是指一项工程预计开支或实际开支的全部固定资产投资费用，工程造价与建设工程项目固定资产投资量上是等同的。

从市场交易的角度而言，工程造价是指工程价格，即为建成一项工程，预计或实际在工地市场、设备市场、技术劳务市场以及工程承发包市场等交易活动中所形成的建筑安装工程价格和建设工程总价格。

工程造价是项目决策的依据，是制订投资计划和控制投资的依据，是筹集建设资金的依据，是评价投资效果的重要指标，是利益合理分配和调节产业结构的手段。工程建设的特性决定了工程造价具有大额性、个别性、动态性、层次性、兼容性的特点；具有单件性、多次性、组合性、方法多样性、依据复杂性的计价特征。

2）工程造价的依据

一般而言，在建设工程开始施工之前，应预先对工程造价进行计算和确定。工程造价在不同阶段的具体表现形式为投资估算、设计概算、施工图预算、招标工程标底、投标报价、工程合同价等。工程造价的表现形式和计算方法不同，所需确定的依据也就不同。工程造价的确定依据是指确定工程造价所必需的基础数据和资料，主要包括工程定额、工程量清单、要素市场价格信息、工程技术文件、环境条件与工程建设实施组织和技术方案等。

（1）建设工程定额。

建设工程定额即额定的消耗量标准，是指按照国家有关的产品标准、设计规范和施工验收规范、质量评定标准，并参考行业和地方标准以及有代表性的工程设计、施工资料确定的工程建设过程中完成规定计量单位产品所消耗的人工、材料、机械等的标准。定额是在正常的施工条件、目前大多数施工企业的技术装备程度、合理的施工工期、施工工艺和劳动组织中的消耗标准，所反映的是一种社会平均消耗水平。

建设工程定额按反映的物质消耗的内容可分为人工消耗定额、材料消耗定额和机械消耗定额；按建设程序可分为预算定额、概算定额、估算指标；按建设工程特点可分为建筑工程定额、安装工程定额、铁路工程定额等；按定额的适用范围可分为国家定额、行业定额、地区定额和企业定额；按构成工程的成本和费用可分为构成工程直接成本的定额、构成间接费用定额及构成工程建设其他费用的定额。

（2）工程量清单。

工程量清单是依据建设工程设计图纸、工程量计算规则、一定的计量单位、技术标准等计算所得的构成工程实体各分部分项的、可供编制标底和投标报价的实物工程量的汇总表，是招标文件的组成部分。工程量清单是体现招标人要求投标人完成的工程项目及其相应工程实体数量的列表，反映全部工程内容以及为实现这些内容而进行的其他工作。

为规范工程量清单计价行为，统一建设工程工程量的编制和计价方法，国家住房和城乡建设部与国家质量监督检验检疫总局联合发布了《建设工程工程量清单计价规范》（GB 50500—2008）。计价规范明确，工程量清单是指建设工程的分部分项工程项目、措施项目、其他项目、规费项目和税金项目的名称和相应数量等的明细清单。工程量清单应由分部分项工程量清单、措施项目清单、其他项目清单、规费项目清单、税金项目清单组成。

工程量清单是在发包方与承包方之间，从工程招标投标开始直至竣工结算为止，双方进行经济核算、处理经济关系、进行工程管理等活动不可缺少的工程内容及数量依据。工程量清单的主要作用表现在：为投标人的投标竞争提供了一个平等的基础，是工程付款和结算的依据，是调整工程量、进行工程索赔的依据。

（3）其他确定依据。

其他确定依据包括工程技术文件、要素市场价格信息、建设工程环境条件、国家税法规定的相关税费、企业定额等。

3）工程造价的计价方式

（1）预算定额计价。

采用工料单价法，按国家统一的预算定额计算工程量，计算出的工程造价实际是社会平均水平。

（2）工程量清单计价。

执行《建设工程工程量计价规范》（GB 50500—2008），采用综合单价法，考虑风险因素，实行量价分离，依据统一的工程量计算规则，按照施工设计图纸和招标文件的规定，由企业自行编制。建设项目工程量由招标人提供，投标人根据企业自身管理水平和市场行情自主报价。工程量清单计价包括招标控制价、投标报价、合同价款的约定、工程计量与价款支付、索赔与现场签证、工程价款调整和竣工结算等。

4）通信建设工程概（预）算定额

通信建设工程造价采用预算定额计价方式，主要依据工业和信息化部的《信息通信建设工程预算定额、工程费用定额及工程概预算编制规程的通知》（工信部通信【2016】451 号）。

通信建设工程总费用由各单项工程费用构成。各单项工程费用由工程费、工程建设其他费、预备费、建设期利息四部分构成，如图 2-3 所示。

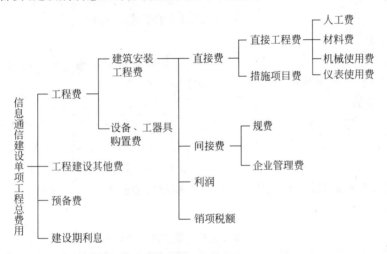

图 2-3　通信建设单项工程总费用组成

2. 工程价款结算

1）工程价款的结算方式

按现行规定，我国建设工程价款结算可以根据不同情况采取多种方式，如按月结算、竣工后一次结算、分段结算以及按合同双方约定的其他结算方式。

2）工程预付款

施工企业承包工程一般都实行包工包料，这就需要一定数量的备料周转金。在工程承包合同条款中，一般要明确约定发包人在开工前拨付给承包人一定限额的工程预付款，原则上预付比例不低于合同金额的 10%、不高于合同金额的 30%。

3）工程进度款

工程进度款的支付一般按当月实际完成工程量进行结算。工程进度款的支付应由承包人提交"工程款支付申请表"并附工程量清单和计算方法，项目监理机构予以审核，由总监理工程师签发工程款支付证书后,发包人支付工程进度款。工程进度款支付步骤如图 2-4 所示。

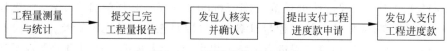

图 2-4　工程进度款支付步骤

4）竣工结算

工程竣工结算是指施工企业按照合同规定的内容全部完成所承包的工程,经验收质量合格,并符合合同要求之后,向发包单位进行的最终工程价款结算。

竣工结算由承包人编制,发包人审核,也可以委托监理单位或者具有相应资质的工程造价咨询机构进行审核。

工程竣工价款结算的金额可按下列公式计算:

$$竣工结算工程价款 = 合同价款 + 施工过程中合同价款调整数额 - 预付及已结算工程价款 - 保修金$$

5）保修金

工程保修金一般为施工合同价款的 3%,在专用条款中具体规定。发包人在质量保修期后 14 天内,将剩余保修金和利息返还承包人。

6）竣工决算

竣工决算是以实物数量和货币指标为计量单位,综合反映竣工项目从筹建开始到项目竣工交付使用为止的全部建设费用、建设成果和财务情况的总结性文件,是竣工验收报告的重要组成部分。竣工决算是正确核定新增固定资产价值、考核分析投资效果、建立健全经济责任制的依据,是反映建设项目实际造价和投资效果的文件。工程竣工决算与竣工结算是有区别的,如表 2-2 所示。

表 2-2　竣工结算与竣工决算的区别

区别项目	工程竣工结算	工程竣工决算
编制单位及部门	承包方的预算部门	业主项目业务的财务部门
内容	承包方承包施工的建筑安装工程的全部费用,它最终反映承包方完成的施工产值	建设工程从筹建开始到竣工交付使用为止的全部建设费用,它反映建设工程的投资效益
性质与作用	① 承包方与业主办理工程价款最终结算的依据 ② 双方签订的建筑安装工程承包合同终结的凭证 ③ 业主编制竣工决算的主要资料	① 业主便利交付、验收、动用新增各类资产的依据 ② 竣工验收报告的重要组成部分

3. 工程造价控制

工程造价控制就是在投资决策阶段、设计阶段、施工阶段,把工程造价控制在批准的投资限额之内,随时纠正发生的偏差,以保证项目投资目标的实现,以求在建设工程中能合理使用人力、物力、财力,取得较好的投资效益和社会效益。

1）工程造价控制的过程

全过程造价管理要求工程造价的计价与控制必须从立项就开始全过程管理,从前期工作开始抓起,直到工程竣工为止。全过程造价控制是一个逐步深入、逐步细化和逐步接近实际造价的过程,如图 2-5 所示。

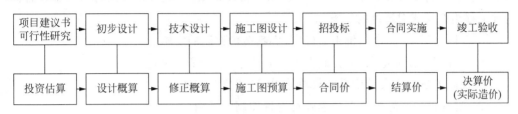

图 2-5　全过程工程造价控制过程

工程造价控制是工程项目控制的主要内容之一。这种控制是动态的,并贯穿于项目建设的始终。在这一动态控制过程中,应着重做好对计划目标值的论证和分析;及时收集实际数据,对工程进展做出评估;进行项目计划值与目标值的比较,以判断是否存在偏差;采取控制措施以确保造价控制目标的实现。

2）工程造价控制的目标

随着工程建设项目的进展,工程造价控制目标分阶段设置。具体来讲,投资估算是建设工程设计方案选择和进行初步设计的工程造价控制目标;设计概算是进行技术设计和施工图设计的工程造价控制目标;施工图预算或建筑安装工程承包合同价则是施工阶段造价控制的目标。各个阶段目标有机联系,相互制约,相互补充,前者控制后者,后者补充前者,共同组成建设工程造价控制的目标体系。

3）工程造价控制的重点

工程造价控制贯穿于项目建设的全过程,但必须突出重点。影响项目投资最大的阶段,是约占工程项目建设周期 25% 的技术设计结束前的工作阶段。在初步设计阶段,影响项目投资的可能性为 75%～95%;在技术设计阶段,影响项目投资的可能性为 35%～75%;在施工图设计阶段,影响项目投资的可能性则为 5%～35%。显然,工程造价控制的关键就在于施工以前的投资决策和设计阶段。项目做出投资决策后,控制的重点和关键就在于设计。

4）工程造价控制的措施

对工程造价的有效控制可从组织、技术、经济、合同与信息管理等方面采取措施。组织措施包括明确工程项目组织结构,明确工程项目造价控制人员及任务,明确管理职能分工。技术措施包括重视设计的多方案选择,严格审查监督初步设计、技术设计、施工图设计、施工组织设计,深入技术领域研究节约投资的可能性。经济措施包括动态比较项目投资实际值和计划值,严格审核各项费用支出,采取节约投资奖励措施等。技术与经济相结合是工程造价控制最有效的手段。

5）建设工程组织管理模式的选择对造价控制的影响

建设工程组织管理的基本模式主要有平行承发包模式、设计或施工总分包模式、项目总承包模式、项目总承包管理模式,不同的组织管理模式有不同的合同体系和管理特点,与工程造价控制有着密切的关系。

(1) 选择平行承发包模式对造价控制的影响。

平行承发包模式是指业主将建设工程的设计、施工以及材料设备采购的任务经过分解分别发包给若干个设计单位、施工单位和材料设备供应单位,并分别与各方签订合同。这种工程组织模式对造价的影响如下。

① 合同数量多,总合同价不易确定,影响造价控制的实施。

② 工程招标任务量大,需控制多项合同价格,增加了造价控制的难度。

③ 在施工过程中设计变更和修改较多,导致投资增加。

(2) 选择设计或施工总分包模式对造价控制的影响。

设计或施工总分包模式是指业主将全部设计或施工任务发包给一个设计单位或一个施工单位作为总包单位,总包单位可以将其部分任务再分包给其他承包单位,形成一个设计总包合同或一个施工总包以及若干个分包合同的结构模式。这种工程组织模式对造价的影响如下。

① 总包合同价格可以较早确定,监理单位易于进行造价控制。

② 总包报价可能较高,对于规模较大的建设工程来说,通常只有大型承建单位才具有总包的资格和能力,竞争相对不激烈,另外,对于分包出去的工程内容,总包单位都要在分包报价的基础上加收管理费向业主报价,致使总包的报价较高。

(3) 选择项目总承包模式对造价控制的影响。

项目总承包模式是指业主将工程设计、施工、材料和设备采购等工作全部发包给一家承包公司,由其进行实质性设计、施工和采购工作,最后向业主交出一个已达到动用条件的工程。按这种模式发包的工程也称为"交钥匙工程"。由于这种组织模式承包范围大、介入项目时间早、工程信息未知数多,承包方承担风险较大,而有此能力的承包单位数量相对较少,这往往导致竞争性降低,合同价格较高。

(4) 选择项目总承包管理模式对造价控制的影响。

项目总承包管理模式是指业主将工程建设任务发包给专门从事项目组织管理的单位,再由它分包给若干设计、施工和材料设备供应单位,并在实施中进行项目管理。在这种组织模式中,监理工程师对分包单位的确认工作十分关键,项目总承包管理单位自身经济实力一般比较弱,而承担的风险相对较大,因此采用这种管理模式应慎重。

4. 监理在工程造价控制中的任务

工程造价控制是建设工程监理的一项主要任务,造价控制贯穿于工程建设的各个阶段,也贯穿于监理工作的各个环节。

1) 设计阶段的造价控制任务

控制工程造价的关键在设计阶段。在设计阶段,监理单位造价控制的主要任务是协助业主提出设计要求,组织设计方案竞赛或设计招标,用技术经济方法组织评选设计方案;协助设计单位开展限额设计工作,编制本阶段资金使用计划,并进行付款控制;进行设计挖潜,用价值工程等方法对设计进行技术经济分析、比较和论证,在保证功能的前提下进一步寻找节约投资的可能性;审查设计概(预)算,尽量使概算不超估算、预算不超概算。

对于设计概算的审查主要包括:审查设计概算编制依据的合法性、时效性和适用范围;通过审查编制说明,审查概算编制的完整性,审查概算的编制范围来审查概算编制的深度;审查建设规模、建设标准、配套工程、设计定员等是否符合原批准的可行性研究报告或立项批文的标准;审查编制方法、计价依据和程序是否符合现行规定;审查工程量是否正确;审查材料用量和价格;审查设备规格、数量和配置是否符合设计要求,是否与设备清单一致;审查建筑安装工程的各项费用的计取是否符合国家或地方有关部门的现行规定等。

对施工图预算的审查重点放在工程量计算、预算单价套用、设备材料预算价格取定是否准确,各项费用标准是否符合现行规定等。

2)施工招标阶段的造价控制

建设工程施工招标,是指招标人就拟定的工程发布公告或邀请,以法定方式吸引施工企业参加竞争,招标人从中选择条件优越者完成工程建设任务的法律行为。实行施工招标投标的项目便于供求双方更好地相互选择,可以使工程价格更加符合价值基础,进而更好地控制工程造价。

监理单位在施工招标阶段,可以协助建设单位准备并发送招标文件,编制工程量清单和招标工程标底;协助评审投标书,提出评标建议;协助建设单位与承包单位签订承包合同。

3)施工阶段的造价控制

众所周知,建设工程的投资主要发生在施工阶段,在这一阶段需要投入大量的人力、物力、资金等,是工程项目建设费用消耗最多的时期,因此,对施工阶段的造价控制应给予足够的重视,精心组织施工,挖掘各方面潜力,节约资源消耗,可以收到节约投资的明显效果。

监理在施工阶段造价控制的主要任务是在工程实施过程中把计划投资额作为造价控制的目标值,采取有效的措施控制投资的支出,将实际支出值与造价控制的目标值进行比较,做出分析和预测,加强对各种干扰因素的控制,努力实现实际发生的费用不超过计划投资,确保造价控制目标的实现。

可以从组织、经济、技术、合同等多方面采取措施,控制投资。

(1)组织措施。

① 在项目监理机构中落实造价控制的人员、任务分工和职能分工。

② 编制本阶段造价控制工作计划和详细的工作流程图。

(2)经济措施。

① 审查资金使用计划,确定、分解造价控制目标。

② 进行工程计量。

③ 复核工程付款账单,签发付款证书。

④ 做好投资支出的分析与预测,经常或定期向建设单位提交投资控制及存在问题

报告。

⑤ 定期进行投资实际发生值与计划目标值的比较,发现偏差,分析原因,采取措施。

⑥ 对工程变更的费用做出评估,并就评估情况与承包单位和建设单位进行协调。

⑦ 审核工程结算。

(3)技术措施。

① 对设计变更进行技术经济比较,严格控制设计变更。

② 继续寻找通过设计挖掘节约投资的可能性。

③ 从造价控制的角度审核承包单位编制的施工组织设计,对主要施工方案进行技术经济分析。

(4)合同措施。

① 注意积累工程变更等有关资料和原始记录,为处理可能发生的索赔提供依据,参与处理索赔事宜。

② 参与合同修改、补充工作,着重考虑对投资的影响。

施工阶段监理进行造价控制的主要工作内容有以下几项。

(1)参与设计图纸会审,提出合理化建议。

(2)从造价控制的角度审查承包方编制的施工组织设计,对主要施工方案进行经济分析。

(3)加强工程变更签证管理,严格控制、审定工程变更,设计变更必须在合同条款的约束下进行,任何变更不能使合同失效。

(4)实事求是、合理地签认各种造价控制文件资料,不得重复或与其他工程资料相矛盾。

(5)建立月完成量和工作量统计表,对实际完成量和计划完成量进行比较、分析,做好进度款的控制。

(6)收集有现场监理工程师签认的工程量报审资料,以此作为结算审核的依据。

(7)收集经设计单位、施工单位、建设单位和总监理工程师签认的工程变更资料,以此作为结算审核的依据,防止施工单位在结算审核阶段只提供对施工方有利的资料,造成不应发生的损失。

(8)公正处理好费用索赔。

在施工阶段,监理重点要做好工程计量、工程付款控制、工程变更费用控制、预防并处理好费用索赔。要尤其关注工程计量的准确性。工程计量是投资支出的关键环节,是约束承包商履行合同义务的手段。工程计量一般只对工程量清单中的全部项目、合同文件中规定的项目和工程变更项目进行计量。工程计量的依据一般有质量合格证书、工程量清单前言、技术规范中的"计量支付"条款和设计图纸。监理人员按规定对承包单位所完成的实际工程量进行量测并认可,经过监理工程师计量所确定的数量是向承包商支付任何款项的凭证。已完工程,并不是全部进行计量,而只是质量达到合同标准的已完工程,由专业监理工程师签署报验申请表,质量合格才予以计量。未经总监理工程师签认的工程变更,承包单位不得实施,项目监理机构不得予以计量。

4）合同价款调整

如果采用可调价合同，施工中如果遇到以下情况，可以对合同价款进行相应的调整。

（1）法律、行政法规和国家有关政策变化影响到合同价款，如施工过程中地方税的某项税费发生变化，按实际发生与订立合同时的差异进行增加或减少合同价款的调整。

（2）工程造价部门公布的价格调整，当市场价格浮动变化时，按照专用条款约定的方法对同价款进行调整。

（3）双方约定的其他因素。

发生上述事件后，承包人应当在情况发生后的 14 天内，将调整的原因、金额以书面形式通知监理工程师。总监理工程师确认调整金额后作为追加合同价款。总监理工程师收到承包人通知后 14 天内不予确认也不提出修改意见，视为已经同意该项调整。

2.3.4　工程合同管理

1. 合同管理的基本概念

1）合同

合同是平等主体的自然人、法人、其他组织之间设立、变更、终止民事权利和义务关系的协议。合同作为一种法律手段，是法律规范在具体问题中的应用方式，签订合同属于一种法律行为，依法签订的合同具有法律约束力。

根据通信工程建设活动中的各方关系不同，有不同类型的工程合同。

（1）咨询（监理）合同。业主与咨询（监理）公司签订的合同。业主聘请咨询（监理）公司负责工程的可行性研究、设计阶段监理、招标和施工阶段的监理等工作。

（2）勘察设计合同。业主与勘察设计单位签订的合同。业主指定勘察设计单位负责工程的地质勘察和技术设计工作。

（3）供应（采购）合同。由业主负责提供材料和设备的建设项目，业主需与有关的材料和设备供应单位签订供应（采购）合同。

（4）工程施工合同。业主与工程承包商签订的施工合同。可以由一个或几个承包商承包或分别承包土建、机械安装、电气安装、装饰、通信等工程施工。

（5）贷款合同。业主与金融机构签订的合同。金融机构向业主提供资金保证。按照资金来源不同，又分为贷款合同、合资合同或 BOT 合同等。

2）合同管理

合同管理在不同的场合有不同的含义，概括起来，合同管理是指依据合同规定对当事人的权利和义务进行监督管理的过程。各级工商行政管理机关、建设行政主管部门对合同进行的管理侧重于宏观管理，主要包括：相关法律、法规、规程、规定的制定；合同主体行为规范的制定；合同示范文本的制定。建设单位、设计单位、监理单位、施工单位等对合同进行的管理着重于微观管理，主要包括合同的签订管理和合同的实施管理。微观的合同管理又可以分为广义的合同管理和狭义的合同管理，广义的合同管理是指以合同为依据所展开的所有合同管理工作。狭义的合同管理主要是指合同在变更过程中所开展的有关管理工作，包括处理工程变更、工程延期、费用索赔、审批工程分包等事宜。

3）合同管理的重要意义

随着我国信息产业建设市场的不断发育成熟，建设工程项目合同管理的重要性日益显现。

加强合同管理符合社会主义市场经济的要求。使用合同来引导和管理建设市场，顺应了政府职能转变，应用法律、法规和经济手段调节和管理市场的大趋势。而各建设市场主体也必须依据市场规律要求，健全各项内部管理制度，其中非常重要的一项就是合同管理。

合同管理是建设项目管理的核心，加强合同管理是进行有效项目管理的需要。任何建设工程项目的实施都是以签订系列承发包合同为前提的，忽视了合同管理就意味着无法对工程质量、工程进度、工程造价进行有效控制，无法对人力资源、工作沟通、工程风险等进行综合管理。只有抓住合同管理这个核心，才可能统筹调控整个建设工程项目的运行状态，实现建设目标。

加强合同管理也是规范各建设主体行为的需要。建设工程项目合同界定了建设主体各方的基本权利与义务关系，是建设主体各方履行义务、享有权利的法律基础，同时也是正确处理建设工程项目实施过程中出现的各种争执与纠纷的法律依据。加强合同管理，促使建设主体各方按照合同约定履行义务并处理所出现的争执与纠纷，能够起到规范建设主体行为的积极作用，对整顿我国的建设市场起到了促进作用。

加强合同管理是我国应对国际竞争的需要。随着我国通信建设市场的不断开放，面对来自国外建设企业的冲击与挑战，就必须适应国际市场规则，遵循国际惯例。只有加强合同管理，建设企业才有可能与国外建设企业一争高下，才能赢得自己生存与发展的空间。

2. 项目监理机构合同管理的内容

监理单位大力加强合同管理，建立并完善工程建设合同管理体系，不仅可以有效地控制建设工程质量、进度和造价，而且是避免、预防、减少工程中纠纷的最有效手段。就通信建设工程而言，从项目的勘察设计、建设施工、材料和设备的采购等各项环节，合同管理都要求监理工程师从造价、进度、质量目标控制的角度出发，依据有关法律、法规、办法、条例、合同文件，认真处理好合同的签订、分析及工程项目实施过程中出现的违约、变更、索赔、延期、分包、纠纷调解和仲裁等问题。项目监理机构合同管理的内容主要包括以下几个方面。

（1）施工合同的管理。

（2）委托监理合同的管理。

（3）建设单位与第三方签订的涉及监理业务的合同管理，主要包括勘察、设计合同、建设工程物资采购合同、材料采购合同、设备采购合同等。

（4）合同其他事项的管理。

① 工程变更的管理。

② 工程暂停及复工的管理。

③ 工程延期及工程延误的处理。

④ 费用索赔的处理。

⑤ 合同争议的调解。

⑥ 违约处理。

3. 施工合同管理

1) 施工合同

建设工程施工合同是发包人与承包人就完成具体工程项目的建筑施工、设备安装、设备调试、工程保修等工作内容,确定双方权利和义务的协议。

施工合同示范文本由协议书、通用条款、专用条款三部分组成,并附有 3 个附件。条款内容不仅涉及各种情况下双方的合同责任和规范化的履行管理程序,还涵盖了变更、索赔、不可抗力、合同被迫终止、争议解决等方面的处理原则。

施工合同示范文本中条款属推荐使用,监理工程师可建议委托人采用示范文本,并结合具体的工程特点加以取舍、补充,从而使发、承包人双方签订责任明确、操作性强的施工合同。

2) 施工合同的履行管理

在合同履行中,监理工程师应监督承包单位严格按照施工合同的规定,履行应尽的义务。施工合同内规定由建设单位负责的工作,是合同履行的基础,是承包单位开工、施工的先决条件,监理工程师也应督促发包方严格履行。

在施工合同履行中,项目监理机构总监理工程师任命一名监理工程师为专职或兼职的合同管理员,负责本工程项目的合同管理工作。总监理工程师组织项目监理机构监理人员对施工合同进行分析,了解和熟悉工程概况、工期目标、质量目标、施工合同价、控制工程质量的标准、双方权利和义务、违约处理条款、争议处理等与监理工作有关的合同内容,将施工合同分析结果书面报告建设单位。

项目监理机构合同管理员收集建设单位与第三方签订的涉及监理业务的合同(工程分包合同,材料、设备订货合同等),进行归档管理,并将其内容分解到三大控制中去,交各专业监理工程师分别按照其专业或内部职务分工进行控制与管理,并及时将信息反馈给合同管理员。

合同管理员将汇集到的各方反馈来的施工合同执行信息进行综合、分析、对比与检查,主要比对检查的内容有以下几项。

① 工程质量是否可能违反施工合同规定的目标。

② 工程进度是否符合进度计划。

③ 工程造价有无可能超过计划。

④ 建设单位、承包单位有无违约行为。

⑤ 已签订的工程分包合同,材料、设备订货合同执行情况。

⑥ 其他有关合同执行的情况。

如发现合同执行情况不正常时,应报告总监理工程师采取纠正措施,并通知建设单位和承包单位共同研究确认后执行。

3）施工合同管理的内容

监理工程师在进行施工合同管理时，还应根据施工各阶段的具体情况，重点关注下列内容。

（1）施工组织设计和施工进度计划。

发包人应在合同约定的日期前，免费按专用条款约定的份数供应承包人施工图纸，以保证承包人及时编制施工进度计划和组织施工。承包人应当在专用条款约定的日期，将施工组织设计和施工进度计划提交发包人代表及监理工程师。监理工程师接到承包人提交的进度计划后，应当予以确认或者提出修改意见。

（2）开工。

承包人应在专用条款约定的时间按时开工，以便保证在合理工期内及时竣工。但在特殊情况下，工程的准备工作不具备开工条件，则应按合同的约定区分延期开工的责任。

如果是承包人要求的延期开工，则监理工程师有权批准是否同意延期开工。承包人不能按时开工，应在不迟于协议书约定的开工日期前7天，以书面形式向监理工程师提出延期开工的理由和要求。监理工程师在接到延期开工申请后的48小时内未予答复，视为同意承包人的要求，工期相应顺延。如果监理工程师不同意延期要求，工期不予顺延。如果承包人未在规定时间内提出延期开工要求，工期也不予顺延。

因发包人的原因施工现场尚不具备施工的条件，影响了承包人不能按照协议书约定的日期开工时，发包人应以书面形式通知承包人推迟开工日期。发包人应当赔偿承包人因此造成的损失，相应顺延工期。

（3）工程的分包。

施工合同范本的通用条件规定，未经发包人同意，承包人不得将承包工程的任何部分分包，工程分包不能解除承包人的任何责任和义务。发包人控制工程分包的基本原则：主体工程的施工任务不允许分包，主要工程量必须由承包人完成；经过发包人同意的分包工程，承包人选择的分包人需要提请监理工程师同意；监理工程师主要审查分包人是否具备实施分包工程的资质和能力，未经审查同意的分包人不得进入现场参与施工。

（4）施工质量的控制。

① 材料和设备质量的控制。工程项目使用的材料和设备按照专用条款约定的采购供应责任，可以由承包人负责，也可以由发包人提供全部或部分材料和设备。无论谁采购，都应按照专用条款的材料设备供应一览表，按时、按质、按量将材料和设备运抵施工现场，提供产品的合格证明，并对材料设备的质量负责。

② 施工质量的控制。承包人应认真按照标准、规范和设计要求以及监理工程师依据合同发出的指令施工，施工的工程质量应当达到合同约定的标准，监理工程师依据合同约定的质量标准对承包人的工程质量进行检查，达到或超过约定标准的，给予质量认可；达不到要求时，则予拒收，要求承包人返工，承包人应当按要求返工。因承包人的原因达不到约定标准，由承包人承担返工费用，工期不予顺延。因发包人的原因达不到约定标准，由发包人承担返工的追加合同价款，工期相应顺延。

（5）施工进度的控制。

监理工程师进行进度管理的主要任务是控制施工工作按进度计划执行,确保施工任务在规定的合同工期内完成。实际施工过程中,由于受到外界环境条件、人为条件、现场情况等的限制,经常出现与承包人开工前编制施工进度计划时预计的施工条件有出入的情况,导致实际施工进度与计划进度不符。不管实际进度是超前还是滞后于计划进度,只要与计划进度不符时,监理工程师都有权通知承包人修改进度计划,以便更好地进行后续施工的协调管理。承包人应当按照监理工程师的要求修改进度计划并提出相应措施,经监理工程师确认后执行。因承包人自身的原因造成工程实际进度滞后于计划进度,所有的后果都应由承包人自行承担。

在施工过程中,有些情况会导致暂停施工,或者工期延误不能按时竣工。总监理工程师认为确有必要时,可以根据现场的实际情况发布暂停施工的指令,并依据合同责任来判定是否给承包人合理延长工期。

（6）设计变更的管理。

施工合同范本中将工程变更分为工程设计变更和其他变更两类。其他变更是指合同履行中发包人要求变更工程质量标准及其他实质性变更。发生这类情况后,由当事人双方协商解决。工程施工中经常发生设计变更,对此通用条款作出了较详细的规定。

监理工程师在合同履行管理中应严格控制变更,施工中承包人未得到监理工程师的同意也不允许对工程设计随意变更。如果由于承包人擅自变更设计,发生的费用和因此而导致的发包人的直接损失,应由承包人承担,延误的工期不予顺延。

（7）支付管理。

① 合同价款的调整。施工中如果遇到法律、行政法规和国家有关政策变化,或者工程造价部门公布的价格调整,影响到合同价款,可以按照专用条款约定的方法对合同价款进行调整。承包人应当在情况发生后 14 天内,将调整的原因、金额以书面形式通知监理工程师。总监理工程师确认调整金额后作为追加合同价款。

② 工程量的确认。由于签订合同时在工程量清单内开列的工程量是估计工程量,实际施工可能与其有差异,因此发包人支付工程进度款前,应由监理工程师对承包人完成的实际工程量予以确认或核实,按照承包人实际完成工程量进行支付。承包人应按专用条款约定的时间,向监理工程师提交本阶段已完成工程量的报告,说明本期完成的各项工作内容和工程量。监理工程师对照设计图纸,只对承包人完成的合格工程量进行计量。因此,属于承包人超出设计图纸范围的工程量不予计量;因承包人原因造成返工的工程量不予计量。

③ 工程进度款的支付。对施工单位申报的已完分项工程量进度核实,在质量管理工程师通过检查验收后,总监理工程师签发进度款付款凭证。工程进度款的支付按合同约定,发包人应在双方计量确认后 14 天内向承包人支付工程进度款。发包人超过约定的支付时间不支付工程进度款,承包人可向发包人发出要求付款的通知。发包人在收到承包人通知后仍不能按要求支付,可与承包人协商签订延期付款协议,经承包人同意后可以延期支付。发包人不按合同约定支付工程款（进度款）,双方又未达成延期付款协议,

导致施工无法进行,承包人可停止施工,由发包人承担违约责任。

(8) 施工索赔管理。

索赔是当事人在合同实施过程中,根据法律、合同规定及惯例,对不应由自己承担责任的情况造成的损失,向合同的另一方当事人提出给予赔偿或补偿要求的行为。在工程建设的各个阶段,都有可能发生索赔,尤以施工阶段索赔居多。对施工合同的双方来说,都有通过索赔维护自己合法权益的权利,依据双方约定的合同责任,构成正确履行合同义务的制约关系。

在工程实践中大量发生的是承包人向发包人的索赔。导致施工索赔的原因很多,如超出合同规定的工程变更、施工条件发生了变化、出现了特殊风险和不可预见事件等。由于非承包人的原因而导致施工进程延误,要求批准顺延合同工期的,称为工期索赔。当施工的客观条件改变导致承包人增加开支,承包人可以要求对超出计划成本的附加开支给予补偿,称为费用索赔。

索赔管理是监理工程师进行合同工管理的重点内容之一,预测和分析导致索赔的原因和可能性,通过积极、有效的服务减少索赔事件发生,公平、合理地处理和解决索赔。

(9) 竣工验收的管理。

工程验收是合同履行中的一个重要工作阶段,工程未经竣工验收或竣工验收未通过的,发包人不得使用。发包人强行使用时,由此发生的质量问题及其他问题,由发包人承担责任。

工程竣工验收通过,承包人送交竣工验收报告的日期为实际竣工日期。工程按发包人要求修改后通过竣工验收的,实际竣工日期为承包人修改后提请发包人验收的日期。这个日期的重要作用是用于计算承包人的实际施工期限,与合同约定的工期比较是提前竣工还是延误竣工。合同约定的工期指协议书中写明的时间与施工过程中遇到合同约定可以顺延工期条件情况后,经过总监理工程师确认应给予承包人顺延工期之和。承包人的实际施工期限,从开工日起到上述确认为竣工日期之间的日历天数。开工日正常情况下为专用条款内约定的日期,也可能是由于发包人或承包人要求延期开工,经总监理工程师确认的日期。

(10) 竣工结算。

工程竣工验收报告经发包人认可后,承、发包双方应当按协议书约定的合同价款及专用条款约定的合同价款调整方式,进行工程竣工结算。工程竣工验收报告经发包人认可后28天内,承包人向发包人递交竣工结算报告及完整的结算资料。发包人自收到竣工结算报告及结算资料后28天内进行核实,给予确认或提出修改意见。发包人认可竣工结算报告后,及时办理竣工结算价款的支付手续。承包人收到竣工结算价款后14天内将竣工工程交付发包人,施工合同即告终止。

承包人如未在规定时间内提供完整的工程竣工结算资料,造成工程竣工结算不能正常进行或工程竣工结算价款不能及时支付时,如果发包人要求交付工程,承包人应当交付;发包人不要求交付工程,承包人仍应承担保管责任。

发包人收到竣工结算报告及结算资料后28天内无正当理由不确认工程竣工结算价款,从第29天起按承包人同期向银行贷款利率支付拖欠工程价款的利息,并承担违约责任。根据确认的竣工结算报告,承包人向发包人申请支付工程竣工结算款。发包人应在收到申请后 15 天内支付结算款,到期没有支付的应承担违约责任。承包人可以催告发包人支付结算价款,如达成延期支付协议,发包人应按同期银行贷款利率支付拖欠工程价款的利息;如未达成延期支付协议,承包人可以与发包人协商将该工程折价,或申请人民法院将该工程依法拍卖,承包人就该工程折价或者拍卖的价款优先受偿。

4. 施工合同争议及解除

1) 合同争议

合同争议的解决方式有和解、调解、仲裁、诉讼 4 种。争议调解方式应在合同专用条款中约定。

发生争议后,应继续履行合同,保持施工连续,保护好已完工程。

只有出现下列情况时,当事人可停止履行合同。

(1) 单方违约导致合同确已无法履行,双方协议停止施工。

(2) 调解要求停止施工,且为双方接受。

(3) 仲裁机构要求停止施工。

(4) 法院要求停止施工。

2) 合同解除

合同订立后,当事人应该按照合同的约定履行。下列情形当事人可以解除合同。

(1) 合同的协商解除。

合同的协商解除指合同当事人在合同成立以后,履行完毕以前,通过协商而同意终止合同关系的解除。

(2) 发生不可抗力时合同的解除。

因为不可抗力或者非合同当事人的原因,造成工程停建或缓建,致使合同无法履行,合同双方可以解除合同。

(3) 当事人违约时合同的解除。

① 建设单位不按合同约定支付工程款(进度款),双方又未达成延期付款协议,导致施工无法进行,施工单位停止施工超过规定时间,建设单位仍不支付工程款(进度款)的,施工单位有权解除合同。

② 建设单位将其承包的全部工程转包给他人或者肢解后以分包的名义分别转包给他人,施工单位有权解除合同。

③ 合同当事人一方的其他违约致使合同无法履行,合同双方可以解除合同。

(4) 解除合同的相关规定。

① 一方主张解除合同的,应在规定时间内向对方发出解除合同的书面通知。

② 合同解除后,当事人约定的结算和清理条款仍然有效。

③ 施工单位应该按照建设单位的要求妥善做好已完工程和已购材料、设备的保护和移交工作,按建设单位要求将自有机械设备和人员撤出施工场地。

④ 建设单位应为施工单位撤出提供必要条件,支付所发生的费用,并按合同约定支付已完工程款。已订货的材料、设备由订货方负责退货或解除订货合同,不能退还的货

款和因退款、解除订货合同发生的费用,由责任方承担。因未及时退货造成的损失由责任方承担。此外,有过错的一方应当赔偿因合同解除给对方造成的损失。

2.3.5　工程信息管理

1. 工程信息管理的基本概念

1) 工程信息的构成

由于通信建设工程涉及多部门、多环节、多专业、多渠道,工程信息量大,来源广泛,形式多样,主要的信息形态有以下几种。

(1) 文字图形信息,包括勘察设计文件、合同、竣工技术文件、监理资料等信息。

(2) 语音信息,包括做指示、汇报、介绍情况、建议、工作讨论和研究等信息。

(3) 电子图像信息,包括通过摄像、摄影等手段取得的信息。

2) 工程信息的特点

(1) 真实性。事实是信息的基本特点,真实、准确地把握好信息是处理数据的最终目的。

(2) 系统性。信息的系统性表现在信息之间的联系,监理人员应能将监理过程中的数据进行分析、发现它们的联系,形成信息,完善管理系统。

(3) 时效性。信息在工程实际中是动态的、不断变化的、随时产生的,重视信息的时效,及时获取信息,有助于做到事前控制。

(4) 不完全性。由于人们对客观事物认识的局限性,会使信息不完全,认识这一点有助于减少由于不完全性带来的负面影响,也有助于提高我们对客观规律的认识,避免不完全性。

(5) 层次性。人们因从事的工作不同,而对信息的需求也不同,一般把信息分为决策级、管理级、作业级 3 个层次,不同层次的信息在内容、来源、精度、使用时间、使用频率上有所不同,决策级需要更多的外部信息和深度加工的内部信息,如对设计方案、新技术、新材料、新设备、新工艺的采用,工程完工后的市场前景;管理级需要较多的内部数据和信息,如在编制监理周(月)报时汇总的材料、进度、投资、合同执行的信息;作业级需要掌握工程各个分部分项每时每刻实际产生的数据和信息,该部分数据加工量大、精度高、时效性强。

3) 工程信息的分类

(1) 按照建设工程的目标划分。

① 造价控制信息。指与造价控制直接有关的信息。如各种估算指标、类似工程造价、物价指数;概算定额、设计概算;预算定额、施工图预算;工程项目投资估算;合同价组成;投资目标体系;计划工程量、已完工程量、单位时间付款报表、工程量变化表、人工材料调价表;索赔费用表;投资偏差、已完工程结算;竣工结算、施工阶段的支付账单;原材料价格、机械设备台班费、人工费、运杂费等。

② 质量控制信息。指与建设工程项目质量有关的信息。如国家有关的质量法规、政策及质量标准、项目建设标准;质量目标体系和质量目标的分解;质量控制工作流程、质

量控制的工作制度、质量控制的方法；质量控制的风险分析；质量抽样检查的数据；各个
环节工作的质量（工程项目决策的质量、设计的质量、施工的质量）；质量事故记录和处理
报告等。

③ 进度控制信息。指与进度相关的信息。如施工定额；项目总进度计划、进度目标
分解、项目年度计划、工程总网络计划和子网络计划、计划进度与实际进度偏差；网络计
划的优化、网络计划的调整情况；进度控制的工作流程、进度控制的工作制度、进度控制
的风险分析等。

④ 合同管理信息。指与建设工程相关的各种合同信息，如工程招投标文件；工程建
设施工承包合同，物资设备供应合同，咨询、监理合同；合同的指标分解体系；合同签订、
变更、执行情况；合同的索赔等。

⑤ 安全管理信息。指与安全管理相关的信息。如按国家相关规范制定的项目建设
安全要求和安全标准；按国家要求配备的安全员；针对分项工程、分部工程和单位工程
进行的安全检查记录；要求各参建单位签订的安全协议和保证。

（2）按照建设工程项目信息的来源划分。

① 项目内部信息。指建设工程项目各个阶段、各个环节、各有关单位发生的信息总
体。内部信息取自建设项目本身，如工程概况、设计文件、施工方案、合同结构、合同管理
制度，信息资料的编码系统、信息目录表，会议制度，监理机构的组织，项目的投资目标、
项目的质量目标、项目的进度目标等。

② 项目外部信息。来自项目外部环境的信息称为外部信息。如上级主管部门发布
的各类行政文件；业主反馈的满意度评价及投诉信息；施工单位、设计单位反馈的信息；
政策法规、标准类信息，如法律、法规、条例、标准、规范等。

（3）按照信息的稳定程度划分。

① 固定信息。指在一定时间内相对稳定不变的信息，包括标准信息、计划信息和查
询信息。标准信息主要是指各种定额和标准，如施工定额、原材料消耗定额、生产作业计
划标准、设备和工具的耗损程度等。计划信息反映在计划期内已定任务的各项指标情
况。查询信息主要是指国家和行业颁发的技术标准、不变价格、监理工作制度、监理工程
师的人事信息等。

② 流动信息。指不断变化的动态信息。如项目实施阶段的质量、投资及进度的统计
信息；某一时点项目建设的实际进程及计划完成情况；项目实施阶段的原材料实际消耗
量、机械台班数、人工工日数等。

（4）按照信息的层次划分。

① 战略性信息。指项目建设工程中的战略决策所需的信息，如投资总额、建设总工
期、承包商的选定、合同价的确定等信息。

② 管理型信息。指用于管理需要的信息，如项目年度计划、财务计划等。

③ 业务性信息。指各业务部门的日常信息，较具体，精度较高。

（5）按照信息管理功能划分。

可划分为组织类信息、管理类信息、经济类信息和技术类信息，每类信息根据工程建
设各阶段项目管理的工作内容又可进一步细分。

4）工程信息管理

人们使用信息为决策和管理服务。正确的信息有助于正确的决策,不正确的信息会造成决策的失误,管理则更离不开系统信息的支持。

通信建设工程的信息管理,是对工程过程(包括勘察设计阶段、施工阶段、验收及保修阶段)中信息的收集、分析、储存、传递与应用等一系列工作的总称。全面、及时、准确地获取建设工程信息,认真做好信息管理工作,通过有组织的信息流通使决策者及时、准确地获得相应的信息,是监理的一项重要工作内容。

2. 通信建设工程监理资料管理

1）监理资料管理的意义

建设工程监理资料管理,是指监理工程师受建设单位委托,在进行建设工程监理工作的期间,对建设工程实施过程中形成的与监理相关的文件和档案进行收集积累、加工整理、立卷归档和检索利用等一系列工作。它是建设工程信息管理的重要组成部分,是监理工程师实施目标控制的基础工作。监理组织机构中必须配备专门的人员负责监理资料的收发、管理和保存工作。

监理资料管理的意义在于以下几点。

① 为建设工程监理工作的顺利开展创造良好的条件。建设工程监理的主要任务是进行工程项目的目标控制,而控制的基础是信息。在建设工程实施过程中产生的各种信息,经过收集、加工和传递,以监理文件归档的形式进行管理和保存,将成为有价值的监理信息资源,它是监理工程师进行建设工程目标控制的客观依据。

② 提高监理工作效率。监理资料经过系统、科学的整理归类,能够及时有针对性地为监理工程师解决问题提供完整的资料;反之,如果文件档案资料分散管理,就会导致混乱,甚至散失,最终影响监理工程师的正确决策。

③ 为建设工程档案的归档提供可靠保证。监理资料的管理,是把监理过程中各项工作中形成的全部文字、声像、图纸及报表等文件资料进行统一管理和保存,从而确保文件和档案资料的完整性,既可以作为建设项目工程的档案,也是监理单位具有重要历史价值的资料。监理工程师可从中获得宝贵的监理经验,有利于不断提高建设工程监理工作水平。

2）监理资料传递流程

信息管理员是专门负责建设工程项目信息管理工作的,其中包括监理文件档案资料的管理。因此,在工程全过程中形成的所有资料,都应统一归口传递到信息管理员,进行集中加工、收发和管理。监理资料管理人员应全面了解和掌握工程建设进展和监理工作开展的实际情况,结合对文件档案资料的整理分析,编写有关专题材料,对重要文件资料进行摘要综述,包括编写监理工作月报、工程建设周报等。

在监理组织内部,所有文件档案资料都必须先送交信息管理员,进行统一整理分类,归档保存,然后由信息管理员根据总监理工程师或其授权监理工程师的指令和监理工作的需要,分别将文件档案资料传递给有关的监理工程师。

在监理组织外部,也应由信息管理员负责发送或接收建设单位、设计单位、施工单位、材料供应单位及其他单位的文件档案资料。所有文件档案资料必须经过总监理工程师或总监理工程师代表审定后发出,从而在组织上保证监理文件档案资料的有效管理。

3)监理资料的移交及归档

工程完工验收时,监理资料按国家档案管理规定《建设工程文件归档整理规范》(GB/T 50328—2014)移交归档。监理单位在工程竣工验收前将文档资料按合同规定的时间、套数移交给建设单位,并办理移交手续。

4)监理资料管理的要点

监理资料必须真实完整、分类有序,总监理工程师应指定专人具体实施监理信息的管理,在各阶段监理工作结束后及时整理归档。

(1)建立监理机构内部责任制和工作制度。

监理资料是在工程监理过程中逐步形成的,而整个工程监理过程环节繁杂、专业各异,不论是总监理工程师还是专职信息员,均无法仅仅依靠个人的力量做好这项工作。

根据监理资料产生于监理过程的特点,实行"谁监理、验收,谁负责"的监理资料管理原则。专业监理工程师负责本专业的原材料、分项工程的验收及有关监理资料(含附件)的收集汇总及整理。分部工程验收完毕,即应将完整、真实的监理资料交信息员验收归档。信息员负责监理资料的验收、分类、整理。为了保证监理资料管理工作的有序进行,项目监理机构还应建立内部工作制度,确保监理资料的连续性、完整性。

(2)重视对施工信息的管理。

监理资料管理要做到及时、真实、有序,在施工监理的全过程中,还必须重视对施工信息的管理。施工信息是施工过程的记录,是每一工序、分项、分部工程的实体质量合格文件。

施工信息也是日后施工单位质量责任的证据。施工单位有义务做好施工信息的管理。为了促使施工单位对施工信息管理的重视,在第一次工地会议上就要强调施工信息的重要性,要交代有关施工报验工作的程序和基本条件。特别在施工准备阶段一定要严格把关,坚持报验必须信息先行,各项施工信息必须真实、合格的原则。

(3)加强与建设单位的沟通,争取业主的理解和支持。

监理信息管理工作与其他监理工作一样,需要加强与建设单位的沟通,争取业主的理解和支持。

监理资料中的施工合同文件、勘察设计文件、施工图纸、设计变更、工程定位及权高信息、地下障碍物信息等,都由业主提供。平时工作的来往信函、会议纪要、监理工作联系单等也和业主有关。工程计量和工程款支付、工期的延期、费用索赔等工作也要与业主沟通。对施工信息的严格要求也需要争取业主的理解和支持;否则工作很难开展,监理资料的管理工作就难以落实。

(4)充分发挥监理日志的作用。

监理日志是逐日记录监理工作和施工活动的重要信息,内容涉及工程建设的方方面面,时间连续性强,是监理工作的重要基础资料。监理工程师负责组织监理日志的编写,必须加以重视。

3. 监理资料的内容

1) 监理文件、监理档案的概念

监理文件是监理单位在工程勘察设计阶段、施工阶段、验收及保修阶段中形成的各种形式的监理信息记录,包括在监理过程中发生的文件。

监理档案是在监理活动中直接形成的具有归档保存价值的文字、图表、声像等各种形式的历史记录。

2) 监理资料的分类

监理资料在实际的工程过程中,可按信息流流向和建设流程进行分类。

(1) 按信息流流向分类。

监理资料流向建设单位、设计单位、监理单位、施工单位、设备厂家及政府相关管理部门,并在其间流通。

(2) 按建设流程分类。

监理资料按建设流程的不同阶段:勘察设计阶段、施工阶段、验收及保修阶段进行分类。各不同阶段收集的信息要根据具体情况决定。

3) 施工阶段的监理资料

目前,我国的监理大部分在施工阶段进行,有比较成熟的经验和完善的制度,施工阶段的监理资料一般由以下几部分组成。

① 施工合同文件及委托监理合同。

② 勘察设计文件。

③ 监理规划、监理实施细则。

④ 设计交底与图纸会审会议纪要。

⑤ 施工组织设计(方案)、工程进度计划报审资料。

⑥ 分包单位资格报审资料。

⑦ 工程开工、复工报审表及工程暂停令等资料。

⑧ 施工测量核验资料。

⑨ 工程材料、构配件、设备的质量证明文件。

⑩ 工程质量检查报验、隐蔽工程验收资料。

⑪ 工程变更、费用索赔、工程延期文件资料。

⑫ 工程计量单和工程款支付证书。

⑬ 监理工程师通知单、监理工作联系单。

⑭ 会议纪要、来往函件。

⑮ 监理日志、监理周(月)报。

⑯ 工程质量或生产安全事故处理文件。

⑰ 分部工程、单位工程等验收资料。

⑱ 安全监督管理资料。

⑲ 竣工结算审核意见书。

⑳ 工程项目施工阶段质量评估报告等专题报告。

㉑ 监理工作总结。

4）常用监理表格

根据《建设工程监理规范》（GB 50319—2013），规范中基本表式有以下 3 类。

① A 类表共 8 个表（A.0.1～A.0.8），为监理单位用表，是监理单位与承包单位之间的联系表，由监理单位填写，向承包单位发出的指令或批复。

② B 类表共 14 个表（B.0.1～B.0.14），为施工单位用表，是施工单位与监理单位之间的联系表，由施工单位填写，向监理单位提交申请或回复。

③ C 类表共 3 个表（C.0.1～C.0.3），为各方通用表，是监理单位、施工单位、建设单位等相关单位之间的联系表。

（1）A 类表。

表 A.0.1　监理工程师通知单。

表 A.0.2　工程开工令。

表 A.0.3　监理通知单。

表 A.0.4　监理报告。

表 A.0.5　工程暂停令。

表 A.0.6　旁站记录。

表 A.0.7　工程复工令。

表 A.0.8　工程款支付证书。

（2）B 类表。

表 B.0.1　施工组织设计/（专项）施工方案报审表。

表 B.0.2　工程开工报审表。

表 B.0.3　工程复工报审表。

表 B.0.4　分包单位资格报审表。

表 B.0.5　施工控制测量成果报验表。

表 B.0.6　工程材料、构配件、设备报审表。

表 B.0.7　报审、报验表。

表 B.0.8　分部工程报验表。

表 B.0.9　监理通知回复单。

表 B.0.10　单位工程竣工验收报审表。

表 B.0.11　工程款支付报审表。

表 B.0.12　施工进度计划报审表。

表 B.0.13　费用索赔报审表。

表 B.0.14　工程临时/最终延期报审表。

（3）C 类表。

表 C.0.1　工作联系单。

表 C.0.2　工程变更单。

表 C.0.3　索赔意向通知书。

2.3.6　工程安全管理

1. 安全生产的基本概念

1）安全生产

安全生产是指在生产过程中不发生工伤事故、职业病、设备或财产损失的状态,即指人不受伤害、物不受损失。安全生产是使生产过程在符合物质条件和工作秩序下进行,防止发生人身伤亡和财产损失等生产事故,消除或控制危险、有害因素,保障人身安全与健康、设备和设施免受损坏、环境免遭破坏的总称。

2）危险源

危险源是指可能造成人员伤害、疾病、财产损失、作业环境破坏或其他损失的根源或状态。

（1）物理性危害因素,包括施工机具缺陷、施工器材缺陷、防护缺陷、警示信号缺陷、标志缺陷、强电危害、噪声危害、振动危害、电磁辐射、运动物体、火灾、粉尘、高低温、作业环境方面的不安全状况等。

（2）化学性危险因素,包括易燃易爆性物质、有毒物质、腐蚀性物质及其他化学性有害物质等。

（3）生物性危险因素,包括致病微生物（病毒、细菌）、传染病媒介物、致害的动植物等。

（4）心理、生理性危险因素,包括超负荷工作、带病工作、冒险行为、野蛮作业等。

（5）行为性危险因素,包括指挥失误、违规指挥、监管失误、违章作业、操作失误等。

（6）其他危害因素,包括作业空间狭小、作业环境条件差、通道和道路有缺陷、搬运重物方法和施工机具选用不当等。

在实际工作和生活中的危险源很多,在一个工程中,以上所列举的危险因素可能只有一类（种）或几类（种）或全部都存在,存在的形式也较复杂,这在辨识上给我们增加了难度。如果把各种构成危险源的因素,按照其在事故发生、发展过程中所起的作用划分成类别,无疑会给我们对危险源辨识工作带来很大的方便。为了区分各种危险源,人们常常把危险源划分为两类。第一类危险源为物的不安全状态,第二类危险源为人的不安全行为。

3）危险源的识别和评估

危险源的识别是为了明确建设工程项目在现有施工条件下不可承受的风险,从而制定预防措施,对风险进行控制,保证以合理的成本获得最大安全保障。常用的危险源识别方法有基本分析法和安全检查法。主要应考虑人员的安全、财产损失和环境破坏 3 个方面的因素。危险源的充分识别,是安全生产管理的前提。

危险源识别所涉及的范围一般应包括以下几项。

（1）施工机具、设备。

（2）常规和非常规的施工作业活动、管理活动。

（3）进入工作场所的人员。

（4）施工周边环境和场所。

根据施工的特点、场地、施工人员的技术状况、施工机具等仔细排查、全面分析工程的危险因素，找出危险源，对危险源进行风险分析、评价和控制。危险源的风险分析、评价包括以下几个方面。

（1）辨别各类危险源及产生原因。

（2）分析已辨别的各类危险事件在通信工程中发生的概率。

（3）评价发生事故的后果。

对在工程中发生概率多、风险大、后果严重的重大危险源，应要求施工单位制定详细的预防措施，预防和杜绝安全事故的发生。

4）事故

事故是指人（或集体）在为实现某种意图而进行的活动过程中，突然发生违反人的意志，迫使活动暂时或永久性停止的事件。事故是一种违背人们意志的事件，是人们不希望发生的事件。事故往往会造成人员伤亡、职业病、财产损失或环境污染等后果，影响人们的生产、生活活动顺利进行。

事故的基本特征如下。

（1）偶然性。事故是一种突然发生的、出乎人们意料的意外事件，其原因复杂且多样。

（2）随机性。事故发生的时间、地点是随机的，使人们无法准确地预测在什么时候、什么地方、发生什么样的事故。

（3）潜在性。引起事故的因素通常比较隐蔽，不易察觉。

（4）必然性。事故是诸多危险因素长期积累的结果，偶然中存在着必然。

（5）因果性。事故是由相互联系的多种因素共同作用的结果，必然有导致事故的原因。

由于事故的上述基本特征，给事前控制、制定预防措施带来了困难，然而由于事故的严重后果，使得发现事故隐患、分析产生事故的原因成为非常重要的事情。

为了规范生产安全事故的报告和调查处理，落实生产安全事故责任追究制度，防止和减少生产安全事故，《生产安全事故报告和调查处理条例》（第 493 号令）中规定了生产经营活动中发生的人身伤亡或直接经济损失的安全事故报告、调查、处理和法律责任。根据该条例第三条规定，生产安全事故（以下简称事故）造成人员伤亡或者直接经济损失的等级可分为四级。

（1）特别重大事故，是指造成 30 人以上死亡，或者 100 人以上重伤（包括急性工业中毒，下同），或者 1 亿元以上直接经济损失的事故。

（2）重大事故，是指造成 10 人以上 30 人以下死亡，或者 50 人以上 100 人以下重伤，或者 5000 万元以上 1 亿元以下直接经济损失的事故。

（3）较大事故，是指造成 3 人以上 10 人以下死亡，或者 10 人以上 50 人以下重伤，或者 1000 万元以上 5000 万元以下直接经济损失的事故。

（4）一般事故，是指造成 3 人以下死亡，或者 10 人以下重伤，或者 1000 万元以下直接经济损失的事故。

以上各条中所称的"以上"包括本数，所称的"以下"不包括本数。

5）安全生产管理

安全生产管理是工程建设管理体系的重要组成部分。安全生产管理是针对人们生产过程的安全问题,运用有效的资源,发挥人们的才智,通过努力进行有关决策、计划、组织和控制等活动,实现生产过程中人与机器设备、物料、环境的和谐,达到安全生产的目标。

安全生产管理的目标就是减少和控制危害,减少和控制事故,尽量避免生产过程中由于事故所造成的人身伤害、财产损失、环境污染及其他损失。

安全生产管理包括安全生产的法制管理、行政管理、监督检查、工艺技术管理、设备设施管理、作业环境和条件管理等。

安全生产管理的工作内容包括建立安全生产管理机构、配备安全生产管理人员、制定安全生产责任制和安全生产管理规章制度、策划生产安全、进行安全培训教育、建立安全生产档案等。

6）正确处理 4 种关系

（1）安全与危险的并存关系。

安全与危险在同一事物的运动中是相互对立、相互依赖而存在的。因为有危险,才要进行安全管理,以防止危险。安全与危险并非是等量并存、平静相处。随着事物的运动变化,安全与危险每时每刻都在变化着,进行着此消彼长的斗争。事物的状态将向斗争的胜方倾斜。可见在事物的运动中都不会存在绝对的安全或危险。保持生产的安全状态,必须采取多种措施,以预防为主,危险因素是完全可以控制的。

（2）安全与生产的统一关系。

如果生产中人、物、环境都处于危险状态,则生产无法顺利进行。因此,安全是生产的客观要求,当生产完全停止,安全也就失去意义。就生产的目的性来说,组织好安全生产就是对国家、人民和社会最大的负责。

生产有了安全保障才能持续、稳定发展。生产活动中事故层出不穷,生产势必陷于混乱甚至瘫痪状态。当生产与安全发生矛盾、危及职工生命或国家财产时,生产活动停下来整治、消除危险因素以后生产形势会变得更好。

（3）安全与质量的包含关系。

从广义上看,质量包含安全工作质量,安全概念也内含着质量,交互作用,互为因果。安全第一,质量第一,两个第一并不矛盾。安全第一是从保护生产因素的角度提出的,而质量第一则是从关心产品成果的角度而强调的。安全为质量服务,质量需要安全保证。生产过程丢掉哪一头都会陷于失控状态。

（4）安全与速度的互保关系。

生产的蛮干、乱干,在侥幸中求得的快,缺乏真实与可靠,一旦酿成不幸,非但无速度可言,反而会延误时间。速度应以安全作保障,安全就是速度。当速度与安全发生矛盾时,暂时减缓速度,保证安全才是正确的做法。

2. 通信建设工程安全生产管理

为了加强安全生产的监督管理,防止和减少生产安全事故,保障人民生命和财产安全,促进经济和社会的协调发展,国家出台了一系列安全生产的法律法规,如《中华人民共和国安全生产法》《建设工程安全生产管理条例》(国务院 393 号令)、《通信建设工程安全生产管理规定》(工信部【2008】111 号)、《通信建设工程安全生产操作规范》(工信部【2008】110 号)、《通信建设工程施工安全监理暂行规定》(YD 5204—2014)。《建设工程安全生产管理条例》的第四条指出:"建设单位、勘察单位、设计单位、施工单位、工程监理单位及其他与建设工程安全生产有关的单位,必须遵守安全生产法律、法规的规定,保证建设工程安全生产,依法承担建设工程安全生产责任。"

1) 建设单位安全生产管理的职责

(1) 建立完善的通信建设工程安全生产管理制度,建立生产安全事故紧急预案,设立安全生产管理机构并确定责任人。

(2) 按照通信建设工程安全生产提取费率的要求,在工程概预算中明确通信建设工程安全生产费用,不得打折,工程承包合同中明确支付方式、数额及时限。

(3) 不得对设计单位、施工单位及监理单位提出不符合安全生产法律、法规和强制性标准规定的要求,不得压缩合同约定的工期。

(4) 建设单位在通信建设工程开工前,应当就落实保证安全生产的措施进行全面、系统的布置,明确相关单位的安全生产责任。

(5) 建设单位在对施工单位进行资格审查时,应当对企业主要负责人、项目负责人以及专职安全生产管理人员是否经通信主管部门安全生产考核合格进行审查。有关人员未经考核合格的,不得认定投标单位的投标资格。

2) 设计单位安全生产管理的职责

(1) 设计单位和有关人员对其设计安全性负责。

(2) 设计单位编制工程概预算时,必须按照相关规定全额列出安全生产费用。

(3) 设计单位应当按照法律、法规和工程建设强制性标准进行设计,防止因设计不合理导致生产安全事故的发生。

(4) 设计单位应当考虑施工安全操作和防护的需要,对涉及施工安全的重点部位和环节在设计文件中注明,并对防范生产安全事故提出指导意见。

(5) 设计单位应参与设计有关的生产安全事故分析,并承担相应的责任。

3) 施工单位安全生产管理的职责

(1) 施工单位应设立安全生产管理机构,建立健全安全生产责任制度和教育培训制度,制定安全生产规章制度和操作规程,建立生产安全事故紧急预案。

(2) 施工单位主要负责人依法对本单位的安全生产工作全面负责,项目负责人对建设工程项目的安全施工负责,落实安全生产责任制度、安全生产规章制度和操作规程,确保安全生产费用的有效使用,并根据工程的特点组织制定安全施工措施,消除安全事故隐患,及时、如实报告生产安全事故。

(3) 按照国家有关规定配备专职安全生产管理人员,施工现场必须有专职安全生产管理人员,要保证安全生产培训教育,企业主要负责人、项目负责人以及专职安全生产管理人员必须取得通信主管部门核发的安全生产考核合格证书,做到持证上岗。

(4) 建立安全生产费用预算,在工程报价中应当包含工程施工的安全作业环境及安全施工措施所需费用,要保证安全生产费用专款专用,用于施工安全防护用具及设施的采购和更新、安全施工措施的落实、安全生产条件的改善,不得挪作他用。

(5) 严格按照工程建设强制性标准和安全生产操作规范进行施工作业。

(6) 建设工程实施施工总承包的,由总承包单位对施工现场的安全生产负总责。总承包单位依法将建设工程分包给其他单位的,分包合同中应当明确各自在安全生产方面的权利、义务。总承包单位和分包单位对分包工程的安全生产承担连带责任。

(7) 分包单位应当服从总承包单位的安全生产管理,分包单位不服从管理导致生产安全事故的,由分包单位承担主要责任。

(8) 要依法参加工伤社会保险,为从业人员交纳保险费。

4) 监理单位安全生产管理的职责

(1) 要完善安全生产管理制度,明确监理人员的安全监理职责,建立监理人员安全生产教育培训制度。总监理工程师和安全监理人员须经安全生产教育培训取得通信主管部门核发的安全生产考核合格证书后,方可上岗。

(2) 审查施工组织设计中的安全技术措施或者专项施工方案是否符合工程建设强制性标准。

(3) 按照法律、法规、规章制度、安全生产操作规范及工程建设强制性标准实施监理,并对工程建设生产安全承担监理责任。

(4) 在实施监理过程中,发现存在生产安全事故隐患的,应当要求施工单位整改;对情况严重的,应当要求施工单位暂时停止施工,并及时向建设单位报告。施工单位拒不整改或者不停止施工的,工程监理单位应当及时向有关主管部门报告。

3. 监理安全管理的主要工作

监理单位和监理人员必须坚持"安全第一,预防为主"的基本方针,在工程中认真履行监理的职责,加强对施工现场安全的监督管理,督促施工单位做好施工人员安全教育工作,增强施工人员的安全意识和安全操作技能,努力把工程的安全事故降到最低程度。

1) 施工准备阶段安全管理主要工作

(1) 编制安全监理方案,该方案是安全监理的指导性文件,具有可操作性。安全监理方案在总监理工程师主持下进行编制,作为监理规划的一部分内容。安全监理方案包括以下主要内容。

① 安全监理的范围、工作内容、主要工作程序、制度措施以及安全监理人员的配备计划和职责,做到安全监理责任落实到人、分工明确、责任分明。

② 针对工程具体情况,分析存在的危险因素和危险源,尤其是对一些重大危险源制定相应的安全监督管理措施。

③ 收集与本工程专业有关的强制性规定。

④ 制定安全隐患预防措施、安全事故的处理和报告制度、应急预案等。

(2) 对于危险性较大的通信铁塔工程、天馈线安装工程、电力杆路附近架空线路工程、架设过河飞线以及在高速公路上施工的通信管线工程等,根据安全监理方案编制安全监理实施细则,报总监理工程师审批实施。

(3) 审查施工单位提交的《施工组织设计》中的安全技术措施,对一些危险大的工序

（如石方爆破、高处作业、电焊、电锯、临时用电、管道和铁塔基础土方开挖、立杆、架设钢绞线、起重吊装、人（手）孔内作业、截流作业等）和在特殊环境条件下（高速公路、冬雨季、电力线下、市内、高原、沙漠等）的施工，必须要求施工单位编制专项安全施工方案和对于施工现场及毗邻建筑物、构筑物、地下管线的专项保护措施。当不符合强制性标准和安全要求时，总监理工程师应要求施工单位重新修改后报审。

（4）审查施工单位资质等级、安全生产许可证的有效性。安全生产许可证的有效期为 3 年。

（5）审查施工单位的项目经理和专兼职安全生产管理人员是否具备工业和信息化部或通信管理局颁发的安全生产考核合格证书，人员名单与投标文件是否一致。检查特殊工种作业人员的特种作业操作资格证书，包括电工、焊工、上塔人员及起重机、挖掘机、铲车等的操作人员，是否具备当地政府主管部门颁发的特种作业操作资格证书。

（6）审查施工单位在工程项目上的安全生产规章制度和安全管理机构的设立以及专职安全生产管理人员配备情况。

（7）审查承包单位与各分包单位的安全协议签订情况，各分包单位安全生产规章制度的建立和实施情况。

（8）审查施工单位应急预案。应急预案是对出现重大安全事故的抢救行动，控制事故的继续蔓延，抢救受伤人员和财产损失的紧急方案，是重大危险源控制系统的重要组成部分。施工单位应结合工程实际情况，对风险较大的工程、工序制订应急预案，如高处作业、在高速公路上作业、地下原有管线和构筑物被挖断或破坏、工程爆破、危险物资管理、机房电源线路短路、通信系统中断、人员触电、发生火灾以及在台风、地震、洪水易发地区都应制订应急预案。应急预案应包括启动应急预案期间的负责人，对外联系方式，应采取的应急措施，起特定作用的人员的职责、权限和义务，人员疏散方法、程序、路线和到达地点，疏散组织和管理，应急机具、物资需求和存放，危险物质的处理程序，对外的呼救等。编制的预案应重点突出、针对性强、责任明确、易于操作。监理工程师应对应急预案的实用性、可操作性做出评估。

（9）检查安全防护用具、施工机具、装备配置情况，不允许将带"病"机具、装备运到施工现场违规作业。同时，检查施工现场使用的安全警示标志必须符合相关规定。

（10）对于有割接工作的工程项目，要求施工单位申报详细的割接操作方案，经总监理工程师审核后，报建设单位批准，切实保证割接工作的安全。

2）施工阶段安全管理主要工作

（1）检查施工单位专职安全检查员工作情况和施工现场的人员、机具安全施工情况。

（2）检查施工现场的施工人员劳动防护用品是否齐全，用品质量是否符合劳动安全保护要求。

（3）检查施工物资堆放场地、库房等现场的防火设施和措施；检查施工现场安全用电设施和措施；低温阴雨期，检查防潮、防雷、防坍塌设施和措施。发现隐患，及时通知施工单位整改。整改完成后，监理人员应跟踪检查其整改情况。

（4）检查施工工地的围挡和其他警示设施是否齐全；检查工地临时用电设施的保护装置和警示标志是否符合设置标准。

（5）监督施工单位按照施工组织设计中的安全技术措施和特殊工程、工序的专项施工方案组织施工，及时制止任何违规施工作业的现象。

（6）定期检查安全施工情况。巡检时应认真、仔细，不得"走过场"。当发现有安全隐患及时指出和签发监理工程师通知单，责令整改，消除隐患。对施工过程中危险性较大的工程和工序作业，视施工情况，设专职安全监理人员重点旁站监督，防止安全事故的发生。

（7）督促施工单位定期进行安全自查工作，检查施工机具、安全装备、安全警示标志和人身安全防护用具的完好性、齐备性。

（8）遇紧急情况，总监理工程师应及时下达工程暂停令，要求施工单位启动应急预案，有效地开展抢救工作，防止事故的蔓延和进一步扩大。

（9）安全监理人员应对现场安全情况及时收集、记录和整理。

3）安全监督管理资料的收集和整理

施工安全监理资料是监理单位对施工现场安全施工进行系统管理的体现，是安全管理工作的记录，是事故处理的重要证据，也是工程监理资料的重要组成部分。因此，在安全监理过程中对安全监理资料的收集、整理、保存是非常重要的，项目监理机构尤其是总监理工程师和安全监理人员必须给予高度重视。项目监理机构的安全监理资料包括监理规划的安全监理方案、安全监理实施细则、安全监理例会纪要、安全监理检查记录、安全类书面指令、安全监理日志等。这些资料保留了项目监理机构在实际安全管理工作中的痕迹，应单独整理存放，工程结束后应和其他监理资料汇编成册，交送建设单位并自存一份。

当发生安全生产事故时，可依据这些资料协助做好相关事故调查，提供证据，处理善后工作。

2.3.7　工程协调

1. 工程协调的重要性

工程协调就是为了实施某个工程项目建设，工程主体方与工程参与方或与工程相关方进行联系、沟通和交换意见，使各方在认识上达到统一、行动上互相配合、互相协作，从而达到共同的目的。

通信建设工程点多线长，全程全网统一。在通信工程的实施中，有许多单位和部门直接参与建设，还有许多单位和部门的直接利益被涉及和牵连，同时整个建设活动还涉及国家和地方的建设法律、法规和方针政策。通信工程协调就是要把参与建设的单位组织管理好，分工合作，协调一致，把工程建设好。同时，还要处理协调好方方面面的关系，使所涉及单位和个人利益得到保障，使国家和地方的法律法规得以执行。工程协调直接影响到工程的进度、投资和质量以及合同的执行，因此，工程协调是工程管理任务之一，也是项目监理机构和监理工程师的一项非常重要的管理工作。

2. 工程协调的原则

（1）目标共同。各方把项目成功作为共同努力实现的目标。

（2）信息共享。把相关信息及时地通知相关的人员。

（3）要点共识。在直接关系到项目进展和成败的关键点上取得一致意见。

（4）携手共进。协调的结果一定是各方形成合力，解决存在的问题，推动项目前进。

3. 工程协调的主要方法

1）会议协调法

会议协调法是一种常用的且行之有效的协调方法，通过会议能彼此沟通信息，了解情况，交流思想，统一认识，可以集思广益促成创造性思维和建设性意见，可以形成对与会方均有约束力的决议。

沟通协调会主要有：第一次工程协调会（第一次工地会议）；监理工地例会；专题会议等。不同的会议有不同的主题。

第一次工程协调会在施工前召开，由参与工程的建设单位、施工单位、监理单位以及其他相关单位参加，也称为工程启动会。

在施工监理过程中，监理需要定期召开工地例会，安排工作。工地例会的目的是总结前一阶段工作，找出存在问题，确定下一步目标，协调工程施工。工地例会的主要内容包括：检查上次例会议定事项的落实情况，分析未完项原因；分析进度计划完成情况，提出下一步进度目标及措施；分析质量情况，提出质量改进措施；检查工程量的核定及工程款支付情况；解决需要协调的其他事宜。

总监理工程师认为有必要时，还应召集有相关单位人员参加专题会议，讨论和解决工程中出现的专项问题，如施工工艺的变化、工程材料的拖延、工程变更、工程进度调整、质量事故调查等，并写出专题报告送建设单位。

2）交谈协调法

采用会议协调法往往准备时间较长，牵动资源较多。在工程实践中，无论是内部协调还是外部协调，并不是所有问题都需要开会来解决，有时可采用"交谈"这一方法，包括面谈和电话交谈两种形式。交谈可以保持信息畅通，寻求协作和帮助。

交谈前要做好适当的准备。了解交谈对象，根据他的思想意识、心理状况、文化水平、觉悟程度有针对性地进行。交谈要创造一个轻松、愉快的环境，特别是与人讨论问题时，要让人有一个良好的议事心境。与人交谈时，语句要简洁、语义要准确，让人一听就心领神会，这样才能获得较好的沟通效果。交谈时要尊重对方的时间，不宜过长，不要过多重复，也不要漫无边际。下达口头指令时，应做到态度鲜明、语气坚定、语义明确、语句简单、语音铿锵，表现出一种严肃性与紧迫感，使接受者感到指令的权威。有经验的监理人员下达口头指令时，还常常带有一种激励的口吻，以鼓励接受者去努力执行。

3）书面协调法

当需要精确地表达自己的意见，而会议或者交谈不方便或不需要时，常采用书面协调法。书面协调法具有合同效力，一般有书面指令和函件两种形式。

（1）监理指令。

监理指令包括开工令、暂停施工令、复工令、现场指令等。总监理工程师应根据建设单位要求和工程实际情况发出以上指令，其中现场指令是监理工程师在现场处理问题的方法之一。当施工人员的管理、机具、操作工艺不符合施工规范要求，且直接影响到工程进度和质量时，监理工程师可以下达指令，承包单位现场负责人应接受指令整改。对于安全、重大质量问题,必须及时下达指令要求相关方面处理,不得延误。

监理工程师指令编写时应事实清楚、准确可靠、态度鲜明、言简意赅。

(2)监理通知单。

监理工程师在工程监理范围和权限内,对工程进度、质量、造价、合同管理、信息管理、工程协调等工作的意见,都可使用监理通知单。监理工程师通知单应写明日期、签发人、签收单位,并应写明事由、内容、要求、处理意见等,监理工程师通知单应事实准确、处理意见恰当。

(3)监理工作联系单。

用于各相关方之间联系工作。监理工程师接到联系单后,应认真研究,及时做出书面答复。

(4)函件。

函件适用于各单位、各部门之间相互协商工作、咨询、答复问题、请求批准和审批结果等事项。函件在监理活动中也是应用较多的方式,如总监理工程师的任命通知书,专业监理工程师调整通知单、工程技术指标审定意见等。

电子邮件也是一种便捷的通信方式,可以传递各种函件、图纸、工程照片等,但不能代替正式的书面函件。

4)访问协调法

访问协调法常用于外部协调中,主要有走访和邀访两种形式。走访是登门进行访问,显示访问者的诚意与尊重;邀访是与对方约定在某时某地进行交流与沟通,显示约见者的谦虚与谨慎。

(1)走访。

走访分为礼节性走访和工作性走访。礼节性走访是一种社交活动,目的在于增进了解和友谊,加强联系与沟通,为今后的协调打下基础。工作性走访是为协调某一项工作进行的,为了使协调的问题早日解决,需要拜访相关方的领导或关键人物。这种拜访是一种社会互动活动,协调的好坏在很大程度上取决于监理人员对这种互动过程组织的好坏。只有在与被访问者建立起相互信任、相互理解的关系,才能获得访问的成功。

(2)邀访。

邀访是与对方约定某时在某地进行交流和沟通,地点可以在办公室,也可以在现场或某个适宜的地方。这里所说的邀访一般都是工作性的,和走访一样,邀访也要做好充分的难备,以通过沟通达到预期的效果。此外,在紧急状况下对施工方的邀访具有一定的强制性和时效性。如对于需要及时解决的安全、质量问题,或突发事件,监理人员紧急约见施工方的项目经理或技术负责人,施工方不得怠慢和延误,紧急邀访往往是指令的前奏,在邀访时,监理人员对需要及时解决的问题下达书面指令。

5)情况介绍法

情况介绍法通常是与其他协调方法紧密结合在一起的,它可能是在一次会议前、一次交谈前,或是一次走访、邀访前向对方进行的情况介绍,形式上可以是口头的,也可以是书面的。情况介绍法是一种有目的的活动,往往作为其他协调法的引导。介绍前首先需要确定要表达的信息,确定怎么讲。监理人员应重视任何场合下的每次介绍,要使别人能够理解你介绍的内容、问题和困难、你想得到的协助等。

4. 工程协调的范围

通信建设工程协调包括工程外部协调和内部协调两大部分。外部协调是指工程的参与者与那些不直接参与工程建设但却与工程建设相关的单位(或个人)进行协调。内部协调是指直接参与工程建设的单位和个人之间的协调工作。一般情况下,根据监理合同的相关规定,监理工程师只负责工程各参与单位之间的内部协调。即在工程的勘察、设计阶段,监理工程师应做好建设单位与勘察、设计单位之间的协调工作。在施工阶段,监理工程师主要做好建设单位和承包、材料和设备供应等单位之间的协调工作。受建设单位的委托和授权,项目监理机构也可以承担一些对外协调工作。比如:办理通信建设工程的各种批文以及与相关单位的协议、合同等文件;办理工程的各种施工许可证、车辆通行证、出入证及工程所需场库、驻地租赁协议等。

1) 与建设单位的协调

实践证明,监理目标的顺利实现和与建设单位协调的好坏有很大的关系。因此,与建设单位的协调是监理工作的重点和难点。监理工程师应从以下几方面加强与建设单位的协调。

(1) 理解建设工程总目标、理解建设单位的意图。对于未能参加项目决策过程的监理工程师,必须了解项目构思的基础、起因、出发点;否则可能对监理目标及完成任务有不完整的理解,从而给工作带来很大的困难。

(2) 利用工作之便做好监理宣传工作,增进建设单位对监理工作的理解,特别是对建设工程管理各方职责及监理程序的理解,主动帮助业主处理建设工程中的事务性工作,以自己规范化、标准化、制度化的工作去影响和促进双方工作的协调一致。

(3) 尊重建设单位,让业主一起投入建设工程全过程。尽管有预定的目标,但建设工程实施必须执行业主的指令,使业主满意。对业主提出的某些不适当的要求,只要不属于原则性问题,都可先执行,然后利用适当时机,采取适当方式加以说明或解释。对于原则性问题,可采取书面报告等方式说明原委,尽量避免发生误解。

项目监理机构与建设单位之间的沟通重点是解决工程实施中的各种问题。尤其是在项目开工前,要明确如何建立沟通渠道和沟通方式,熟悉各方的参与人员及其分工,了解各方事前准备情况。比如:建设单位供应的材料和设备单价、品种、规格、型号、质量等级、数量、到货时间与地点;建设单位所需办理的各种证件、批件,按合同规定的时间交付的施工环境、配套设施、电路调度等,监理人员要及时与建设单位沟通。

2) 与施工单位之间的协调

项目监理机构与施工单位处理好监理与被监理的关系。在监理过程中,要平等待人,尊重施工单位人员的人格,不能居高临下、以势压人。对项目经理,要多沟通、多交流,使其在融洽的气氛中听取意见或接受建议。

处理好工程质量问题,坚持"质量第一",但不提出高于合同所定的质量标准。对发现的问题,监理人员有责任发出指令责成其纠正,决不能放任自流。充分听取施工单位的意见,并随时准备接受能够解决问题的合理变通方案。

协调施工单位与建设单位的关系,在涉及施工单位权益时,监理单位应站在公正的立场上,维护施工单位的正当权益,监理单位人员在与施工单位各专业技术人员之间,应相互联系、互通信息、互相支持,保持正常的工作关系。在工程进度的协调和工程变更协调中,宜采取多找双方利益共同点的方针,提出双方都能接受的意见。

当一个项目有一个以上的施工单位时,还要协调好施工单位之间的关系。主要协调工作内容有施工场地的协调、分界点的协调、进度计划的协调、各工种之间施工工艺的协调、施工穿插搭接的协调、施工过程中的产品保护协调、施工机械使用协调、土建与设备安装的协调等。

要明确划分施工单位之间自行协调和监理人员协调的界限。属于监理人员协调的,应由监理人员牵头召集有关的施工单位协商或召开工地协调会解决。对施工单位相互移交的工作面,不仅要规定移交时间,而且要规定详细的标准。当双方对施工时间、线路、作业次序有异议时,应通过沟通达成共识并做出相应的安排,以会议纪要发给各方,使各方遵照执行。

3)与设计单位之间的沟通

(1)尊重设计单位的意见,及时做好沟通。在设计单位做设计交底时,注意标准过高、设计遗漏、图纸差错等问题,并将这些问题解决在施工之前。施工阶段,严格按图施工。结构工程验收、专业工程验收、竣工验收等工作,请设计代表一同参加。发生质量事故时,认真听取设计单位的处理意见。

(2)施工中发现设计问题,应及时向设计单位提出,以免造成大的直接损失。为使设计单位有修改设计的余地而不影响施工进度,可与设计单位达成协议,设定期限完成,争取设计单位、承包单位的理解和配合。

(3)注意信息传递的及时性和程序性。监理单位与设计单位两者之间没有合同关系,应及时取得建设单位的支持,和设计单位做好交流。监理人员发现设计不符合工程质量标准或合同约定的质量要求时,应当报告建设单位,并要求设计单位改正。

4)与政府部门及其他单位之间的协调

建设工程的开展会受到政府部门及金融组织、社会团体、新闻媒介等其他单位的影响,它们对建设工程起着一定的控制、监督、支持、帮助作用。

(1)工程质量监督站是由政府授权的工程质量监督的实施机构。对委托监理的工程,质量监督站主要用于核查勘察设计、施工、监理单位的资质和行为,检查工程质量。

监理单位在进行工程质量控制和质量问题处理时,要做好与工程质量监督站的交流和协调。

(2)出现重大质量事故时,在承包商采取急救、补救措施的同时,监理单位应敦促承包商向政府有关部门报告情况,接受检查和处理。

(3)建设工程合同应送公证机关公证,并报政府建设管理部门备案。征地、拆迁、移民要争取政府有关部门的支持和协助。消防设施的配置,宜请消防部门检查认可。承包商在施工中要注意防止环境污染,坚持文明施工。

(4)与社会团体的协调。

一些大、中型建设工程建成后,不仅会给业主带来效益,还会带动当地经济发展,给人民生活带来方便,因此引起社会各界关注。业主和监理单位应把握机会,争取社会各界对建设工程的支持,这是一种争取良好社会环境的协调。

5) 工程施工环境的协调

重点解决工程项目实施中合同范围内协调与各类外部因素的协调,以降低各种因素对工程项目正常施工的影响。主要工作集中在村镇、道路、网管、维护、材料进场等方面。

(1) 临时用电。

严禁乱拉电源线,不得在没有联系和沟通之前擅自引接原建筑物、室外杆路、电力配电机房等任何电源,特别是临时使用的大功率焊接等设备。主动与工程涉及当地相关单位或部门(如村、镇、街道等)沟通,说明目前工程情况,需要配合的内容、时间、要求,获得他们的支持,对施工进行有直接的帮助。

(2) 进场保护。

如果工程施工场所还有其他已有的设施,监理需要督促施工单位首先对这些设施的性能状态做全面的检查,并督促材料和材料运输单位在材料进场前对地面和原有设施敷设保护物品,让周围相关人员放心。

(3) 室外施工。

室外施工涉及农田、道路、排污等诸多问题,应主动或提前约定,对工程可能发生的问题提前想到并记录,然后选择合适的时间节点做协调工作,确保工程质量和进度按照计划实施。在涉及政府等相关部门有明文规定的场所或场地施工,必须协调政府部门或协助施工单位做好协调工作,在条件允许的情况下方可施工。如果现场监理无法解决问题,应及时报告总监理工程师和监理部。

(4) 人员争执。

如果发现施工人员和当地人员或单位发生争执,情况严重的应暂停施工。协调中,应找到问题和争执的缘由、发生问题的性质,以适当的时间、适当的人、适当的地点来协调解决。不能将问题直接交予建设方或不主动想办法,消极怠工,影响工程的质量和进度。

5. 对协调人员的要求

在通信工程的协调工作中,监理工程师除专业知识外,还应具有较高的理论和政策水平,掌握组织召开会议、双边和多边谈判的技巧,能找到双赢或多赢的平衡点;处理问题要讲究效率;语言表达能力强、重点清楚明白;起草编写文件要论述全面,条理清楚,重点突出,简明干练;与人交往要文明礼貌,平易近人,包容大方,既要坚持原则又要有灵活性。总之,协调工作要求监理工作要有组织能力、公关能力和个人的良好素质,因此要掌握一定的公关学知识。

习题与思考

一、单选题

1. 工程监理投标工作包括:①购买招标文件;②进行投标决策;③编制投标文件;④递送投标文件并参加开标会。仅就上述工作而言,正确的工作流程是(　　)。

A. ①→②→④→③　　　　　　　B. ①→③→④→②

C. ①→②→③→④　　　　　　　D. ②→①→③→④

2. 工程监理企业在核定的资质等级和业务范围内从事监理活动,体现了监理企业从事工程监理活动的(   )准则。

A. 守法　　　　B. 诚信　　　　C. 公平　　　　D. 科学

3. 根据《监理工程师职业资格制度规定》,下列申请参加监理工程师职业资格考试的条件,正确的是(   )。

A. 具有工程类专业大学专科学历,从事工程施工、监理、设计等业务工作满 5 年

B. 具有工程类专业大学本科学历或学位,从事工程施工、监理、设计等业务工作满 4 年

C. 具有工程类一级学科硕士学位或专业学位,从事工程施工、监理、设计等业务工作满 3 年

D. 具有工程类一级学科博士学位,从事工程施工、监理、设计等业务工作满 1 年

4. 在项目监理机构中,负责监理活动决策和管理的是(   )。

A. 驻地监理工程师　　　　　　B. 总监理工程师代表

C. 总监理工程师　　　　　　　D. 专业监理工程师

5. 关于监理实施细则的说法,正确的是(   )。

A. 监理实施细则应依据监理大纲编制

B. 监理实施细则应由总监理工程师主持编制

C. 监理实施细则应经监理单位技术负责人审批、总监理工程师签发后实施

D. 监理实施细则是针对某一专业或某一方面建设工程监理工作的操作性文件

6. 根据《建设工程监理规范》(GB 50319—2013),旁站是指项目监理机构对施工现场(   )进行的监督活动。

A. 危险性较大的分部工程施工质量　　B. 危险性较大的分部工程施工安全

C. 关键部位或关键工序施工质量　　　D. 关键部位或关键工序施工安全

7. 项目监理机构处理工程索赔事宜是建设工程目标控制重要的(   )措施。

A. 技术　　　　B. 合同　　　　C. 经济　　　　D. 组织

8. 关于建设工程质量、造价、进度三大目标的说法,正确的是(   )。

A. 工程项目质量、造价、进度目标应以定性分析为主,定量分析为辅

B. 建设工程三大目标中,应确保工程质量目标符合工程建设强制性标准

C. 分析论证建设工程三大目标的匹配性时应以同等权重对待

D. 建设工程三大目标的实现是指实现工程项目"质量优、投资省"的目标

9. 下列工程目标控制任务中,不属于工程质量控制任务的是(   )。

A. 审查施工组织设计及专项施工方案

B. 审查工程中使用的新技术、新工艺

C. 分析比较实际完成工程量与计划工程量

D. 复核施工控制测量成果及保护措施

10. 下列工程造价控制工作中,属于项目监理机构在施工阶段控制工程造价的工作

内容是(　　)。

　　　A. 定期进行工程计量　　　　　　　B. 审查工程概算

　　　C. 进行建设方案比选　　　　　　　D. 进行投资方案论证

二、多选题

1. 守法是工程监理企业经营活动的基本准则之一,主要体现为(　　)。

　　A. 在核定的业务范围内开展经营活动

　　B. 具有良好的职业道德

　　C. 按照委托监理合同的约定认真履行职责

　　D. 承接监理业务的总量要视本单位的力量而定

　　E. 不得伪造、出租、转让资质等级证书

2. 项目监理机构在施工阶段进度控制的任务有(　　)。

　　A. 完善建设工程控制性进度计划　　　B. 审查施工单位专项施工方案

　　C. 审查施工单位工程变更申请　　　　D. 制定预防工程索赔措施

　　E. 组织召开进度协调会

3. 工程量清单是(　　)的依据。

　　A. 进行工程索赔　　　　　　　　　　B. 编制项目投资估算

　　C. 编制招标控制价　　　　　　　　　D. 支付工程进度款

　　E. 办理竣工结算

4. 建设工程信息管理系统可以为项目监理机构提供的支持是(　　)。

　　A. 标准化、结构化的数据　　　　　　B. 预测、决策所需的信息及分析模型

　　C. 工程目标动态控制的分析报告　　　D. 工程变更的优化设计方案

　　E. 解决工程监理问题的备选方案

5. 关于项目监理机构巡视的说法,正确的有(　　)。

　　A. 总监理工程师应根据施工组织设计对监理人员进行巡视交底

　　B. 总监理工程师进行巡视交底时应明确巡视检查要点、巡视频率

　　C. 总监理工程师进行巡视交底时应对采用巡视检查记录表提出明确要求

　　D. 总监理工程师应检查监理人员的巡视工作成果

　　E. 监理人员的巡视检查应主要关注施工质量和安全生产

三、简答题

1. 简述项目监理机构的人员配置及其职责。

2. 监理大纲、监理规划、监理实施细则之间的关系是什么?

3. 建设工程监理的工作内容有哪些?

4. 简述施工质量控制的依据、程序和方法。

5. 简述施工进度控制的内容、程序、措施和任务。

6. 简述工程造价控制的目标、任务及措施。

7. 建设工程监理基本表式及主要文件资料有哪些?

8. 简述建设各方的安全责任和义务。

第2部分

通信工程监理应会

CHAPTER 3 —————

通信工程施工监理各阶段任务

本章学习思维导图

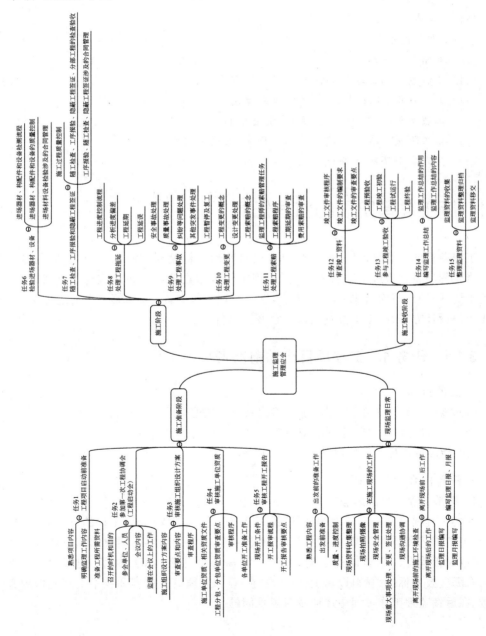

本章学习重点

(1) 施工组织设计方案的审批内容和程序。

(2) 工程分包。

(3) 监理工程师各种工作方式的运用,主要有巡视、旁站、抽检、指令、工地会议、现场检查验收(含隐蔽工程检查)等。

(4) 工程质量缺陷及处理,质量事故等级划分及处理。

(5) 进度偏差与调整。

(6) 工程延期事件处理程序、原则和方法。

(7) 工期延误的处理、合同责任。

(8) 暂停施工管理。

(9) 变更费用管理。

(10) 索赔费用管理。

(11) 工程竣(交)工验收办法及其实施细则应用。

(12) 监理日报、监理月报、监理报告的编制。

(13) 工程文件档案管理,交(竣)工资料编制。

(14) 施工阶段日常安全监理的工作程序、方法和内容。

(15) 生产安全事故调查与处理。

3.1　施工准备阶段的监理任务

工程项目前期签订了监理合同以后,项目监理机构就要实施项目监理,编制监理规划。当工程项目进入施工准备阶段时,监理工作也随之开始。在工程施工准备阶段,监理的主要任务有:了解工程项目的内容,做好监理工作准备;参加第一次工地会议;审核施工组织设计方案、施工单位资质和工程开工报告。

3.1.1　任务 1　工程项目启动前准备

1. 任务目标

(1) 能通过设计文件、合同等了解工程项目的内容。

(2) 能通过监理规划、监理细则明确监理工作内容。

(3) 能准备监理工作所需的表格、技术资料。

2. 任务内容

1) 熟悉工程项目的内容

通信工程项目都有设计说明文件(设计文本),包含工程概况、工程的分工界面、施工内容、施工工艺和技术要求、工程预算、工程图纸等方面的内容。通过阅读设计说明和图纸,可以对工程有一个整体的了解,知道工程需要做什么(施工内容)、怎么做(施工工艺)、有哪些技术标准、材料设备消耗(工作量)等。监理员在内容和技术上首先做到心中有数,在后续监理工作过程中才能及时发现问题。

如果条件允许,监理人员可以通过建设工程监理合同、建设工程施工合同了解和熟悉工程开工时间、工程工期、工程进度计划、施工范围等。施工组织设计方案中含有施工人员、施工进度、劳动资源组织、安全技术措施、施工工艺说明、施工单位人员管理措施等方面的内容。监理人员可以从总监理工程师处获取施工组织设计方案,作为监理工作的依据。如果对施工组织设计方案的内容不清楚,现场监理中容易造成工作被动。

2) 明确监理工作内容

阅读监理规划可以了解、熟悉监理在各阶段的主要控制目标和措施。阅读监理实施细则可以明确本工程中的监理重点、难点和关键点。

监理规划是监理机构开展监理工作的指导性文件,由符合资质的总监理工程师负责主持编制。监理规划是指导整个监理项目工作的纲领性文件,是工程建设监理主管机构对监理实施监督管理的重要依据,是业主确认监理单位是否全面、认真履行工程建设监理委托合同的重要依据。因此,项目总监理工程师要组织监理员熟读监理规划,熟悉监理在各个阶段的主要控制目标和措施。

监理实施细则是用于不同专业监理业务工作的指导性文件,由符合资质的专业监理工程师负责主持编制。监理实施细则已经针对本工程的内容和特点进行整理分析,对工程重点、难点进行过滤,关注工程的一些技术细节。监理细则是指导监理工作开展的文件与备忘录,按照细则上的监理方法、程序、内容实施监理,可以提高监理的工作效率和服务质量。

3) 准备工程所需的资料

(1) 监理工作用表。

监理工作过程中,会用到很多工作表格,这些表格需要提前准备好。主要有:《建设工程监理规范》(GB 50319—2013)中的 A 类、B 类、C 类表,共 25 个。监理单位的其他工作表格,如材料和构配件进场检验记录表、设备开箱检验记录表、见证取样和送检见证人员备案表、各种质量检查验收表、建设工程质量事故调查勘察记录表、安全检查表等。关于监理工作记录的表格,如会议纪要表、监理日记、监理周报、监理月报等。

(2) 法律、法规、技术标准。

另外,为了更好地进行质量控制,根据工程内容收集相关的标准规范(尤其是施工验收标准规范),标出有关的关键数据,增强自身的技术业务底气(表 3-1)。

表 3-1 现场监理需要掌握的基本法律法规和标准

通用的法律法规
《建设工程监理规范》(GB 50319—2013)
《中华人民共和国安全生产法》
《建设工程安全生产管理条例》(国务院第 393 号令)
《生产安全事故报告和调查处理条例》(国务院 493 号令)
《施工现场临时用电安全技术规范》(JGJ 46—2005)
《通信建设工程安全监理暂行规定》(YD 5204—2014)
《通信建设工程安全生产管理规定》(工信部【2008】111 号)
《通信建设工程安全生产操作规范》(工信部规【2008】110 号)
《实施工程建设强制性标准监督规定》(国务院 81 号令)
《建设工程质量管理条例》(国务院 279 号令)

续表

专业的标准规范
《电信专用房屋工程施工监理规范》（YD 5073—2005）
《通风与空调工程质量验收规范》（GB 50243—2016）
《通信电源设备安装工程施工监理规范》（YD 5126—2015）
《通信电源设备安装工程验收规范》（GB 51199—2016）
《通信局（站）防雷与接地工程验收规范》（GB 51120—2015）
《通信设备安装工程施工监理规范》（YD 5125—2014）
《数据设备用网络机柜技术要求和检验方法》（YD/T 2319—2011）
《自动交换光网络（ASON）工程验收暂行规定》（YD/T 5145—2007）
《通信管道和光（电）缆通道工程施工监理规范》（YD 5072—2005）
《通信线路工程验收规范》（GB 51199—2016）
《通信线路工程施工监理规范》（YD 5123—2010）
《SDH 本地网光缆传输工程验收规范》（YD/T 5149—2007）
《SDH 长途光缆传输系统工程验收规范》（YD/T 5044—2005）
《无线通信系统室内覆盖工程验收规范》（YD/T 5160—2015）
《移动通信钢塔桅工程施工监理规范》（YD 5133—2015）
《移动通信直放站工程验收规范》（YD/T 5180—2009）

3. 任务情境

小王所在的监理项目组承接了某电源设备安装工程的施工监理任务，工程启动前，赵总监理工程师组织项目组成员熟悉工程内容，明确本次工程的监理要点。任务工作过程如表 3-2 所示。

表 3-2　任务工作过程

序号	步骤	操作方法与说明	质量标准
1	收集工程信息	① 从设计院获取本工程的设计文件及工程图纸 ② 从监理项目组负责人处获取监理大纲、监理规划、监理细则、项目审批文件、委托监理合同以及与工程项目相关的合同文件 ③ 收集与工程相关的法律法规、标准规范、技术资料 工程资料如图 3-1 所示 <div align="center">图 3-1　工程资料</div>	① 工程信息收集及时 ② 收集资料齐全

续表

序号	步骤	操作方法与说明	质量标准
2	研读工程设计文件	仔细研读工程设计文件和图纸,熟悉工程内容,尤其是主要工程量、工程新技术的应用。设计文本如图 3-2 所示  图 3-2　设计文本	工程的主要工程量明确,工程特点、工程难点了解清楚
3	研读监理规划	明确以下几点: ① 主要的监理工作范围和内容 ② 参与本工程监理的主要人员 ③ 监理在各阶段的主要注意事项 ④ 质量、进度、安全监管的关键节点 ⑤ 重大质量事件的报告流程、要求 监理规划文件如图 3-3 所示 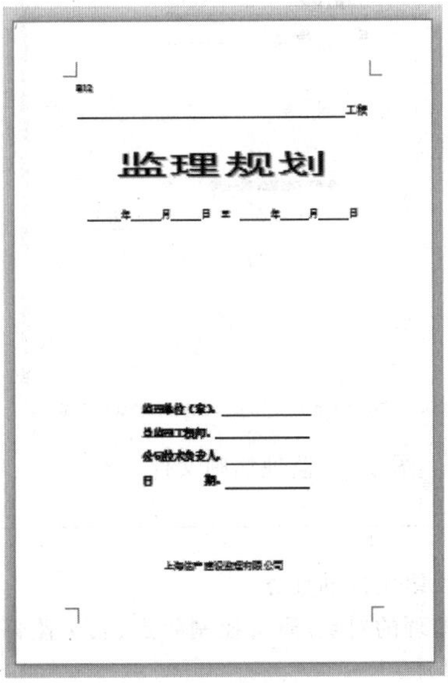 图 3-3　监理规划文件	监理工作范围和内容明确

续表

序号	步骤	操作方法与说明	质量标准
4	参与讨论监理细则	① 结合监理规划、工程设计文件、施工单位的施工组织设计(方案)和工程施工验收规范等对具体的监理实施细则进行讨论 ② 进度方面：开工/复工的时间节点,工程进度计划 ③ 质量方面：本工程监理质量标准、要求；本工程质量重点、难点；关键部位、关键工序实施监理的方法、要求 ④ 安全方面：本工程安全生产监督的重点、难点、注意事项；安全生产监管的内容、方法；安全生产重大事件的报告程序、要求 ⑤ 参建单位：建设单位、施工单位、其他监理单位名称和简况；施工单位素质说明、要求及注意问题 监理细则文件如图 3-4 所示 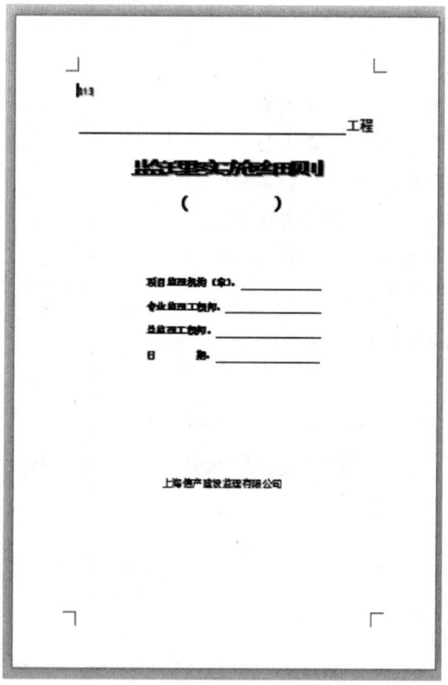 图 3-4　监理细则文件	① 监理工作中的控制要点能够从具体的专业角度分析和判断 ② 对监理工作提出的实施措施详细、具有建设性
5	接受工作任务	① 接受监理项目组安排的任务 ② 明确本工程监理的要点(质量控制要点、安全监督要点、进度控制要点等) ③ 明确准备工作要求	① 项目组人员结构和工作汇报流程明确 ② 自身岗位任务职责清楚,准备工作要求明确

技能评价如表 3-3 所示。

表 3-3　技能评价表

序号	内容	技能标准	评价结果			
			优	良	合格	不合格
1	收集工程信息	① 工程信息收集及时 ② 收集资料齐全				
2	研读设计文件	工程的主要工程量明确,工程特点、工程难点了解清楚				
3	研读监理规划	监理工作范围和内容明确				
4	参与讨论监理细则	① 监理工作中的控制要点能够从具体的专业角度分析和判断 ② 对监理工作提出的实施措施详细、具有建设性				
5	接受工作任务	① 项目组人员结构和工作汇报流程明确 ② 自身岗位任务职责清楚,准备工作要求明确				

3.1.2　任务 2　参加第一次工程协调会(工程启动会)

1. 任务目标

(1) 能有序地做好工程启动会的准备工作。

(2) 能快速、准确地进行会议记录。

(3) 能做好会议纪要的整理和归档工作。

2. 任务内容

1) 第一次工程协调会召开的时机和目的

第一次工程协调会也称第一次工地会议,工前会或者工程启动会是为了更好地实施建设工程,由建设方组织召集参与工程建设的各方举行召开的第一次全体会议。一般是在工程招标结束,确立了工程总承包,建设方与设计、总承包、监理、工程涉及的新技术和新工艺专业公司、设备厂商、器材采购等单位已经签订合同,且工程涉及的相关单位已做好相关协调工作时就近召开。

会议就工程实施作明确说明和解释,目的是统一思想,集中力量,解决问题。

2) 参加会议人员、单位

参加会议的是承担本工程建设的主要负责人、专业技术人员和相关管理人员。

(1) 工程总包、分包单位或施工队领导。

(2) 建设方部分领导、建设方项目经理。

(3) 工程实施中涉及相关的单位(材料设备供应单位等)相关人员。

（4）设计院项目设计负责人、设计人和设计院的领导。

（5）监理单位监理工程师。

3）会议内容

（1）由建设单位介绍与会各方的人员、工程情况、工期、工程规模、组网方案等，如组织方案、规格数量、总工程量、工期时限。

（2）建设单位、承包单位和监理单位分别介绍各自驻现场的组织机构、人员及其分工。

（3）建设单位根据委托监理合同宣布对总监理工程师的授权，如监理范围及权限。

（4）建设单位介绍工程开工条件的准备情况，如外协调取证、设计文件、所提供的材料供货情况等。

（5）承包单位介绍施工准备情况，如施工队驻地、材料集存点、人员调遣、机具仪表到场、各种施工许可证、通行证及施工赔补取证等情况。

（6）建设单位和总监理工程师对施工准备情况提出意见和要求。

（7）总监理工程师介绍监理规划的主要内容。

（8）研究确定各方在施工过程中参加工地例会的主要人员，召开工地例会周期、地点及主要议题。

工程启动会所讨论的内容，其根据是建设方、设计从现场搜集的资料或草图与工程开工后现场实际存在的差异。建设方、施工方对工程实施所提出的问题、建议、措施等都限制于理论上，会议所讨论问题大部分不能得出实质性结论。

第一次工程协调会各方均应有文字发言稿，并提交会议。会议纪要应由项目监理机构负责起草并经与会各方代表会签。

4）工程启动会上监理的工作内容

（1）根据建设方的会议通知，准备启动会监理发言的内容，做到有的放矢。

（2）准备安全告知书或工程师联系单。

安全告知书是每个工程所必需，可打印分发至各工程承包方或施工单位，抄送建设方。也可以按照监理规范要求，使用 C 类表工作联系单，根据本期工程的特点和性质，将安全告知的内容以联系单的形式分发。工程师联系单是监理安全管理的重要手段，要充分利用工程启动会的时间，合理表达监理对安全管理的内容和方法。

（3）准备会议签到表和水笔。

监理人员应在会议开始之前到场，将会议签到表分别送（传）到每位参加会议人员的面前。顺序一般从建设方的领导开始，当不能确定哪位是领导时，首先递到建设方项目经理面前。

（4）记录会议发言内容。

记录建设方、施工方、其他相关人员发言的重点内容或关键词。

① 涉及建设方的发言。认真听取和记录建设方就本期工程的特点、实施时间、要求、问题、发现问题的处理方式、流程、联系单位和联系人。可以在本子上通过签到表前的序号做标识（签到表上有这位正在发言人的名字），为后面实施工程的监理做准备。在建设方说到工期或提出要求时，有时会使用"必须""可以""应当""时间"等关键词，注

意把握。

②　涉及施工方的发言。认真听取施工方就工程实施中已经预料或想到需建设方解决的问题。施工方在工程启动会上,往往对问题说得很严重,提出的问题也很多。监理人员在听取时,注意筛选记录,记录他们交流的关键部分,只要建设方关心的问题或事项就要有记录,为下一步的会议纪要积累素材。施工方在工程的启动会上往往会有"保证""可以""一定"等承诺关键词,这些词是监理人员后期进度控制的依据,也是会议纪要的重要内容。

③　涉及设计方的发言。认真听取设计就本期工程施工中应注意的问题、技术难点或重点工序施工部分的技术交底。设计会从设计的角度回答施工方所提出的问题。这些问题有的可以解决,有的要到工程实施过程中解决,监理人员一定要记下它们,有图纸时在图纸上标注一下,后期的监理、协调、解决问题都需要依据这些原始材料。同时记录好设计的承诺,在工程实施中涉及工程的变更、工艺问题时,监理人员需要适时联系设计人员。

(5)　监理人员发言。

监理人员的发言时间控制在 15 分钟以内。内容包括介绍监理公司名称、担任该工程的总监、现场监理、监理的工作依据(受建设方委托依法实施)、实施监理的方法(依据监理规划、监理细则、体现在工程的"三管三控一协调"上)、监理工作的目的等。

监理人员的发言内容基本上是介绍监理在工程实施阶段的工作方法。工作程序和工作内容体现在开工后,因而会议上可以省略。作为监理方,一定要强调安全生产,有责任阐述与工程相关的法规和安全问题。

(6)　确定工地例会的时间、地点、参加人员。

工程实施中会周期性召开工地例会,因此,监理人员应在会议上建议建设方将会议时间、地点、参加人员确定下来。

(7)　简短的相互间沟通。

会议的间隙中,监理人员应主动向建设方、设计、施工方负责人介绍自己,交流监理工作的方法、监理人员在现场工作的范围或工作界面,有意识地介绍监理规划等监理的指导性文件。

(8)　向总包单位索取"工程分包单位资质"(复印件)、"施工组织设计(施工方案)"原件、各类证书。

这些是工程开工前必须具备的证书和资料,监理人员要在会议空隙、会后向施工单位索取或提醒。

(9)　准备会议纪要。

工程会议纪要是记录工程会议上经过与会各方讨论、确认、认可的符合法规、行规和建设工程特性的关键时间、内容、事项的历史见证。监理人员参加完会议,要根据会议所记录的内容以规范的语言结构整理会议纪要。会议纪要应能准确和明确地反映工程启动会的主要内容、关键时间节点、关键问题的解决方式方法和处理流程。会议纪要整理完毕,将草件发建设方审核、修改,然后以监理单位的名义分发与会各方。

会议纪要可以现场整理,也可以会后整理,但不能超过建设方所规定的时间范围。

（10）向总监理工程师汇报会议情况（会后）。

会议结束，参加会议的监理人员需要向公司已任命的总监理工程师汇报本次工程启动会拟写的会议纪要内容，尽量详细，便于总监安排监理人员和对后期工程的掌控。

5）会议记录方法

在项目监理过程中很多问题需要用会议的形式予以解决，会议中形成的一致意见具有法律效力，是合同的一种补充，与会各方都有义务遵照执行。根据监理工作的有关规定，工程实施过程中会议记录工作一般都由监理方负责。会议记录方式是否科学，内容是否合理、合法、明确，条理是否清楚，直接反映了监理组的工作水平和总体素质。

（1）记录格式。

"主要议题"一栏填写方法：如是例会的即写"工地例会"，如是质量、进度、投资专题会议的即写"×××专题会"，如是质量事故处理会议的即写"×××质量事故处理会"，如是第一次工地例会的即写"第一次工地例会"，其他按"图纸会审、×××方案论证、×××工程技术交底、×××工程验收"等方式填写。

（2）记录方式。

工地会议的最终目的是提出问题和解决问题，因而在记录过程中应始终围绕着这个主题进行。有时某些人发言，颂古论今、旁征侧引仅仅是为了论证其观点而已，作为记录者必须抓住其要点。

首先，该次会议提出了哪些是主要问题，应准确地予以记录。

其次，通过会议的讨论，哪些是问题形成了共同的解决意见，应明确地予以记录。对未形成共同意见的问题如需记录的可按观点区分，如×××单位或人的意见为……以推卸责任为目的的不同意见不做记录。

最后，可以将会议主持人或领导勉励性的，同时按有关法规、规范规定应该做到的要求作为会议记录的结尾。

会议记录的文字组织应该言简意赅。

6）相关监理表格

（1）会议纪要表格。

本表可以用于会议的记录，如第一次工程协调会、工地例会、专题会议等，如表 3-4 所示。

（2）工作联系单。

表 3-5（表 C.0.1）[①]适用于参与通信建设工程的建设、施工、监理、设计和质监单位相互之间就有关事项的联系，发出单位有权签发的负责人应为建设单位的现场代表（施工合同中规定的工程师）、承包单位的项目经理、监理单位的项目总监理工程师、设计单位的本工程设计负责人、政府质量监督部门的负责监督该建设工程的监督师。若用正式函件形式进行通知或联系，则不宜使用本表，改由发出单位的法人签发。该表的事由为联系内容的主题词，本表签署的份数根据内容及涉及范围而定。

---

① 表 C.0.1 为监理表格的统一编号，下文同。

表 3-4 会议纪要

工程名称：　　　　　　　　　　　　　　　　　　　编号：

会议地点		会议时间		
组织单位		主持人	（建设单位项目经理）	
会议主要议题				
各与会单位及人员签到栏	与会单位	签到者	职 务	联 系 电 话

附会议纪要正文共_____页。

表 3-5 工作联系单（表 C.0.1）

工程名称：　　　　　　　　　　　　　　　　　　　编号：

致：＿＿＿＿＿＿＿＿＿＿＿＿＿＿＿＿＿＿＿

发文单位：

负责人（签字）：

年　　月　　日

3. 任务情境

建设单位发来召开某电源设备安装工程项目启动会的通知，赵总监带监理员小王参加第一次工程协调会。工作过程如表 3-6 所示。

表 3-6　工作过程

序号	步骤	操作方法与说明	质量标准
1	会议准备	① 根据建设方的会议通知，准备启动会监理发言的内容 ② 准备工程建设安全告知单（图 3-5）或工程师联系单 ③ 准备会议签到表和水笔 图 3-5　安全告知单	① 监理发言的内容切合启动会要求和目标 ② 准备的安全告知单、签到表、记录本等齐全，没有遗漏 ③ 签到水笔必须用黑色水笔，且数量充足
2	会议签到	在与会人员到场落座后（图 3-6），将会议签到表从建设方开始，分别送（传）到每位参加会议人员的面前签到 图 3-6　工程启动会议	① 签到顺序符合会议礼仪 ② 请人签到时用语礼貌、轻声 ③ 双手递交签到表和签到笔

续表

序号	步骤	操作方法与说明	质量标准
3	会议记录	① 根据建设单位、承包单位和监理单位的介绍,分别记录好各方驻现场的组织机构、人员及其分工 ② 认真聆听建设单位介绍施工的准备情况,做好记录。关注建设方就本期工程的特点对工程实施时间、实施要求、工程中可能存在的问题、发现问题的处理方式及流程、联系单位和联系人等方面的具体要求 ③ 认真聆听承包单位介绍施工准备情况,做好记录。关注施工单位就工程实施中已经预料或想到需建设方解决的问题 ④ 认真聆听设计单位的发言,做好记录。关注就本期工程施工中应注意的问题、技术难点或重点工序施工部分的技术交底 ⑤ 认真聆听建设单位和总监理工程师对施工准备情况提出的意见和要求,做好记录 ⑥ 认真聆听总监理工程师介绍监理规划的主要内容,做好记录 ⑦ 记录会议商讨确定的各方在施工过程中参加工地例会的主要人员姓名,召开工地例会周期、地点	① 会议记录快速、准确 ② 记录内容翔实、重点突出、无遗漏
4	整理会议纪要	① 根据会议所记录的内容,以规范的语言整理会议纪要(图 3-7) ② 会议纪要整理完毕后,将初稿转发给建设方审核、修改,待定稿后,以监理单位的名义分发与会各方 ③ 将定稿的会议纪要整理归档,以备今后所用 图 3-7　会议纪要	会议纪要应能准确和清晰地反映工程启动会议的主要内容、关键时间节点、关键问题的解决方式、方法和处理流程

技能评价如表 3-7 所示。

表 3-7　技能评价表

序号	内容	技能标准	评价结果			
			优	良	合格	不合格
1	会议准备	① 监理发言的内容切合启动会要求和目标 ② 准备的安全告知单、签到表、记录本等齐全，没有遗漏 ③ 签到水笔必须用黑色水笔，且数量充足				
2	会议签到	① 签到顺序符合会议礼仪 ② 请人签到时用语礼貌、轻声 ③ 双手递交签到表和签到笔				
3	会议记录	① 会议记录快速、准确 ② 记录内容翔实、重点突出、无遗漏				
4	整理会议纪要	会议纪要应能准确和清晰地反映工程启动会的主要内容、关键时间节点、关键问题的解决方式、方法和处理流程				

3.1.3　任务 3　审核施工组织设计方案

1. 任务目标
（1）能根据施工组织方案审核要点对施工组织方案进行审核。

（2）能描述施工组织方案审批流程。

2. 任务内容
1）施工组织设计方案

施工组织设计方案由施工单位编制，主要内容包括以下几项。

（1）项目概况。

（2）编制依据、范围及原则。

（3）项目目标：进度目标、工程质量目标、安全文明施工目标。

（4）项目进度计划。

（5）项目管理部组织及人员配置。

（6）项目实施技术方案。

（7）工程器具及材料管理。

（8）工程交工验收。

（9）现场安全措施。

（10）应急预案。

2）施工组织设计方案审查内容

施工组织设计方案的审核可以从造价、进度、质量 3 个方面进行。

（1）进度方面。

① 进度安排是否符合工程项目建设总进度计划中总目标和分目标的要求，是否符合施工合同中开工、竣工日期的规定。

② 施工总进度计划中的项目是否有遗漏，各单项工程进度是否满足总进度的要求。

③ 施工顺序的安排是否符合施工程序的要求。

④ 劳动力、材料、构配件、机具和设备的供应计划是否能保证进度计划的实现。

⑤ 建设单位的资金供应能力是否能满足进度需要。

⑥ 施工进度的安排是否与设计单位的图纸供应速度相一致。

⑦ 建设单位提供的场地条件及原材料和设备，特别是国外设备的到货与进度计划是否衔接。

⑧ 进度安排是否有造成建设单位违约而导致索赔的可能存在。

（2）造价方面。

① 资源，尤其是劳动力消耗是否均衡，是否会出现因劳动力过剩导致窝工，或者因劳动力短缺影响工程进度的情况。

② 主要机械的使用率是否最优。

（3）质量方面。

① 质量目标是否与设计文件、施工合同一致。

② 施工方案、工艺是否符合设计要求。

③ 承包单位的质量、技术管理体系是否健全，质量保证措施是否切实可行。

④ 专职管理人员和特种作业人员是否具有资格证书和上岗证，安全、环保、消防、文明施工措施是否完善并符合规定。

⑤ 安全技术措施是否符合强制性规范的要求。

3）施工组织设计方案审查程序

（1）施工方应于开工前一周，填写施工组织设计/（专项）施工方案报审表附施工组织设计方案，报监理机构审核。

（2）总监理工程师及时组织监理工程师审查施工组织设计并提出意见，由总监理工程师审定批准（签字盖章）后报送建设单位；如需修改，则退回施工方限时重报。

（3）施工方按审定的施工组织设计方案组织施工，如对已批准的施工组织设计方案进行修改方案、补充或变更时，应在实施前将变更内容报送监理机构审查，经总监理工程师审核同意后报建设单位。

4）相关监理表格

施工组织设计/（专项）施工方案报审表（表 B.0.1）如表 3-8 所示。

施工单位编制的施工组织设计应由施工单位技术负责人审核签字并加盖施工单位公章。施工过程中，如经批准的施工组织设计（方案）发生改变，项目监理机构要求将变更的方案报送时,也采用此表。要求施工单位对重点工序、关键工艺的施工方案,新工艺、新材料、新施工方法的报审,都可以采用本表。本表一式三份,项目监理机构、建设单位、施工单位各执一份。

表3-8 施工组织设计/(专项)施工方案报审表(表 B.0.1)

工程名称: _____   编号: _____

致: _____(项目监理机构)   我方已完成_____   工程施工组织设计/(专项)施工方案的编制和审批,请予以审查。   附件:□施工组织设计   □专项施工方案   □施工方案   施工项目经理部(盖章)   项目经理(签字)   年   月   日
审查意见: 专业监理工程师(签字)   年   月   日
审核意见: 项目监理机构(盖章)   总监理工程师(签字)   年   月   日
审批意见(仅对超过一定规模的危险性较大的分部分项工程专项施工方案):   建设单位(盖章)   建设单位代表(签字)   年   月   日

3. 任务情境

开工前,施工单位将施工组织设计方案送来审核,赵总监组织项目组成员对施工组织设计方案进行审核,监理员小王负责记录审核结果。工作过程如表3-9所示。

表 3-9　工作过程

序号	步骤	操作方法与说明	质量标准
1	准备资料	① 准备工程设计文件和工程图纸(图 3-1) ② 准备与工程相关的设计规范、施工验收规范、安全管理规范等 ③ 准备施工合同 ④ 准备施工组织设计(方案)	资料准备齐全
2	审核施工组织设计(方案)	① 审核工程质量、工期目标是否与设计文件、施工合同一致(图 3-8) ② 审核施工进度计划是否保证施工连续性 ③ 审核施工方案、工艺是否符合工程设计要求 ④ 审核施工人员、物资安排是否满足施工任务的需要 ⑤ 审核施工机具、仪表、车辆是否满足施工任务的需要 ⑥ 审核承包单位的质量、技术管理体系是否健全,质量保证措施是否切实可行 ⑦ 审核专职管理人员和特种作业人员是否有职业资格证书和上岗证,证件是否在有效期内 ⑧ 审核安全、环保、消防、文明施工措施是否完善并符合规定和强制性规范要求 图 3-8　施工组织设计(方案)	逐条进行审核,没有遗漏关键内容
3	记录审核结果	① 列出审核内容列表 ② 逐条记录审核结果	① 审核内容列表中的审核条目没有遗漏 ② 记录审核结果的用词准确、简洁,能够清晰反映审核结果

技能评价如表 3-10 所示。

表 3-10　技能评价表

序号	内容	技 能 标 准	评 价 结 果			
			优	良	合格	不合格
1	资料准备	资料准备齐全				
2	审核施工组织设计(方案)	能够逐条进行审核,没有遗漏关键内容				
3	记录审核结果	① 审核内容列表中的审核条目没有遗漏 ② 记录审核结果的用词准确、简洁,能够清晰反映审核结果				

3.1.4　任务 4　审核施工单位资质

1. 任务目标

(1) 能对施工承包单位资质进行审核。

(2) 能描述施工单位资质审核流程。

2. 任务内容

1) 施工单位资质

施工单位资质类型分为总承包、专业承包及劳务分包。企业的资质等级按照企业资产、人员和工程业绩进行评定。等级施工企业必须按照资质等级证书规定的工程承包范围进行承包活动,不得越级承包工程。

比如,通信工程施工总承包企业资质等级分为三级。对于承包的工程范围如下。

(1) 一级资质:可承担各类通信、信息网络工程的施工。

(2) 二级资质:可承担工程投资额在 2000 万元以下的各类通信、信息网络工程的施工。

(3) 三级资质:可承担工程投资额在 500 万元以下的各类通信、信息网络工程的施工。

根据《施工企业资质管理规定》,实行企业资质年度检查制度。企业应当向资质审批部门提交企业资质条件的年度资料。经检查,企业达不到原资质标准的,按实际达到的标准重新定级。

2) 工程分包

工程分包是指从事工程总承包的单位将所承包的建设工程的一部分依法发包给具有相应资质的承包单位的行为。总承包单位依法将建设工程分包给其他单位的,分包单位应当按照分包合同的约定对其分包工程的质量向总承包单位负责,总承包单位与分包单位对分包工程的质量承担连带责任。

合法的分包须满足以下几个条件:①分包必须取得发包人的同意;②分包只能是一

次分包,即分包单位不得再将其承包的工程分包出去;③分包必须是分包给具备相应资质条件的单位;④总承包人可以将承包工程中的部分工程发包给具有相应资质条件的分包单位,但不得将主体工程分包出去。

3)施工单位资质审核流程

总承包施工单位的资质由建设单位在招标时审核。监理工程师应协助建设方对施工方的施工资质进行审核,其资质等级、营业范围必须与工程类别、专业相适应。对于资质等级范围不符合条件的,应向建设单位提出书面意见。

根据相关建设法规定,主要工程量必须由承包方完成,承包方对工程实行分包必须符合施工合同的规定,未经建设单位同意不准分包。监理方发现承包单位存在转包或层层分包等情况,应签发监理通知单予以制止,并报建设单位和相关部门。

对分包单位资质和技术水平的审核应在所分包的工程开工前完成。监理工程师接到承包单位分包单位资质报审表后,应审查施工承包合同规定的分包范围和工程部位,分包单位是否具有按工程承包合同规定的条件完成分包工程任务的能力,必要时应进行现场考察。如果该分包单位具备分包条件,应由总监理工程师予以书面确认。未经总监理工程师的批准,分包单位不得进入施工现场。

如承包合同中已明确分包单位的,该分包单位的资格审查不报审。但承包方应提供该分包单位的营业执照、资质证书、专职管理人员和特种人员的资格证书、上岗证。

分包合同签订后,施工方应将分包合同副本或复印件一份,报送监理方备案。总监理工程师对分包单位资格的确认,不解除施工承包单位的责任。在工程实施过程中分包单位的行为,视同施工承包单位的行为。

4)分包单位资质审查要点

(1)具有相应承包企业资质的通信工程施工资质证书和企业法人营业执照,分包工程内容是否与资质等级、营业执照相符,需要时一并审查特种行业施工许可证。

(2)分包单位近年来类似工程业绩:要求提供工程名称,质量等级证明文件。

(3)审查拟分包工程的内容和范围。注意施工方的发包性质,禁止转包、肢解分包、层层转包等违法行为。注意分包是否符合施工合同规定。

(4)审查专职管理人员和特种作业人员的资格证书、上岗证。

5)施工单位相关资质文件

(1)企业资质证明。

其包括通信工程施工资质证书和企业法人营业执照。

(2)特种作业上岗人员的证书。

在施工单位报送的资质文件资料中,应包含拟进场施工人员的各类证书复印件,以便现场监理准备时一一校对。根据专业工程特点,检验施工人员的上岗证书,如涉及电源操作的电工证、涉及登高作业的登高证、涉及焊接作业的焊工证、涉及吊装作业的特种车辆操作上岗证等。

(3)拟进场施工人员的安全生产培训复印件。

拟进场施工人员的安全生产培训内容,如培训证明、保险证明、三级安全生产培训证书及证明材料、施工单位安全生产许可证,当需要劳动合同时(有的建设单位要求进场施工人员必须是施工单位的合同员工），还需要检查校对合同文件。

(4) 质量安全人员证书。

项目经理、项目技术负责人、质检员、专职安全员资格证书等复印件。

6) 相关监理表格

分包单位资格报审表（表B.0.4)如表3-11所示。

由承包单位报送监理单位，专业监理工程师和总监理工程师分别签署意见，审查批准后，分包单位完成相应的施工任务。

表3-11(表B.0.4)一式三份，项目监理机构、建设单位、施工单位各执一份。

表 3-11 分包单位资格报审表（表 B.0.4)

工程名称：　　　　　　　　　　　　　　　　　　　　　　编号：

致：_____（项目监理机构）
经考察，我方认为拟选择的_____（分包单位）具有承担下列工程的施工或安装资质和能力，可以保证本工程按施工合同第_____条款的约定进行施工或安装。请予以审查。

分包工程名称（部位）	分包工程量	分包工程合同额
合计		

附件：1. 分包单位资质材料
2. 分包单位业绩材料
3. 分包单位专职管理人员和特种作业人员的资格证书
4. 施工单位对分包单位的管理制度
施工项目经理部（盖章）　　　　　　　　　　　　　　　　　项目经理（签字）　　　　　　　　　　　　　　　　　　　　　年　　月　　日
审查意见： 　　　　　　　　　　　　　　　　　专业监理工程师（签字）　　　　　　　　　　　　　　　　　　　　　年　　月　　日
审核意见： 　　　　　　　　　　　　　　　　　项目监理机构（盖章）　　　　　　　　　　　　　　　　　总监理工程师（签字）　　　　　　　　　　　　　　　　　　　　　年　　月　　日

3. 任务情境

本电源工程的部分工程由总承包公司单位进行了分包,工程开工前施工承包单位向监理项目组递交了分包单位资格报审表和分包单位相关资质证明。赵总监理工程师组织监理项目组成员对分包单位资质进行审核。工作过程如表 3-12 所示。

表 3-12　工作过程

序号	步骤	操作方法与说明	质量标准
1	资料准备	① 准备工程设计文件、工程图纸(图 3-1) ② 收集施工合同、分包合同 ③ 收集分包单位资质证明材料(图 3-9)。分包单位的资质证明材料应包含通信工程施工资质证书、企业法人营业执照、分包单位近年来类似工程业绩证明材料、专职管理人员和特种作业人员的资格证、上岗证 图 3-9　单位资质证书	材料收集齐全
2	审核分包单位资质	① 审核分包单位的通信工程施工资质证书和企业法人营业执照是否与承担的分包工程内容相符,需要时一并审查特种行业施工许可证 ② 审核分包单位近年来类似工程业绩是否良好,要求提供工程名称、质量等级证明文件 ③ 审查专职管理人员和特种作业人员的资格证、上岗证是否符合施工要求,证件是否有效 ④ 审查拟分包工程的内容和范围。施工单位的分包行为是否符合施工合同规定,有无转包、肢解分包、层层转包等违法行为	① 审核时能够对照审核内容逐条进行 ② 确保分包单位提供的资质材料与实际相符合 ③ 确保分包单位有资质和能力按时、保质地完成工程施工任务 ④ 确保工程主要工程量由承包方完成,承包方对工程实行分包符合施工合同的规定
3	记录审核结果	对照审查内容逐一审查,并如实记录审查结果	记录审核结果的用词准确、简洁,能够清晰反映审核结果

技能评价如表 3-13 所示。

表 3-13　技能评价表

序号	内容	技 能 标 准	评 价 结 果			
			优	良	合格	不合格
1	资料准备	按时收集资料,所需资料齐全				
2	审核分包单位资质	① 审核时能够对照审核内容逐条进行 ② 确保分包单位提供的资质材料与实际相符合 ③ 确保分包单位有资质和能力按时、保质地完成工程施工任务 ④ 确保工程主要工程量由承包方完成,承包方对工程实行分包符合施工合同的规定				
3	记录审核结果	如实记录审核的结果,准确、简明,能够清晰反映审核结果				

3.1.5　任务 5　审核工程开工报告

1. 任务目标

(1) 能描述开工报审流程。

(2) 能审核工程开工条件。

2. 任务内容

1) 开工准备

(1) 建设单位应该提供的基础资料和准备工作。

① 设计图纸及设计文件。

② 施工许可证(复印件)。

③ 施工承包合同、招投标文件。

④ 施工图纸交底纪要。

⑤ 向质量监督机构办理监督业务手续。

⑥ 建设单位与相关部门签订的合同、协议。

⑦ 施工场地条件已按合同约定条件落实到位。

⑧ 地下管线现状分布图。

⑨ 水准点、坐标点等原始资料。

(2) 施工单位应提供的基础资料和准备工作

① 施工组织设计(方案)报审。

② 进度计划报审。

③ 工程分包资质报审。

④ 工程分包合同。

⑤ 总、分包单位营业执照、资质证书及其他质量体系认证证书(复印件)。

⑥ 总、分包单位工程项目经理、技术负责人及管理人员资格证书、岗位证,特种人员

岗位证书(复印件)。

⑦ 主要施工材料/构配件/设备申报。

⑧ 主要施工人员已进场。

⑨ 施工临时设施基本具备。

⑩ 安全措施已落实。

(3) 项目监理机构的准备工作。

① 监理委托合同。

② 总监理工程师授权书。

③ 已经批准的监理规划、监理细则。

④ 施工图自审记录。

⑤ 第一次工地会议纪要。

2) 现场开工的条件

(1) 通信管线。

① 相关单位已经办理路由的审批手续(如市政、城建、土地、环保、公安、消防等)。

② 已经与相关单位签订了施工协议(如公路、铁路、水利、电力、燃气、供热、园林等)。

③ 施工单位的施工许可证、道路通行证已经办妥。

④ 设备、材料分屯点已经选定,能够满足施工需要。

(2) 通信机房。

① 机房建筑完工并验收合格。

② 预留孔洞、地槽、预埋件符合设计要求。

③ 空调设备安装完毕。

④ 机房工作、保护接地系统的接地电阻符合设计要求。

⑤ 机房防火符合有关规定,严禁存放易燃、易爆物品。

⑥ 市电已经引入机房,照明系统能正常使用。

⑦ 配套设备能正常运行。

(3) 进场施工机具、仪表和设备。

① 对于进入现场的施工机具、仪表和设备,施工单位已经填写进场设备和仪表报验申请表,并附有关法定检测部门的年检证明,报项目监理机构审核。

② 进场施工机具、仪表和设备的技术状况经检查合格。

3) 开工报审流程

(1) 开工前,施工单位应填写工程开工报审表送监理单位和建设单位审批。

(2) 项目监理机构收到施工单位报送的工程开工报审表以后,总监理工程师指定专业监理工程师对上述审查内容进行检查,逐一落实。

(3) 如开工条件已基本具备,总监理工程师应征得建设单位同意后签发工程开工令;如某项条件还不具备,则应协调相关单位,促使尽快开工。

(4) 在签发工程开工令前,应提醒建设单位组织第一次工地会议。会议纪要由项目监理机构负责起草,并经与会各方代表会签。

(5) 整个项目一次开工,只申报一次。如工程项目中涉及较多单位工程,且开工时间不同,则每个单位工程开工都应报审一次。

4）开工报告审核要点

（1）设计是否已会审、合同是否已签订。

（2）工程信息是否正确（如工程编号、工程名称、施工执照证号、施工许可证号、建设单位、设计单位、工程规模等）。

（3）施工合同价值是否与中标价一致，资金是否到位。

（4）工程计量支付是否明确。

（5）施工组织设计是否已获总监理工程师批准。

（6）作业环境是否具备开工条件。

（7）承包单位项目经理部现场管理人员是否已到位，施工人员是否已进场，机具、仪表、车辆是否按要求进场。

5）监理表格

（1）工程开工报审表（表 B.0.2）（表 3-14）。

施工阶段承包单位向监理单位报请开工时填写，如整个项目一次开工，只填报一次；如工程项目中涉及多个单位工程且开工时间不同，则每个单位工程开工都应填报一次。申请开工时，承包单位认为已具备开工条件时向项目监理机构申报工程开工报审表。总监理工程师认为具备条件时签署意见，报建设单位审批。

表 3-14 工程开工报审表（表 B.0.2）

工程名称：　　　　　　　　　　　　　　　　　　　　　　　编号：

致：_____（建设单位） 　　_____（项目监理机构） 　　我方承担的_____工程，已完成相关准备工作，具备开工条件，申请于_____年___月___日开工，请予以审批。 　　附件：证明文件资料   　　　　　　　　　　　　　　　　　施工单位（盖章） 　　　　　　　　　　　　　　　　　项目经理（签字） 　　　　　　　　　　　　　　　　　　　年　　　月　　　日
审核意见：   　　　　　　　　　　　　　　　　　项目监理机构（盖章） 　　　　　　　　　　　　　　　　　总监理工程师（签字） 　　　　　　　　　　　　　　　　　　　年　　　月　　　日
审批意见：   　　　　　　　　　　　　　　　　　建设单位（盖章） 　　　　　　　　　　　　　　　　　建设单位代表（签字） 　　　　　　　　　　　　　　　　　　　年　　　月　　　日

表 3-14（表 B.0.2）中提到的"证明文件"是指证明已具备开工条件的相关资料。表 3-14（表 B.0.2）一式三份，项目监理机构、建设单位、施工单位各执一份。

（2）工程开工令（表 A.0.2）（表 3-15）。

建设单位对工程开工报审表（表 3-14（表 B.0.2））签署同意意见后，总监理工程师可签发本表。表 3-15（表 A.0.2）中的开工日期即施工单位计算工期的起始日期。

表 3-15（表 A.0.2）一式三份，项目监理机构、建设单位、施工单位各执一份。

表 3-15　工程开工令（表 A.0.2）

工程名称：　　　　　　　　　　　　　　　　　　　　　编号：

致：＿＿＿＿＿＿＿＿＿＿＿＿＿＿＿＿＿（施工单位）

　　经审查，本工程已具备施工合同约定的开工条件，现同意你方开始施工，开工日期为＿＿＿＿年＿＿＿月＿＿＿日。

　　附件：工程开工报审表

　　　　　　　　　　　　　　　　　　　　项目监理机构（盖章）

　　　　　　　　　　　　　　　　　　　　总监理工程师（签字、加盖执业印章）

　　　　　　　　　　　　　　　　　　　　　　　　　年　　　月　　　日

---

3. 任务情境

经过建设单位、施工单位和监理单位各方周密的准备，工程开工条件准备就绪。施工单位及时向监理项目组送来工程开工报审表和开工报告。赵总监要求专业监理工程师林工带项目组成员进行开工条件审核。工作过程如表 3-16 所示。

表 3-16　工作过程

序号	步骤	操作方法与说明	质量标准
1	收集开工报审材料	① 收集建设单位应提供的开工准备材料 ② 收集施工单位应提供的开工准备材料 ③ 收集监理单位应提供的开工准备材料	开工报审材料收集齐全（开工前一周收集完毕）
2	审核工程开工申报材料	① 根据审查内容，制作"工程开工条件审查表"（图 3-10） 图 3-10　开工审查表 ② 对照"工程开工条件审查表"核对建设单位、施工单位、监理单位提供的材料是否齐全、有效	① 列出的开工报审资料齐全、有条理 ② 表格制作格式合理，便于使用 ③ 开工准备材料核对无遗漏，并及时做好记录

续表

序号	步　骤	操作方法与说明	质量标准
3	审核开工报告 （图3-11）	逐条进行审核以下几项内容： ① 设计是否已会审、合同是否已签订 ② 工程信息是否准确 ③ 工程计量支付是否明确 ④ 器材、设备能否满足开工需要 ⑤ 路由取证、青苗赔补等协议是否办妥 ⑥ 作业环境是否具备开工条件 ⑦ 人员、机具、仪表、车辆是否按要求进场 图3-11　开工报告	① 内容审核能够对照审核要点 ② 审核内容没有遗漏
4	记录审核结果	逐条记录审核结果（图3-12） 图3-12　开工报审表	① 审核结果记录如实 ② 用词准确、简洁

技能评价如表3-17所示。

表 3-17　技能评价表

序号	内　容	技 能 标 准	评 价 结 果			
			优	良	合格	不合格
1	收集开工报审材料	开工报审材料收集齐全				

续表

序号	内　容	技能标准	评价结果			
			优	良	合格	不合格
2	审核工程开工申报材料	① 列出的开工报审资料齐全、有条理 ② 表格制作格式合理,便于使用 ③ 开工准备材料核对无遗漏,并及时做好记录				
3	审核开工报告	① 内容审核能够对照审核要点 ② 审核内容没有遗漏				
4	记录审核结果	① 审核结果记录如实 ② 用词准确、简洁				

3.2　施工实施阶段监理任务

工程施工实施阶段,监理的主要任务有:检查进场的工程材料、构配件、设备质量,审查材料、构配件和设备清单及其所列的规格和质量证明资料;检查施工单位严格执行工程施工合同和规范标准,实施旁站监理,检查工程进度和施工质量,验收分部分项工程,签署工程付款凭证,做好隐蔽工程的签证;监督施工单位按照施工组织设计中的安全技术措施和专项施工组织方案组织施工,及时制止违规施工作业;处置发现的质量问题和安全事故隐患;参与工程变更的审查和处理;参与处理工程索赔的审查和处理。

3.2.1　任务 6　检验进场器材、设备

1. 任务目标

(1) 能根据通信材料/设备验收标准、设计要求对进场材料/设备进行验收。

(2) 能描述进场器材、构配件和设备检验流程。

2. 任务内容

1) 进场器材、构配件和设备检测流程

(1) 施工单位对所有进场的器材、设备(包括业主采购部分在内)进行清点检测,应符合设计及订货合同要求,填写工程材料、构配件、设备报审表(附:生产厂家、出厂日期、检测记录、合格证、入网证),送监理工程师审核签认。

(2) 监理人员依据施工单位报送的器材、设备清单进行复验或抽测。

(3) 对进口器材、设备,供货单位应报送进口商检证明文件,并由建设单位、施工单位、供货单位和监理单位进行联合检查。

(4) 器材、设备经监理复验或抽测合格,签认工程材料、构配件、设备报审表。对检验不合格的器材、设备,监理工程师应拒绝签认,并及时签发监理通知单,并抄报建设单位

和相关单位。不合格的器材、设备不准在工程中使用，限期运出现场。

（5）对于检验不合格的器材、设备必须分开存放，严禁运往工地，并请订货单位通知供货商到现场复验确认。

（6）当材料型号不符合施工图设计要求而需要其他材料代替时，必须征得设计和建设单位的同意并办理设计变更手续。

2）进场器材、构配件和设备的质量控制

工程所需的原材料、构配件和设备将构成永久性工程的组成部分，它们的质量直接影响未来工程的质量，因此需要对其质量进行严格控制。

用于工程的器材到场后，应组成设备器材检验小组，由监理工程师担任组长，建设单位代表、供货单位代表、承包单位代表任成员，对到达现场的设备及主要材料的品种、规格、数量进行清点和外观检查。对建设单位采购的设备器材应依据供货合同的器材清单逐一开箱检验，查看货物是否有外损伤或受潮生锈。通信设备材料还应有入网许可证，凡未获得电信设备材料入网许可证的设备材料不得在工程中使用。在我国抗震设防烈度在 7 度以上（含 7 度）地区公用电信网上使用的交换、传输、移动基站、通信电源设备应取得电信设备抗地震性能检测合格证，未取得电信主管部门颁发的抗震性能检测合格证的设备，不得在公用电信网上使用。进口设备器材还应有报关检验单。

重点审核施工单位报送的用于工程的材料、构配件和设备的质量证明文件、出厂检验报告以及施工单位按照规定进行检验或者试验的报告结果，并按有关规定和施工合同规定，对用于工程的材料进行见证取样、平行检验。对已进场经检验不合格的工程材料、构配件和设备，应要求施工单位限期将其撤出施工现场。

3）进场材料设备检验涉及的合同管理

工程项目使用的材料和设备按照专用条款约定的采购供应责任，可以由承包人负责，也可以由发包人提供全部或部分材料和设备。

（1）发包人供应的材料设备。

发包人应按照专用条款的材料设备供应一览表，按时、按质、按量将采购的材料和设备运抵施工现场，向承包人提供其供应材料设备的产品合格证明，并对这些材料设备的质量负责。

发包人供应的材料设备进入施工现场后需要在使用前检验或者试验的，由承包人负责检查试验，费用由发包人负责。按照合同对质量责任的约定，此次检查试验通过后，仍不能解除发包人供应材料设备存在的质量缺陷责任，即承包人检验通过之后，如果又发现材料设备有质量问题时，发包人仍应承担重新采购追加合同价款，并相应顺延由此延误的工期。

发包人在其所供应的材料、设备到货前 24 小时，应以书面形式通知承包人，由承包人派人与发包人共同进行到货清点。清点工作主要包括：外观质量检查；对照发货单证进行数量清点（检斤、检尺）；大宗材料进行必要的抽样检验（物理、化学试验）等。材料设备接收后移交承包人保管，发包人支付相应的保管费用。因承包人的原因发生损坏丢失，由承包人负责赔偿。发包人不按规定通知承包人验收，发生的损坏丢失由发包人负责。

发包人供应的材料设备与约定不符时,应当由发包人承担有关责任。视具体情况不同,按照以下原则处理。

① 材料设备单价与合同约定不符时,由发包人承担所有差价。

② 材料设备种类、规格、型号、数量、质量等级与合同约定不符时,承包人可以拒绝接收保管,由发包人运出施工场地并重新采购。

③ 发包人供应材料的规格、型号与合同约定不符时,承包人可以代为调剂串换,发包方承担相应的费用。

④ 到货地点与合同约定不符时,发包人负责运至合同约定的地点。

⑤ 供应数量少于合同约定的数量时,发包人将数量补齐;多于合同约定的数量时,发包人负责将多出部分运出施工场地。

⑥ 到货时间早于合同约定时间,发包人承担因此发生的保管费用;到货时间迟于合同约定的供应时间,由发包人承担相应的追加合同价款。若发生延误,相应顺延工期,发包人赔偿由此给承包人造成的损失。

(2) 承包人采购的材料设备。

承包人负责采购材料设备的,应按照合同专用条款约定及设计要求和有关标准采购,并提供产品合格证明,对材料设备质量负责。

采购的材料设备在使用前,承包人应按监理工程师的要求进行检验或试验,不合格的不得使用,检验或试验费用由承包人承担。承包人在材料设备到货前 24 小时应通知监理人员共同进行到货清点。承包人采购的材料设备与设计或标准要求不符时,承包人应在监理人员要求的时间内运出施工现场,重新采购符合要求的产品,承担由此发生的费用,延误的工期不予顺延。

4) 监理表格

(1) 工程材料、构配件、设备报审表(表 B.0.6)(表 3-18)。

表 3-18(表 B.0.6)用于承包单位将进入施工现场的工程材料、构配件经自验合格后,由承包单位项目经理签章,向项目监理机构申请验收;对运到施工现场的设备,经检查包装无损后,向项目监理机构申请验收,并移交给设备安装单位。

随表 3-18(表 B.0.6)同时报送材料、构配件、设备数量清单,质量证明文件和自检结果。质量证明文件指产品出厂合格证、材料质量化验单、厂家质量检验报告、厂家质量保证书、进口商品报验证书、商检证书等。自检结果文件指施工单位核对所购的工程材料、构配件、设备的清单和质量证明文件资料后,对实物及外部观感质量进行验收核实的结果,如复检、复试合格报告等。

项目监理机构对进入施工现场的工程材料、构配件进行检验(包括抽验、平行检验、见证取样送检等),对进场的大中型设备要会同设备安装单位共同开箱验收。检验合格,监理工程师在表 3-18(表 B.0.6)上签名确认,注明质量控制资料和材料试验合格的相关说明;检验不合格时,在表 3-18(表 B.0.6)上签批不同意验收,工程材料、构配件设备应退出场,也可根据情况批示同意进场但不得使用于原拟定部位。

表 3-18(表 B.0.6)一式二份,项目监理机构、施工单位各执一份。

表 3-18   工程材料、构配件、设备报审表（表 B.0.6）

工程名称：   编号：

致：＿＿＿＿＿＿＿＿＿＿＿＿＿＿＿＿＿＿＿（项目监理机构）
于 ＿＿＿＿ 年 ＿＿ 月 ＿＿ 日进场的拟用于工程 ＿＿＿＿＿＿＿＿＿＿ 部位的 ＿＿＿＿＿＿＿＿＿＿＿＿＿＿＿＿＿＿＿＿＿＿，经我方检验合格，现将相关资料报上，请予以审查。 附件：1. 工程材料、构配件或设备清单 　　　2. 质量证明文件 　　　3. 自检结果   　　　　　　　　　　　　　　　施工项目经理部（盖章） 　　　　　　　　　　　　　　　项目经理（签字） 　　　　　　　　　　　　　　　　　年　　月　　日
审查意见：   　　　　　　　　　　　　　　　项目监理机构（盖章） 　　　　　　　　　　　　　　　专业监理工程师（签字） 　　　　　　　　　　　　　　　　　年　　月　　日

（2）材料、构配件进场检验记录表和设备开箱清点报告。

表 3-19 和表 3-20 由监理单位根据工程需求制订，或者与建设单位协商而定，不同的监理单位表格格式或有不同，但是主要记录的内容是一致的，主要有进场器材、设备的规格、数量、供货厂商、外观等，表 3-19 和表 3-20 作为工程材料、构配件、设备报审表的附件，是监理工程师签发工程材料、构配件、设备报审表的重要依据。

表 3-19   材料、构配件进场检验记录表

工程名称					工程编号		
					检验日期		
序号	名称	规格型号	进场数量	生产厂家质量证明书编号	外观检验项目检验结果	试件编号复验结果	备注
1							
2							
3							
4							
5							

续表

序号	名称	规格型号	进场数量	生产厂家质量证明书编号	外观检验项目检验结果	试件编号复验结果	备注
6							
7							

检查意见(施工单位):

附件:共＿＿页

验收意见(监理/建设单位)

签字栏	同意		重新检验　退场		验收日期:	
	施工单位			负责人		
	监理或建设单位			监理人员或建设单位负责人		

表 3-20　设备开箱清点报告

工程名称＿＿＿＿＿＿＿＿＿＿＿＿＿＿＿＿

建设单位		地点	
施工单位		时间	

设备清点情况	

设备、器材缺损		
设备、器材名称	缺少数量	损坏数量

监理工程师＿＿＿＿＿＿＿＿＿＿　　建设方代表＿＿＿＿＿＿＿＿＿＿

设备督导＿＿＿＿＿＿＿＿＿＿　　施工队长＿＿＿＿＿＿＿＿＿＿

3. 任务情境

某日有一批施工方购买的通信光缆进场,另有建设方订购的电力设备进场,监理员小王对进场的材料和设备进行检测。工作过程如表 3-21 所示。

表 3-21   工作过程

序号	步骤	操作方法与说明	质量标准
1	开箱清点	① 开箱(图 3-13) ② 对照订货合同及设计文本核对材料名称、型号、数量 ③ 对照材料清单核对备件与附件 ④ 对材料进行外观检查 图 3-13 开箱	① 开箱方式正确,不损坏材料 ② 材料外观无破损 ③ 清点仔细,核对准确
2	核查材料质量证明文件	① 核查材料合格证(图 3-14) ② 核查材料检验报告单 ③ 核查通信材料入网许可证 图 3-14 材料合格证等	核查仔细、不遗漏单证
3	复验或抽验	根据设计要求和质量要求对材料进行测试,具体的方式有抽验、平行检验、见证取样送检等	如实记录材料测试数据,对照标准参数分析测试数据,正确判断材料测试结果

序号	步　骤	操作方法与说明	质量标准
4	填写材料、构配件进场检验记录表(图 3-15)	记录材料检验结果 图 3-15　材料、构配件进场检验记录表	① 记录检验结果准确 ② 格式规范
5	签认工程材料、构配件、设备报审表	① 若检验合格,在报审表(图 3-16)上签名确认,并注明质量控制资料和材料试验合格的相关说明 ② 若检验不合格,在报审表上签批不同意验收 图 3-16　工程材料、构配件、设备报审表	意见表达清晰,用词准确,格式规范

技能评价如表 3-22 所示。

表 3-22　技能评价表

序号	内　容	技能标准	评价结果			
			优	良	合格	不合格
1	开箱清点	① 开箱方式正确,不损坏材料 ② 材料外观无破损 ③ 清点仔细,核对准确				
2	核查材料质量证明文件	核查仔细、不遗漏单证				
3	复验或抽验　·	如实记录材料测试数据,对照标准参数分析测试数据,正确判断材料测试结果				
4	填写材料、构配件进场检验记录表	① 记录检验结果准确 ② 格式规范				
5	签认工程材料、构配件、设备报审表	意见表达清晰,用词准确,格式规范				

3.2.2　任务 7　随工检查、工序报验和隐蔽工程签证

1. 任务目标

(1) 能根据通信工程各个专业的施工验收规范对工程质量进行检验和验收。

(2) 能描述工序报验、隐蔽工程签证流程。

2. 任务内容

1) 施工过程质量控制

施工过程控制就是对每个工序的完成过程、顺序和结果的质量控制。换言之,施工过程就是作业技术活动的过程,因此可以把通信工程的施工过程控制划分为对作业技术活动的实施状态和结果所进行的控制。

施工过程的质量控制是对作业技术活动结果的控制,是施工过程中间产品及最终产品质量控制的方式,只有作业技术活动的中间产品都符合要求,才能保证最终单位工程产品的质量。施工质量控制包含工序报验、随工检查与隐蔽工程签证。监理员对工程施工全过程进行严格的控制。比如:线路路由未经复测,不准划线开挖;土方开挖的高程、埋深未达标,不准铺管、敷缆、立杆;管道管孔未经试通、清刷,不准穿管、敷缆等。对隐蔽工程,监理工程师应该旁站监理。未经监理检查的隐蔽工序不得隐蔽;否则监理工程师有权剥露检查。

2) 随工检查

通信建设工程随工检查由监理工程师采取旁站、巡视、平行检验和见证等方式进行。监理监督、检查施工方的施工工艺和施工质量,对施工全过程的质量进行严格的控制。不同的专业根据各自专业验收规范进行验收。监理工程师对于施工质量达不到约定标

准的工程部分应要求施工单位返工。施工单位应按要求返工,直到符合约定标准为止。

3) 工序报验

工序是作业活动的一种必要的技术停顿,是作业方式的转换及作业活动效果的中间确认。上道工序应满足下道工序的施工条件和要求,通过工序间的交接验收,可使各工序间和相关专业工程之间形成有机整体。因此,监理工程师要在施工过程中巡视检查,对关键工序进行旁站检查。工序完成后,施工单位填报报验申请表,监理工程师应及时检验并签认。对未经监理人员检查或检查不合格的工序,监理工程师应拒绝签认,并要求施工单位不得进行下道工序的施工。

管道工程的关键工序有施工测量、开挖管道沟(坑)、管道基础、砌人(手)孔、管道敷设等。线路工程的关键工序有路由复测、光(电)缆配盘、光(电)缆敷设、光(电)缆接续、光(电)缆进局及成端等。设备安装工程中机房走线架(槽道)位置、水平度和垂直度及工艺安装不符合要求时,不得进行设备安装;机架安装位置、固定方式、水平度和垂直度不符合要求时,不得布放缆线;缆线布放路由和整齐度不符合要求时,不得做成端;机架布线和焊接端子未经监理工程师检查,不得加电测试。加电应按设备说明书上的操作规程进行,并测量电源电压,确认正常后方可进行下级通电。

4) 隐蔽工程签证

隐蔽工程是将被其后施工所隐蔽的工序。在隐蔽前对这些工序进行验收,是对这些工序的最后一道检查。由于检查的对象就要被下一道工序所掩盖,给以后的检查整改造成障碍,因此这项工作尤为重要,它是质量控制的一个关键过程。

对隐蔽工程,监理工程师应该旁站监理,并对施工单位报送的隐蔽工程报验申请表进行检查,对报验的隐蔽工程部分进行施工现场检验,对合格部分予以签认。随工检验已签认的工程质量,在工程初验时一般不再进行检验,仅对可疑部分予以抽验。

5) 分部工程的检查验收

在一个分部工程完工后,施工单位先进行竣工自检,自检合格后,向项目监理机构提交分部工程报验表,总监理工程师组织相关单位对分部工程进行验收,验收合格后,由总监理工程师签署意见。

6) 工序报验、随工检查、隐蔽工程签证涉及的合同管理

(1) 工程质量标准。

承包人施工的工程质量应当达到合同约定的标准。发包人对部分或者全部工程质量有特殊要求的,应支付由此增加的追加合同价款,对工期有影响的应给予相应顺延。监理工程师依据合同约定的质量标准对承包人的工程质量进行检查,达到或超过约定标准的给予质量认可,达不到要求时则予拒收。

监理工程师发现施工质量达不到约定标准的工程部分,应要求承包人返工。承包人应当按要求返工,直到符合约定标准为止。因承包人的原因达不到约定标准,由承包人承担返工费用,工期不予顺延。因发包人的原因达不到约定标准,由发包人承担返工的追加合同价款,工期相应顺延。因双方原因达不到约定标准,责任由双方分别承担。

(2) 施工过程中的检查和返工。

承包人应认真按照标准、规范和设计要求以及监理工程师依据合同发出的指令施

工,随时接受检查检验,并为检查检验提供便利条件。

　　工程质量达不到约定标准的部分,承包人应拆除和重新施工,承担由于自身原因导致拆除和重新施工的费用,工期不予顺延。经过监理工程师检查检验合格后,又发现因承包人原因出现的质量问题,仍由承包人承担责任,赔偿发包人的直接损失,工期不应顺延。

　　一般情况下,隐蔽工程经监理工程师随工检验合格后初验时不再进行重复检验,但当建设单位对某部分的工程质量有怀疑时,监理工程师可要求承包人对已经隐蔽的工程进行重新检验。承包人接到通知后应按要求进行剥离或开孔,并在检验后重新覆盖或修复。重新检验表明质量合格,发包人承担由此发生的全部追加合同价款,赔偿承包人损失,并相应顺延工期,检验不合格的,承包人承担发生的全部费用,工期不予顺延。

　　监理工程师的检查检验原则上不应影响施工正常进行。如果实际影响了施工的正常进行,其后果责任由检验结果的质量是否合格来区分合同责任,检查检验不合格时,影响正常施工的费用由承包人承担。此外,影响正常施工的追加合同价款由发包人承担,相应顺延工期。

　　因监理工程师指令失误和其他非承包人原因发生的追加合同价款,由发包人承担,发包人可依据委托监理合同追究监理人责任。

　　(3) 使用专利技术及特殊工艺施工。

　　如果发包人要求承包人使用专利技术或特殊工艺施工,应负责办理相应的申报手续,承担申报、试验、使用等费用。

　　7) 监理表格

　　(1) ＿＿＿＿＿＿＿报审、报验表(表 B.0.7)(表 3-23)。

表 3-23　＿＿＿＿＿＿报审、报验表(表 B.0.7)

工程名称:　　　　　　　　　　　　　　　　　　　　　　　编号:

致:＿＿＿＿＿＿＿＿＿＿＿＿＿＿＿＿＿＿(项目监理机构)

　　我方已完成＿＿＿＿＿＿＿＿＿＿＿＿＿＿＿＿＿＿＿＿＿工作,经自检合格,请予以审查或验收。

　　附件:□隐蔽工程质量检验资料

　　　　　□检验批质量检验资料

　　　　　□分项工程质量检验资料

　　　　　□施工试验室证明资料

　　　　　□其他

施工项目经理部(盖章)

项目经理或项目技术负责人(签字)

年　　　月　　　日

续表

审查或验收意见：
<div align="center">项目监理机构(盖章) 专业监理工程师(签字) 年　　月　　日</div>

表 3-23(表 B.0.7)是通用性较强的表,主要用于承包单位向监理单位的工程质量检查验收申报,如隐蔽工程、检验批、分项工程报验及施工实验室报审。用于隐蔽工程的检查和验收时,承包单位必须完成自检并附有相应工序、部位的工程质量检查记录;用于施工放样报验时,应附有承包单位的施工放样成果;用于分项工程质量验收时,应附有相质量验收标准的资料及规范规定的表格。

有分包单位的,分包单位的报验资料应由施工单位验收合格后向项目监理机构报验。

表 3-23(表 B.0.7)一式二份,项目监理机构、施工单位各执一份。

(2) 分部工程报验表(表 B.0.8)(表 3-24)。

表 3-24　分部工程报验表(表 B.0.8)

工程名称：　　　　　　　　　　　　　　　　　　编号：

致：＿＿＿＿＿＿＿＿＿＿＿＿＿＿＿＿＿＿(项目监理机构) 　　我方已完成＿＿＿＿＿＿＿＿＿＿＿＿＿＿＿＿＿＿＿＿＿(分部工程),经自检合格,请予以验收。 　　附件：分部工程质量资料 <div align="center">施工项目经理部(盖章) 项目技术负责人(签字) 年　　月　　日</div>
验收意见：   <div align="center">专业监理工程师(签字) 年　　月　　日</div>

续表

验收意见：
项目监理机构（盖章） 总监理工程师（签字） 年 月 日

　　表 3-24（表 B.0.8）用于分部工程报验。分部工程完成后，由项目技术负责人提交本表并附分部工程质量资料，包括分部（子分部）工程质量验收记录表及工程质量验收规范要求的质量资料、安全及功能检验（检测）报告等，由专业监理工程师和总监理工程师分别签署验收意见。

　　表 3-24（表 B.0.8）一式三份，项目监理机构、建设单位、施工单位各执一份。

　　（3）旁站记录（表 A.0.6）（表 3-25）。

表 3-25　旁站记录（表 A.0.6）

旁站的关键部位、 关键工序		施工单位	
旁站开始时间	年　　月　　日 时　　分	旁站结束时间	年　　月　　日 时　　分

旁站的关键部位、关键工序施工情况：

发现的问题及处理情况：

旁站监理人员（签字）
年　　月　　日

　　项目监理机构根据工程特点和施工单位报送的施工组织设计,确定旁站的关键部位、关键工序,安排监理人员进行旁站。表 3-25 用于记录旁站的关键部位、关键工序施工情况和发现的问题及处理情况。包括施工单位质检人员到岗情况,特殊工种持证情况,施工机械、材料准备情况,关键部位、关键工序施工是否按照施工方案及工程建设强制性标准执行等。

　　表 3-25(表 A.0.6)一式一份,项目监理机构留存。

　　(4) 见证取样记录表(表 3-26)。

表 3-26　见证取样记录表

工程名称:　　　　　　　　　　　　　　　　　　　　编号:

样品名称		试件编号		取样数量	
取样部位/地点		取样日期			
见证取样说明					
见证取样和送检印章					
签字栏	取样人员		见证人员		

　　见证取样是指在建设监理单位或建设单位见证下,对进入施工现场的涉及结构安全的试块、试件及工程材料,由施工单位专职材料试验人员在现场取样或制作试件后,送至符合资质资格管理要求的试验室进行试验的一个程序。

　　施工单位取样人员在现场抽取和制作试样时,监理员作为见证人必须在旁见证,对试样进行监护。

3. 任务情境

电力设备安装完毕,电力线缆布放结束,施工单位申请工序报验,监理工程师对其进行验收。工作过程如表 3-27 所示。

表 3-27　工作过程

序号	步　骤	操作方法与说明	质量标准
1	准备施工质量检测表	① 收到施工单位工程工序报验申请表以后,核对报验的工序 ② 针对报验的工序准备相应的质量检查表格	能根据工序流程及时提醒施工单位进行工序报验
2	检查施工质量	① 根据施工合同中约定的质量标准进行控制和检查,如果双方对工程质量标准有争议时,可由设计单位做出解释,或参照国家和行业相关的工程验收规范进行检验 ② 如实记录检查的结果(图 3-17) 图 3-17　检查施工质量	① 对照检查表不遗漏检查项目 ② 严格按照验收标准进行质量检查
3	反馈检查结果	① 对于符合工艺要求的予以签认 ② 对于不符合工艺要求的质量缺陷,必须要求施工单位整改	向施工单位指出质量缺陷有说服力

续表

序号	步　骤	操作方法与说明	质量标准
4	报送监理工程师	施工质量符合验收标准,将检查结果和相关质量检查表(图 3-18)交付监理工程师 图 3-18　质量检查表	① 质量检查表格齐全 ② 检查结果记录完整

技能评价如表 3-28 所示。

表 3-28　技能评价表

序号	内　容	技 能 标 准	评 价 结 果			
			优	良	合格	不合格
1	准备施工质量检测表	能根据工序流程及时提醒施工单位进行工序报验				
2	检查施工质量	① 对照检查表不遗漏检查项目 ② 严格按照验收标准进行质量检查				
3	反馈检查结果	向施工单位指出质量缺陷有说服力				
4	报送监理工程师	① 质量检查表格齐全 ② 检查结果记录完整				

3.2.3　任务 8　处理工程拖延

1. 任务目标

(1) 能描述进度控制的基本流程。

(2) 能处理工程延期和工期延误。

2. 任务内容

进度控制的目标就是通过一系列控制措施,力求使工程实际工期不超过计划工期目标。

1) 工程进度控制

(1) 工程进度控制流程。

① 监理工程师依据合同有关条款、施工图及经过批准的施工组织设计制订进度控制方案,对进度目标进行风险分析,制订防范性对策,经总监理工程师审定后报送建设单位。

② 监理工程师监督承包单位严格按施工进度计划施工,并审核承包单位提交的工程进度报表。主要审查总工期控制目标是否符合要求,审核施工进度计划与施工方案的协调性及合理性等。

③ 监理工程师检查、记录进度计划的实施情况,当发现实际进度滞后于计划进度时,签发监理工程师通知单,指令承包单位采取调整措施。当实际进度严重滞后于计划进度时必须报总监理工程师,由总监理工程师与建设单位商定采取进一步措施。

④ 在不影响总进度计划完成的情况下,承包单位调整施工进度计划时,必须报监理工程师审核,经总监理工程师批准方可实施。总监理工程师应将调整施工进度计划情况报建设单位。

⑤ 总监理工程师在监理周(月)报中向建设单位提交工程进度报表,并说明控制进度所采取的措施及控制效果,提出由于建设单位原因可能导致的工程延期的预防建议。

监理工程师逐日如实记载每日完成的形象进度及实物工程量,并详细记录影响工程进度,包括内部、外部、人为和自然等各种因素。还要记载工程中发生的每个问题以及解决方法。

⑥ 定期组织现场工程进度协调会,对工程进度进行阶段性核定;协调总承包单位不能解决的各方面关系;对上次调协会执行结果进行检查,对下一阶段工作做安排,解决影响工程进度的各种重大问题。

(2) 分析进度偏差产生的原因时应关注的问题。

① 各相关单位合作协调环节的影响。影响建设工程施工进度的单位不只是施工单位,其他与工程建设有关的单位(如政府部门、业主、设计单位、物资供应单位等)也会对工程进度产生影响。

② 物资供应的影响。主要分析施工过程中需要的材料、构配件、机械和设备等是否能按期运抵施工现场,其质量是否符合有关标准的要求。

③ 资金质量分析。主要分析施工单位的资金使用情况,是否合理地使用了工程预付款和工程进度款;建设单位是否按时足额支付工程进度款;工人收入如何,报酬支出是否合理,各种资金的支出是否符合比例;施工单位是否挪用资金等。

④ 劳动力情况分析。主要分析劳动力数量与计划劳动力数量的关系,直接生产工作人员与管理工作人员的比例,劳动组织与生产效率是否达到要求,工程变更与事故率是否正常等。

⑤ 施工方法分析。主要分析施工方法是否合理,工作顺序、工作流程是否合理。

⑥ 施工环节分析。主要分析施工环节是否衔接得合理,是否存在不合理工序导致返工率的提高。

⑦ 其他情况影响分析。主要分析影响工程进度的其他因素,如天气是否正常、是否有当地有关部门的原因、是否有工程量的增加、是否有建设单位和监理单位的原因(如文件未及时批复、未及时检查验收等)。

(3) 分析进度偏差对后续工作及总工期的影响。

在分析了偏差原因后,要分析偏差对后续工作和总工期的影响,确定是否应当调整。

① 确定后续工作和总工期限制条件。当需要采取一定的进度调整措施时,应当首先确定进度可调整的范围,主要指关键节点、后续工作的限制条件以及总工期允许变化的范围。它们往往与签订的合同有关,要认真分析,尽量防止后续分包单位提出索赔。

② 采取措施调整进度计划。应以关键控制点以及总工期允许变化的范围作为限制条件,并对原进度进行调整,以保证最终进度目标的实现。

③ 实施调整后进度计划。在后期的工程项目实施过程中,将继续执行经过调整而形成的新的进度计划。在新的计划里一些工作的时序会发生变化,因此,监理工程师要做好协调,并采取相应的经济措施、组织措施与合同措施。

2) 处理工程延期

(1) 工程延期。

按照施工合同范本通用条件的规定,以下原因造成的工程进度滞后,并影响到施工合同约定的工期,经监理工程师确认后相应顺延工期:发包人不能按专用条款的约定提供开工条件;发包人不能按约定日期支付工程预付款、进度款,致使工程不能正常进行;监理工程师未按约定提供所需指令、批准等,致使不能正常进行;设计变更和工程量增加;一周内非承包人原因停水、停电、停气造成停工累计超过 8 小时;不可抗力;专用条款中约定或监理工程师同意工期顺延的其他情况。

经监理工程师核实批准的工程延期时间纳入合同工期,作为合同工期的一部分,即新的合同工期应等于原定的合同工期加上监理工程师批准的工程延期时间。因此,监理工程师对于施工进度的拖延是否批准为工程延期,对施工单位和建设单位都十分重要。如果施工单位得到监理工程师批准的工程延期,不仅可以不赔偿由于工期延误而支付的误期损失费,而且可以得到费用索赔。

(2) 工程延期的确认程序。

当影响工期事件具有持续性时,项目监理机构应对承包单位提交的阶段性工程临时延期报审表进行审查,并签署工程临时延期审核意见后报建设单位。

当影响工期事件结束后,项目监理机构应对承包单位提交的工程最终延期报审表进行审查,并签署工程最终延期审核意见后报建设单位。

项目监理机构在批准工程临时延期、工程最终延期前,均应与建设单位和承包单位协商。

监理工程师确认工期是否应予顺延,应当首先考察事件实际造成的延误时间,然后依据施工合同、施工进度计划、工期定额等进行判定。经监理工程师确认顺延的工期应纳入合同工期,作为合同工期的一部分。如果承包人不同意监理工程师的确认结果,则按合同规定的争决方式处理。

3）处理工期延误

施工过程中,由于社会条件、人为条件、自然条件和管理水平等因素的影响,可能导致不能按时竣工,监理工程师应依据合同责任来判定是否给承包人合理延长工期。工期可以顺延的根本原因在于,这些情况属于发包人违约或者是应当由发包人承担的风险;反之,如果造成工期延误的原因是承包人的违约或者应当由承包人承担的风险,则工期不能顺延。

发生工期延误时,项目监理机构应按照施工合同约定进行处理,施工单位采取措施调整进度计划。监理工程师对修改后的进度计划的确认,并不是对工程延误的批准,只是要求施工单位在合理状态下施工。因此,监理工程师对进度计划的确认,并不能解除施工单位应负的一切责任,施工单位需要承担赶工的全部额外开支和误期损失赔偿。

4）相关监理表格

工程临时/最终延期报审表(表 B.0.14)(表 3-29)

表 3-29 工程临时/最终延期报审表(表 B.0.14)

工程名称：   编号：

致：＿＿＿＿＿＿＿＿＿＿＿＿＿＿＿＿＿＿＿(项目监理机构) 　　根据施工合同＿＿＿＿＿＿＿＿(条款),由于＿＿＿＿＿＿＿＿＿＿＿＿＿＿＿原因,我方申请工程临时/最终延期＿＿＿＿＿＿＿＿(日历天),请予批准。 　　附件：1.工程延期依据及工期计算 　　　　　2.证明材料 　　　　　　　　　　　　　　　施工项目经理部(盖章) 　　　　　　　　　　　　　　　项目经理(签字) 　　　　　　　　　　　　　　　　　年　　　月　　　日
审核意见： 　　□同意工程临时/最终延期＿＿＿＿＿＿＿＿(日历天)。工程竣工日期从施工合同约定的 ＿＿＿＿年＿＿＿＿月＿＿＿＿日延迟到＿＿＿＿年＿＿月＿＿日。 　　□不同意延期,请按约定竣工日期组织施工。 　　　　　　　　　　　　　　　项目监理机构(盖章) 　　　　　　　　　　　　　　　总监理工程师(签字) 　　　　　　　　　　　　　　　　　年　　　月　　　日
审批意见： 　　　　　　　　　　　　　　　建设单位(盖章) 　　　　　　　　　　　　　　　建设单位代表(签字) 　　　　　　　　　　　　　　　　　年　　　月　　　日

当发生工程延期事件,并有持续性影响时,承包单位填报表 3-29(表 B.0.14),向项目监理机构申请工程临时延期,工程延期事件结束,承包单位向项目监理机构最终申请确定工程延期的日历天数及延迟后的竣工日期。此时应将表 3-29(表 B.0.14)中表头的"临时"两字改为"最终"。申报时应在表 3-29(表 B.0.14)中说明工期延误的依据、工期计算、申请延长的竣工日期,并附有证明材料。

项目监理机构对申报情况进行审核、调查与评估,初步做出是否同意延期申请的批复。如同意,应注明暂时同意延长的天数、延长后的竣工日期。

表 3-29(表 B.0.14)一式三份,项目监理机构、建设单位、施工单位各执一份。

3. 任务情境

由于突发疫情,设备、器材、人员等多方面受阻,工程进度滞后,项目监理机构与施工单位、建设单位三方协商,提出解决处理方案。工作过程如表 3-30 所示。

表 3-30　工作过程

序号	步　骤	操作方法与说明	质量标准
1	跟踪进度计划实施过程	① 了解工程施工进度计划(图 3-19) 图 3-19　工程进度横道图 ② 实地检查,对所报送的已完工程项目及工程量进行核实(图 3-20) 图 3-20　现场检查及核实资料	① 跟踪施工进度及时 ② 经仔细核对施工单位报送的进度报表,杜绝虚报现象

序号	步　骤	操作方法与说明	质量标准
2	参与分析进度偏差产生原因	① 分析施工单位、建设单位、设计单位、物资供应单位、政府部门等相关单位合作协调环节的影响 ② 分析物资供应的影响 ③ 分析资金情况 ④ 分析劳动力情况 ⑤ 分析施工方法 ⑥ 分析施工环节 ⑦ 分析其他情况影响	进度偏差的原因分析准确
3	协助监理工程师制定进度偏差调整措施	① 分析进度偏差对后续工作及总工期的影响 ② 确定后续工作和总工期限制条件 ③ 督促施工单位对原进度进行调整，并制定调整进度的措施	制订的进度偏差调整措施能预见到进度偏差对后续工作及总工期的影响，尽量防止后续分包单位提出索赔
4	监督新进度计划实施	① 监督施工单位执行经过调整而形成的新的进度计划 ② 协助监理工程师组织不同层次的进度协调会，以解决工程施工中影响工程进度的问题 ③ 随时整理进度资料，做好工程记录，定期向建设单位提交工程进度报告表，为建设单位了解工程实际进度提供依据	能够根据实际情况采取正确的进度控制措施，监督施工单位实施新的进度计划

技能评价如表 3-31 所示。

表 3-31　技能评价表

序号	内　容	技 能 标 准	评 价 结 果			
			优	良	合格	不合格
1	跟踪进度计划实施过程	① 跟踪施工进度及时 ② 经仔细核对施工单位报送的进度报表，杜绝虚报现象				
2	参与分析进度偏差产生原因	进度偏差的原因分析准确				
3	协助监理工程师制定进度偏差调整措施	制订的进度偏差调整措施能预见到进度偏差对后续工作及总工期的影响，尽量防止后续分包单位提出索赔				
4	监督新进度计划实施	能够根据实际情况采取正确的进度控制措施，监督施工单位实施新的进度计划				

3.2.4　任务 9　处理工程事故

1. 任务目标

（1）能正确处理工程事故。

（2）能判别工程暂停的情形。

2. 任务内容

1）安全事故处理

安全事故包括人身安全事故、通信安全事故、设备安全事故、第三方人员财产安全事故等。发生安全事故时，监理工程师不能慌张，应沉着冷静、思路清晰。

在安全事故发生后，现场监理员应立即要求施工单位暂时停止施工，及时启动应急预案，采取必要措施抢救人员和财产，防止事态扩大，并向总监理工程师汇报。妥善保护事故现场以及相关证据，任何单位和个人不得破坏事故现场、毁灭相关证据。因抢救人员、防止事故扩大以及疏通交通等原因，需要移动事故现场物件的，应当做出标记，绘制现场简图并做出书面记录，妥善保存现场重要痕迹、物证。

总监理工程师应及时向建设单位报告，并根据实际情况签发工程暂停令，停止局部或全部工程项目施工。建设单位负责人接到报告后，应当在 1 小时内向事故发生地县级以上人民政府安全生产监督管理部门和负有安全生产监督管理职责的有关部门报告。

事故发生后，项目监理机构和监理工程师参与、配合相关部门组织的调查组对事故进行调查。如实提供在工程实施过程中与事故有关的工程质量和安全记录、监理指令、相关往来文件等，为事故调查提供真实、可靠的证据。对原始证据无论是来自建设单位、施工单位还是其他单位的，都不得偏袒或有选择性的提供。诚信、公正办事是监理的一项基本原则，对于在事故调查中，谎报、漏报、隐瞒不报或作伪证，应承担法律责任。

当具备复工条件时，总监理工程师应及时签发工程复工报审表。

2）质量事故处理

质量事故是指将有问题的材料和设备用在工程中，或者人员技术水平和施工工艺等因素导致工程质量问题。比如：铁塔基础出现明显裂痕；天线抱杆弯曲变形；线缆布放被扭绞；设备上电烧毁设备等，这些质量事故严重影响工程质量和进度，需要返工或做报废处理才能解决。

发生质量事故时，监理员立即报告项目总监，继而由项目总监报告分公司以及后续的处理。

监理员应记录现场发生质量事故的经过、原因、施工工序，并拍照。

保护现场，避免出现质量事故带来的更大损失。

3）纠纷等问题处理

纠纷包括施工与民众、施工与监理、民众闹事等。

（1）暂停施工，适当做一些有利于调解的说明或者解释。

（2）记录事件的过程，不盲目拍照（防止受到人身伤害）。

（3）记录主要单位、人员的情况。

（4）记录纠纷主要当事人的要求，留有余地报告业主，由业主协商定夺。

（5）事后有反馈，从信任的角度处理问题，尽可能恢复施工。

（6）不无故做出承诺。

4）其他突发事件处理

其他突发事件包括自然灾害、雷雨天气、其他事故（如第三方人员财产损失等）。发生自然灾害主要影响工程的进度，此类情况发生后的工期延期基本上都属于客观因素，自然灾害造成的进度问题是有补偿的（延期）。雷雨天气工期也有补偿。第三方责任事故造成的进度问题，根据责任所属确定。如因施工单位原因造成的进度落后，工期不能补偿，施工单位后期的施工只能通过调整人员、加班等措施弥补。

发生其他突发事件时，应采取以下措施。

① 立即暂停施工，要求施工单位保护现场，并采取有效措施防止损失增大。

② 记录现场的原始状态（通过拍照、摄像等方法）。

③ 坚持"以人为本"的方针，避免人员伤亡在前、尽量减少损失在后。

④ 将所发生的情况如实记录在监理日记（监理日志）上，如时间、地点、事件属性、影响范围、现场基本情况描述等。

5）工程暂停及复工

发出暂停施工指令的原因：一是外部条件的变化，如法规政策的变化导致工程停/缓建、地方法规要求在某一时段内不允许施工等；二是由于发包人的责任，如发包人未能按时完成后续施工的现场或通道的移交工作，发包人订购的设备不能按时到货，施工中遇到了有考古价值的文物或古迹需要进行现场保护等；三是协调管理的原因，如同时在现场的几个独立承包人之间出现施工交叉干扰，此时监理工程师需要进行必要的协调；四是承包人的原因，如施工质量不合格、施工作业方法可能危及现场或毗邻地区建筑物或人身安全等。

发生以下任意一种情形，总监理工程师应及时签发工程暂停令。

（1）建设单位要求且工程需要暂停施工。

（2）施工单位未经许可擅自施工或拒绝项目监理机构管理。

（3）施工单位未按审查通过的工程设计文件施工。

（4）施工单位违反工程建设强制性标准。

（5）施工存在重大质量、安全事故隐患或发生质量、安全事故。

发生了必须暂停施工的紧急事件时，总监理工程师应根据停工原因、影响范围，确定工程停工范围、停工期间应进行的工作及责任人、复工条件等。在签发工程暂停令前应事先征得建设单位同意，在紧急情况下未能事先报告时，应事后及时向建设单位做出书面报告。

因施工单位原因暂等施工时，项目监理机构应检查、验收施工单位的停工整改过程和结果。

当暂停施工原因消失、具备复工条件时，施工单位提出复工申请的，项目监理机构应审查施工单位报送的工程复工报审表及有关材料，符合要求后，总监理工程师应及时签署审查意见，并应在建设单位批准后签发工程复工令；施工单位未提出复工申请的，总监理工程师应根据工程实际情况指令施工单位恢复施工。

　　6）监理表格

　　（1）工程暂停令（表 A.0.5）（表 3-32）。

表 3-32　工程暂停令（表 A.0.5）

工程名称：　　　　　　　　　　　　　　　　　　　　编号：

致：　　　　　　（施工项目经理部）

　　由于＿＿＿＿＿＿＿＿＿＿＿＿＿＿＿＿＿＿＿＿＿＿＿＿＿＿＿＿＿＿＿＿＿

＿＿＿＿＿＿＿＿＿＿＿＿＿＿＿＿＿＿＿＿＿＿＿＿＿＿＿＿＿＿＿＿＿＿＿＿＿

＿＿＿＿＿＿＿＿＿＿＿＿＿＿＿＿＿＿＿＿＿＿＿＿＿＿＿＿＿＿＿＿＿＿＿＿＿

＿＿＿＿＿＿＿＿＿＿＿＿＿＿＿＿＿＿＿＿＿＿＿＿＿＿＿＿＿＿＿＿原因，

现通知你方于＿＿＿＿年＿＿月＿＿日＿＿＿＿＿时起，暂停部位（工序）施工，并按下述要求做好后续工作。

　　要求：

项目监理机构（盖章）

总监理工程师（签字）

年　　月　　日

　　签发工程暂停令要慎重，要考虑工程暂停后可能产生的各种后果，并应事前与建设单位协商，宜取得一致意见。工程暂停令内必须注明工程暂停的原因、范围、停工期间应进行的工作及责任人、复工条件等。

　　表 3-32（表 A.0.5）一式三份，项目监理机构、建设单位、施工单位各执一份。

　　（2）工程复工报审表（表 B.0.3）（表 3-33）。

　　由于建设单位或其他非承包单位的原因导致工程暂停，在施工暂停原因消失、具备复工条件时，项目监理机构应及时督促施工单位尽快报请复工。由于施工单位导致工程暂停，在具备恢复施工条件时，承包单位报请复工报审表并提交有关材料，总监理工程师应及时签署复工报审表，施工单位恢复正常施工。

　　表 3-33（表 B.0.3）一式三份，项目监理机构、建设单位、施工单位各执一份。

　　（3）工程复工令（表 A.0.7）（表 3-34）。

　　施工单位收到工程暂停令，根据要求整改完毕后，向监理机构提交工程复工申报表，经总监理工程师审核，建设单位同意，由总监理工程师签发表 3-34，通知施工单位复工。

　　表 3-34（表 A.0.7）一式三份，项目监理机构、建设单位、施工单位各执一份。

表 3-33   工程复工报审表（表 B.0.3）

工程名称：_____   编号：_____

致：_____（项目监理机构） 编号为_____工程暂停令所停工的部位（工序）已满足复工条件，我 方申请于_____年___月___日复工，请予以审批。 附件：证明文件资料 施工单位（盖章） 项目经理（签字） 年　　月　　日	
审核意见： 项目监理机构（盖章） 总监理工程师（签字） 年　　月　　日	
审批意见： 建设单位（盖章） 建设单位代表（签字） 年　　月　　日	

表 3-34   工程复工令（表 A.0.7）

工程名称：_____   编号：_____

致：_____（施工项目经理部） 我方发出的编号为_____工程暂停令，要求暂停施工的_____ _____部位（工序），经查已具备复工条件。经建设单位同意，现通知你 方于_____年___月___日_____时起恢复施工。 附件：工程复工报审表 项目监理机构（盖章） 总监理工程师（签字） 年　　月　　日

（4）建设工程质量事故调查、勘察记录（表 3-35）。

表 3-35　建设工程质量事故调查、勘察记录

工程名称：　　　　　　　　　　　　　　　　　　　　　　编号：

调（勘）查时间	年　　月　　日　　时　　分至　　时　　分			
调（勘）查地点				
参加人员	单位	姓名	职务	电话
被调查人				
陪同调（勘）查人员				
调（勘）查笔录				
现场证物照片	有　无　共　张　共　页			
事故证据资料	有　无　共　张　共　页			
被调查人签字		调（勘）查人签字		

表 3-35 可以用于对工程质量事故调查过程的记录。

3. 任务情境

某工程施工过程中突发事故，施工人员受伤，监理员小王进行现场处理，并参与事故调查处理。工作过程如表 3-36 所示。

表 3-36　工作过程

序号	步　骤	操作方法与说明	质量标准
1	报告事故	事故发生后，立即向本单位负责人报告。报告应包含以下内容 ① 事故发生的时间、地点以及事故现场情况 ② 事故的简要经过 ③ 事故已经造成或者可能造成的伤亡人数和初步估计的直接经济损失 ④ 已经采取的措施 ⑤ 其他应当报告的情况	① 向单位负责人报告事故及时 ② 事故现场情况描述清晰、客观

序号	步　骤	操作方法与说明	质量标准
2	保护现场	① 妥善保护事故现场重要痕迹以及相关证据(图 3-21) ② 因抢救人员、防止事故扩大以及疏通交通等原因,需要移动事故现场物件的,需做出标志,绘制现场简图并做出书面记录 图 3-21　保护事故现场(有标志物等)	① 事故现场的重要证据能够得到妥善保护 ② 事故现场保护的措施有力得当
3	监督应急预案实施	监督事故发生单位负责人接到事故报告后,立即启动事故相应应急预案,或者采取有效措施	应急预案能及时实施,防止事故扩大,减少人员伤亡和财产损失
4	协助事故调查	① 如实做好事故调查情况记录。例如,事故发生时间、地点;事故的描述,并附有必要的图纸说明;事故的观测记录;事故发展变化规律;事故是否已经稳定等 ② 分析事故原因。例如,安装工艺质量问题是由于设计不当还是施工方法不当;是施工管理不善还是设备本身有缺陷等 ③ 了解事故涉及人员与主要责任者的情况 ④ 对事故影响进行评估,如对通信指标、功能和营运安全的影响	① 协助施工方及有关部门进行事故调查时积极配合 ② 分析事故原因实事求是,区分所造成事故的主要原因和次要原因、直接原因和间接原因
5	协助编写事故调查分析报告	① 根据事故调查结果编写事故调查报告。主要内容有事故情况、事故原因、事故评估、涉及人员 ② 向建设单位提交事故调查分析报告	事故调查分析报告能够如实记录事故调查结果,内容全面、分析客观准确,为后续事故处理提供依据
6	收集事故相关资料	收集与事故相关的资料,具体如下 ① 与事故有关的施工图及设计说明;与施工有关的资料,如调测报告、检验记录、施工记录、施工日志等 ② 事故调查分析报告 ③ 设计单位、施工单位和建设单位对事故的意见和要求等	① 事故相关资料收集及时 ② 资料收集有针对性,能够为后续事故处理提供有力依据

续表

序号	步骤	操作方法与说明	质量标准
7	监督处理方案实施	① 参与制订具体的实施措施 ② 监督原施工单位(也可由另外有特殊处理经验的单位)完成处理方案的实施	针对事故处理实施方案而制订的监理监督措施具体,能有力监督施工单位,保证处理方案的顺利实施
8	验收处理结果	① 事故处理后,严格按照有关施工验收规范的规定进行检查验收 ② 对事故作出明确的处理结论。对于一时难以作出结论的事故,可以提出进一步观测检查的要求 ③ 向建设单位提交事故处理报告	对事故处理结果的鉴定符合验收规范

技能评价如表 3-37 所示。

表 3-37 技能评价表

序号	内容	技能标准	评价结果			
			优	良	合格	不合格
1	报告事故	① 向单位负责人报告事故及时 ② 事故现场情况描述清晰、客观				
2	保护现场	① 事故现场的重要证据能够得到妥善保护 ② 事故现场保护的措施有力得当				
3	监督应急预案实施	应急预案能及时实施,防止事故扩大,减少人员伤亡和财产损失				
4	协助事故调查	① 协助施工方及有关部门进行事故调查时积极配合 ② 分析事故原因实事求是,区分所造成事故的主要原因和次要原因、直接原因和间接原因				
5	协助编写事故调查分析报告	事故调查分析报告能够如实记录事故调查结果,内容全面、分析客观准确,为后续事故处理提供依据				
6	收集事故相关资料	① 事故相关资料收集及时 ② 资料收集有针对性,能够为后续事故处理提供有力依据				
7	监督处理方案实施	针对事故处理实施方案而制定的监理监督措施具体,能有力监督施工单位,保证处理方案的顺利实施				
8	验收处理结果	对事故处理结果的鉴定符合验收规范				

3.2.5　任务 10　处理工程变更

1. 任务目标

（1）能描述工程变更的程序。

（2）能对工程变更进行审查。

2. 任务内容

1）工程变更

工程变更是指构成合同文件的任何组成部分的变更，包括设计变更、施工次序变更、施工时间变更、工程数量变更、技术规范变更、合同条件的修改。实质上，工程变更是对合同文件的修正、补充和完善。工程施工中经常发生的是设计变更。

工程变更的提出可以是建设方、设计方、施工方、监理机构。无论是设计方、建设方还是施工方提出的工程变更，均应经过建设方、设计方、施工方、监理机构的代表签认，并通过项目总监理工程师下达变更指令后，施工方方可施工。

2）设计变更处理程序

（1）设计方对原设计存在的缺陷提出的工程变更，应提前 14 天以书面形式向承包人发出变更通知。变更超过原设计标准或批准的建设规模时，发包人应报规划管理部门和其他有关部门重新审查批准，并由原设计单位提供变更的相应图纸和说明。建设方收到设计变更文件后，填写工程变更单，转批监理方，由总监理工程师最后签发。

（2）建设方或施工方提出的工程设计变更，应填写工程变更单，提交总监理工程师，由总监理工程师组织专业监理工程师审查。审查同意后，总监理工程师认为是重要的工程变更，应使用监理工作联系单书面将审查意见报告建设方，再由建设方转交原设计方编制设计变更文件，最后由总监理工程师签发工程变更单。

（3）监理工程师提出的工程变更，可使用监理工作联系单向建设方提出工程变更的理由、内容和转交设计方编制变更文件的意思表达，最后由总监理工程师签发工程变更单。

（4）无论是建设方还是施工方提出的工程变更，监理工程师对工程变更审查的原则均如下。

① 变更后的工程不能降低使用标准。

② 变更项目在技术上必须可行，同时还必须可靠。

③ 变更后的工程费用要合理。

④ 变更后的施工工艺不宜复杂。

（5）承包人在工程变更确定后 14 天内，可提出变更涉及的追加合同价款要求的报告。如果承包人在双方确定变更后的 14 天内，未向总监理工程师提出变更工程价款的报告，视为该项变更不涉及合同价款的调整。

（6）对于工程变更，总监理工程师应从工程造价、项目的工程要求、质量和工期等方面审查变更方案，并应在工程变更实施前与建设单位、承包单位协商确定工程变更的价款。

（7）监理工程师应及时收集、整理有关的施工和监理资料，为处理费用索赔提供依据。

3）监理表格

工程变更单（表 C.0.2）（表 3-38）。

表 3-38　工程变更单（表 C.0.2）

工程名称：　　　　　　　　　　　　　　　　　　　　　编号：

致：_____
由于 _____原因，兹提出 _____工程变更，请予以 审批。 　附件： 　□变更内容 　□变更设计图 　□相关会议纪要 　□其他 　　　　　　　　　　　　　　　　　变更提出单位： 　　　　　　　　　　　　　　　　　负责人： 　　　　　　　　　　　　　　　　　　　年　　月　　日

工程量增/减	
费用增/减	
工期变化	

施工项目经理部（盖章） 项目经理（签字）	设计单位（盖章） 设计负责人（签字）
项目监理机构（盖章） 总监理工程师（签字）	建设单位（盖章） 负责人（签字）

表 3-38（表 C.0.2）适用于参与通信工程的建设、施工、设计、监理各方使用，在任一方提出工程变更时均应先填表 3-38（表 C.0.2）。表 3-38（表 C.0.2）的附件应包括工程变更的详细内容、变更的依据、对工程造价及工期的影响程度、对工程项目功能和安全的影响分析及必要的图示。总监理工程师组织监理工程师收集资料，进行调研，并与有关单位洽商，如取得一致意见时，在表 3-38（表 C.0.2）中写明，并经相关建设单位的现场代表、承包单位的项目经理、监理单位的项目总监理工程师、设计单位的本工程设计负责人等在表 3-38（表 C.0.2）上签字，此项工程变更才能生效。

表 3-38（表 C.0.2）由提出工程变更的单位填报，一式四份，建设单位、项目监理机构、设计单位、施工单位各执一份。

3. 任务情境

某施工单位在施工前勘察时，发现实际配电箱的位置与设计图纸中不一致，上报了项目监理机构和建设单位,建设单位要求原设计单位修改工程设计文件。监理员小王协助总监进行此次工程变更处理。工作过程如表 3-39 所示。

表 3-39   工作过程

序号	步骤	操作方法与说明	质量标准	备注
1	收取工程变更单	① 收到建设单位报送的关于设计变更的工程变更单(图 3-22),及时送至监理工程师 图 3-22 工程变更单样表 ② 协助总监理工程师安排工程变更审核	收到工程变更单后安排组织工程变更审核及时	
2	准备工程变更审核	① 准备设计文件、施工合同 ② 准备工程变更单 ③ 准备设计变更文件 ④ 准备与变更相关的施工和监理资料 ⑤ 协调安排工程变更审核会议准备	准备文件充分,能够提供变更审核所需资料	
3	收集、整理变更资料	① 收集、整理与变更有关的施工资料 ② 收集、整理与变更有关的监理资料。具体有工程变更单、监理对工程变更的报告(监理工作联系单)、来往函件 ③ 收集、整理设计变更文件或图纸	① 完成变更处理后资料收集及时 ② 变更相关资料齐全,能为后期处理费用索赔提供依据	

技能评价如表 3-40 所示。

表 3-40 技能评价表

序号	内 容	技 能 标 准	评价结果			
			优	良	合格	不合格
1	收取工程变更单	收到工程变更单后安排组织工程变更审核及时				
2	准备工程变更审核	准备文件充分,能够提供变更审核所需资料				
3	收集、整理变更资料	① 完成变更处理后资料收集及时 ② 变更相关资料齐全,能为后期处理费用索赔提供依据				

3.2.6 任务 11 处理工程索赔

1. 任务目标

(1) 能正确描述工程索赔处理流程。

(2) 能够协助监理工程师做好工程索赔。

2. 任务内容

1) 工程索赔

索赔是当事人在合同实施过程中,根据法律、合同规定及惯例,对不应由自己承担责任的情况造成的损失,向合同的另一方当事人提出给予赔偿或补偿要求的行为。在工程建设的各个阶段,都有可能发生索赔,尤以施工阶段索赔居多。对施工合同的双方来说,都有通过索赔维护自己合法权益的权利,依据双方约定的合同责任,构成正确履行合同义务的制约关系。

(1) 索赔的特征。

① 索赔是双向的。不仅承包人可以向发包人索赔,发包人同样也可以向承包人索赔。工程实践中,发包人向承包人索赔的概率较低,而且在索赔处理中,发包人始终处于主动和有利地位,对承包人的违约行为可以直接从应付工程款中扣抵、扣留保留金或通过履约保函向银行索赔来实现自己的索赔要求。因此,在工程实践中大量发生的是承包人向发包人的索赔,也是监理工程师进行合同管理的重点内容之一。承包人的索赔范围非常广泛,一般只要因非承包人自身责任造成其工期延长或成本增加,都有可能向发包人提出索赔。

② 只有实际发生了经济损失或权利损害,一方才能向对方索赔。经济损失是指因非自身因素造成的合同外的支出,如人工费、材料费、机械费、管理费等;权利损害是指虽然没有经济上的损失,但造成了一方权利上的损害,如由于恶劣气候条件对工程进度的不利影响,承包人有权要求工期延长等。因此,发生了实际的经济损失或权利损害,应是一方提出索赔的一个基本条件。

工程实践中有两者同时存在的情形,如发包人未及时交付合格的施工现场,既造成承包人的经济损失,又侵犯了承包人的工期权利,因此,承包人可以既要求经济赔偿,又要求工期延长;也有两者单独存在的情形,如恶劣气候条件影响、不可抗力事件等,承包人根据合同规定只能要求工期延长,不应要求经济补偿。

③ 索赔是一种未经对方确认的单方行为。索赔与通常所说的工程签证不同。签证是承、发包双方就额外费用补偿或工期延长等达成一致的书面证明材料和补充协议,是直接工程款结算或最终增减工程造价的依据。而索赔则是单方面行为,对对方尚未形成约束力,这种索赔要求能否得到最终实现,必须要通过确认(如双方协商、谈判、调解或仲裁、诉讼)后才能实现。

许多人认为应当尽可能避免索赔,担心因索赔影响双方的合作或感情。但索赔实质上是一种正当的权利或要求,是合情、合理、合法的行为,是在正确履行合同的基础上争取合理的偿付。索赔同守约、合作并不矛盾、对立,索赔本身就是市场经济中合作的一部分,只要是有关规定的、合法的或者符合有关惯例的,就应该向对方索赔。大部分索赔都可以通过谈判和调解等方式获得解决,只有在双方坚持己见而无法达成一致时,才会提交仲裁机构或法院求得解决,即使诉诸法律程序,也应当被看成是遵法守约的正当行为。

(2) 索赔的分类。

按索赔的目的分,有工期索赔和费用索赔两种。

① 工期索赔。由于非承包人的原因而导致施工进程延误,要求批准顺延合同工期的,称为工期索赔。工期索赔形式上是对权利的要求,以避免在原定合同竣工日不能完工时,被发包人追究拖期违约责任。一旦获得批准合同工期顺延后,承包人不仅免除了承担拖期违约赔偿费的风险,而且可能获得提前工期的奖励,最终仍反映在经济收益上。

② 费用索赔。费用索赔的目的是要求经济补偿。当施工的客观条件改变导致承包人增加开支,承包人可以要求对超出计划成本的附加开支给予补偿。

(3) 索赔的起因。

导致施工索赔的原因很多,主要原因一般有以下几种。

① 超出合同规定的工程变更。主要指工程建设规模、范围超出原施工合同规定的规模和范围且非施工单位原因引起的变更。

② 施工条件发生了变化。施工条件的变化是指由于地质条件的极大差异,导致必须要对地基作特殊的处理或者出现了必须处理的情况,如合同文件中未涉及的地下管线、古墓等。

③ 业主及其雇员方面的人为障碍。主要指业主方面的开工令下达过晚;业主方面履约迟缓(如不能按时提交合格的施工场地、不能按时提交施工图纸或资料、拖延对材料样品的认可、不能按时提供或办理应由业主义务提供的相关文件或手续等)、业主原因所致的合同中止与终止;对工程进行额外的检验或检查;监理工程师下达的指令前后矛盾、不准确或有错误;业主违约不按合同的规定签证或付款等。

④ 出现了特殊风险。主要指战争、叛乱、政变、革命、外国入侵、原子污染、严重的自

然灾害及不可预料的恶劣自然条件等不可抗力。

⑤ 出现了不可预见事件。不可预见事件是指工程所在国发生的经济领域内的导致合同实施的经济条件发生变化的事件,且为有经验的施工单位也无法预料到的事件。

⑥ 合同文件中的问题。合同文本由很多文件组成,且编制时间不是统一的,难免出现彼此矛盾的情况。这些问题会打乱承包商的施工计划,使承包商遭受损失,这些损失理应由业主方面负责赔偿或补偿。

2) 监理工程师的索赔管理任务

索赔管理是监理工程师进行工程项目合同管理的主要任务之一,监理工程师应以积极的态度和主动的精神做好协调、缓冲工作,合理解决索赔事件,维护索赔双方的合作和感情。索赔管理任务包括以下内容。

(1) 预测和分析导致索赔的原因和可能性。

在施工合同的形成和实施过程中,监理工程师为发包人承担了大量具体的技术、组织和管理工作。如果在这些工作中出现疏漏,对承包人施工造成干扰,则产生索赔。监理工程师在工作中应能预测自己行为的后果,堵塞漏洞。起草文件、下达指令、做出决定、答复请示时都应注意完备和严密;颁发图纸、制订计划和实施方案时都应考虑其正确性和周密性。

(2) 通过积极有效的服务减少索赔事件发生。

监理工程师应以积极的态度和主动的精神为发包人和承包人提供良好的服务。在施工中,监理工程师作为双方的纽带,应做好协调、缓冲工作,为双方建立一个良好的合作气氛。通常合同实施越顺利,双方合作得越好,索赔事件就越少,越易于解决。

监理工程师通过对合同的监督和跟踪,可以尽早发现干扰事件,尽早采取措施降低干扰事件的影响,减少双方损失,还可以尽早了解情况,为合理地解决索赔提供条件。

(3) 公平、合理地处理和解决索赔。

合理处理索赔,使承包人既得到按合同规定的合理补偿,又不使发包人投资失控,有利于继续保持双方友好的合作关系。

3) 工程索赔程序

(1) 承包人提出索赔要求。

① 发出索赔意向通知。索赔事件发生后,承包人应在索赔事件发生后的 28 天内向监理工程师递交索赔意向通知,声明将对此事件提出索赔。该意向通知是承包人就具体的索赔事件向监理工程师和发包人表示的索赔愿望和要求。索赔事件发生后,承包人有义务做好现场施工的同期记录,监理工程师有权随时检查和调阅,以判断索赔事件造成的实际损害。

② 递交索赔报告。索赔意向通知提交后的 28 天内,或监理工程师同意的其他合理时间,承包人应递送正式的索赔报告。索赔报告的内容应包括事件发生的原因、对其权益影响的证据资料、索赔的依据、此项索赔要求补偿的款项和工期展延天数的详细计算等有关材料。

如果索赔事件的影响持续存在,28 天内还不能算出索赔额和工期展延天数时,承包人应按监理工程师合理要求的时间间隔(一般为 28 天),定期陆续报出每一时间段内的索赔证据资料和索赔要求。在该项索赔事件影响结束后的 28 天内,报出最终详细报告,提出索赔论证资料和累计索赔额。

承包人发出索赔意向通知后,可以在监理工程师指示的其他合理时间内再报送正式索赔报告,也就是说,监理工程师在索赔事件发生后有权不马上处理该项索赔。但承包人的索赔意向通知必须在事件发生后的 28 天内提出,包括因对变更估价双方不能取得一致意见,而先按监理工程师单方面决定的单价或价格执行时,承包人提出的保留索赔权利的意向通知。如果承包人未能按时间规定提出索赔意向和索赔报告,则失去了就该项事件请求补偿的索赔权利。此时所受到损害的补偿,将不超过监理工程师认为应主动给予的补偿额。

(2) 总监理工程师审核索赔报告。

① 总监理工程师审核承包人的索赔申请。接到承包人的索赔意向通知后,总监理工程师应建立索赔档案,密切关注事件的影响,随时检查承包人的同期记录。

接到正式索赔报告后,首先在不确认责任归属的情况下,客观分析事件发生的原因;其次依据合同条款划清责任界限,必要时可以要求承包人进一步提供补充资料;最后审查承包人提出的索赔要求,剔除其中的不合理部分,拟定合理的索赔款额和工期顺延天数。

② 判定索赔成立的原则。下列条件同时具备时,总监理工程师认定索赔成立。

a. 事件已造成了承包人实际成本的增加或总工期延误。

b. 索赔事件是非承包人责任造成的。

c. 承包人按合同规定的程序提交了索赔意向通知和索赔报告。

③ 审查索赔报告的重点。

a. 分析索赔事件的原因。通过分析,进行责任分解,划分责任范围。按责任大小承担损失。

b. 分析索赔理由。依据合同判明索赔事件是否属于未履行或未正确履行合同规定义务所导致,是否在合同规定的赔偿范围之内。只有符合合同规定的索赔要求才有合法性,才能成立。例如,某合同规定,在工程总价 5% 范围内的工程变更属于承包人承担的风险,则发包人指令增加工程量在这个范围内,承包人不能提出索赔。

c. 分析实际损失。损失主要表现为工期的延长和费用的增加。通过分析、对比实际和计划的施工进度,工程成本和费用方面的资料,核算索赔值。

d. 分析证据资料。证据资料应具有有效性、合理性、正确性,如果总监理工程师认为承包人提出的证据不足以说明其要求的合理性时,可以要求承包人进一步提交索赔的证据资料。

(3) 确定合理的补偿额。

① 监理工程师与承包人协商补偿。监理工程师核查后初步确定的赔偿额度往往与承包人的索赔额度不一致,甚至差距较大。主要原因大多为对承担事件损害责任的界限划分不一致、索赔证据不充分、索赔计算的依据和方法分歧较大等,因此双方应就索赔的处理进行协商。

对于持续影响时间超过 28 天以上的工期延误事件,在工期索赔条件成立的前提下,总监理工程师对承包人每隔 28 天报送的阶段索赔临时报告审查后,每次均应作出批准临时延长工期的决定,并于事件影响结束后 28 天内承包人提出最终的索赔报告后,批准顺延工期总天数。应当注意的是,最终批准的总顺延天数,不应少于以前各阶段已同意顺延天数之和。

② 总监理工程师索赔处理决定。总监理工程师收到承包人送交的索赔报告和有关资料后,于 28 天内给予答复或要求承包人进一步补充索赔理由和证据。如果 28 天内既未予以答复,也未对承包人做进一步的要求,则视为承包人提出的该项索赔要求已经被认可。

总监理工程师在“工程延期审批表”和“费用索赔审批表”中应该简明地叙述索赔事项、理由和建议给予补偿的金额及延长的工期,论述承包人索赔的合理方面及不合理方面。总监理工程师批准给予补偿的款额和顺延工期的天数如果在授权范围之内,则可将此结果通知承包人,并抄送发包人。补偿款将计入下月支付工程进度款的支付证书内,顺延的工期加到原合同工期中去。

通常,总监理工程师的处理决定不是终局性的,对发包人和承包人都不具有强制性的约束力。承包人对总监理工程师的决定不满意,可以按合同中的争议条款提交约定的仲裁机构仲裁或诉讼。

(4) 发包人审查索赔处理。

当总监理工程师确定的索赔额超过其权限范围时,必须报请发包人批准。索赔报告经发包人同意后,总监理工程师即可签发有关证书。

(5) 最终索赔处理。

承包人接受最终的索赔处理决定,索赔事件的处理即告结束。如果承包人不接受最终的索赔处理决定,则进入合同争议处理。通过协商双方达到互谅互让的解决方案,是处理争议的最理想方式。如达不成谅解,承包人有权提交仲裁或诉讼解决。

4) 监理工程师对工期顺延要求的审查

(1) 对索赔报告中要求顺延的工期,在审核中应注意以下几点。

① 明确施工进度拖延的责任。

② 被延误的工作应是处于施工进度计划关键线路上的工作。

③ 无权要求承包人缩短合同工期。

(2) 审查工期索赔计算。

工期索赔主要有网络图分析和比例计算两种计算方法。

① 网络图分析法是利用进度计划的网络图,分析其关键线路。如果延误的工作为关键工作,则总延误的时间为批准顺延的工期;如果延误的工作为非关键工作,当该工作由于延误超过时差限制而成为关键工作时,可以批准延误时间与时差的差值;若该工作延误后仍为非关键工作,则不存在工期索赔问题。

② 比例计算法。通过受干扰部分工程的合同价与原合同总价的比例计算工期索赔。比例计算法简单方便,但有时不尽符合实际情况,比例计算法不适用于变更施工顺序、加速施工、删减工程量等事件的索赔。

5）监理工程师对费用索赔要求的审查

监理工程师在审核费用索赔的过程中，除了划清合同责任以外，还应注意索赔计算的取费合理性和计算的正确性。

（1）承包人可索赔的费用。

承包人可索赔费用主要包括人工费、设备费、材料费、管理费等。

（2）审核索赔取费的合理性。

费用索赔涉及的款项较多、内容庞杂。承包人一般从维护自身利益的角度解释合同条款，进而申请索赔额。总监理工程师应公平地审核索赔报告申请，剔除不合理的取费项目或费率。

6）监理表格

（1）索赔意向通知书（表 C.0.3）（表 3-41）。

表 3-41　索赔意向通知书（表 C.0.3）

工程名称：　　　　　　　　　　　　　　　　　　　　　　　　　　编号：

致：＿＿＿＿＿＿＿＿＿＿＿＿＿＿＿＿＿＿＿＿

　　根据施工合同＿＿＿＿＿＿＿＿＿＿＿＿＿＿＿＿＿＿＿＿＿＿＿＿＿（条款）约定，由于发生了＿＿＿＿＿＿＿＿＿＿＿＿＿＿＿＿＿＿＿＿＿事件，且该事件的发生非我方原因所致。为此，我方向＿＿＿＿＿＿＿＿＿＿＿＿＿＿＿＿＿＿＿（单位）提出索赔要求。

　　附件：索赔事件资料

提出单位（盖章）

负责人（签字）

年　　　月　　　日

表 3-41（表 C.0.3）用于相关单位提出索赔申请。根据施工合同相关条款规定，提出单位要在表 3-41（表 C.0.3）中详细说明索赔事件的经过、索赔理由、索赔金额的计算方法等，并附上必要的证明材料，由单位负责人签字后提交。

（2）费用索赔报审表（表 B. 0. 13）（表 3-42）。

表 3-42　费用索赔报审表（表 B. 0. 13）

工程名称：　　　　　　　　　　　　　　　　　　　　编号：

致：＿＿＿＿＿＿＿＿＿＿＿＿＿＿＿＿（项目监理机构）

　　根据施工合同＿＿＿＿＿＿条款，由于＿＿＿＿＿＿＿＿＿＿的原因，我方申请索赔金额（大写）

＿＿＿＿＿＿＿＿＿＿，请予批准。

　　索赔理由：＿＿＿＿＿＿＿＿＿＿＿＿＿＿＿＿＿＿＿＿＿＿＿＿＿＿＿＿＿＿＿＿

＿＿＿＿＿＿＿＿＿＿＿＿＿＿＿＿＿＿＿＿＿＿＿＿＿＿＿＿＿＿＿＿＿＿＿＿＿＿＿

＿＿＿＿＿＿＿＿＿＿＿＿＿＿＿＿＿＿＿＿＿＿＿＿＿＿＿＿＿＿＿＿＿＿＿＿＿＿＿

　　附件：□索赔金额计算

　　　　　□证明材料

　　　　　　　　　　　　　　　　　　施工项目经理部（盖章）

　　　　　　　　　　　　　　　　　　项目经理（签字）

　　　　　　　　　　　　　　　　　　　年　　　月　　　日

审核意见：

　　□不同意此项索赔。

　　□同意此项索赔，索赔金额（大写）为＿＿＿＿＿＿＿＿＿＿＿＿＿＿＿

　　同意/不同意索赔的理由：＿＿＿＿＿＿＿＿＿＿＿＿＿＿＿＿＿＿＿＿＿＿

＿＿＿＿＿＿＿＿＿＿＿＿＿＿＿＿＿＿＿＿＿＿＿＿＿＿＿＿＿＿＿＿＿＿＿＿＿＿＿

　　附件：□索赔审查报告

　　　　　　　　　　　　　　　　　　项目监理机构（盖章）

　　　　　　　　　　　　　　　　　　总监理工程师（签字）

　　　　　　　　　　　　　　　　　　　年　　　月　　　日

审批意见：

　　　　　　　　　　　　　　　　　　建设单位（盖章）

　　　　　　　　　　　　　　　　　　建设单位代表（签字）

　　　　　　　　　　　　　　　　　　　年　　　月　　　日

　　表 3-42（表 B. 0. 13）用于索赔事件结束后，承包单位向项目监理机构提出费用索赔时填报。在表 3-42（表 B. 0. 13）中详细说明索赔事件的经过、索赔理由、索赔金额的计算等，并附有必要的证明材料，由承包单位项目经理签字。证明材料包括索赔意向书和索赔事项的相关证明材料。

　　表 3-42（表 B. 0. 13）一式三份，项目监理机构、建设单位、施工单位各执一份。

3. 任务情境

由于配电箱位置图纸与实际勘察位置不符,设计院变更了设计文件,使得施工单位增加了施工成本,施工单位提出了费用索赔。监理员小王协助总监理工程师处理此次费用索赔。工作过程如表 3-43 所示。

表 3-43　工作过程

序号	步　骤	操作方法与说明	质 量 标 准
1	收取索赔意向通知书	① 收到承包人递交的索赔意向通知书,及时送至监理工程师 ② 协助总监理工程师建立索赔档案(图 3-23) 图 3-23　档案盒	递交索赔意见通知书及时
2	提醒承包人递送正式索赔报告	① 在收到索赔意向通知书后 28 天内或者根据总监确定的日期提醒承包人递送正式索赔报告 ② 提醒承包人准备好此项索赔有关同期记录材料。具体有以下几项资料 a. 合同文件中的条款约定 b. 经监理工程师认可的施工进度计划 c. 合同履行过程中的来往函件 d. 施工现场记录 e. 施工会议记录 f. 工程照片 g. 监理工程师发布的各种书面指令 h. 中期支付工程进度款的单证 i. 检查和试验记录 j. 汇率变化表 k. 各类财务凭证 l. 其他有关资料	① 传递指令及时 ② 索赔同期记录材料详细、完备

续表

序号	步　骤	操作方法与说明	质 量 标 准
3	协助总监理工程师审核索赔报告	① 准备好承包人的索赔报告和相关材料 ② 准备好与索赔相关的监理工作记录,如监理日报、监理联系单等 ③ 在总监理工程师审核过程中及时提供所需的补充材料 ④ 在总监理工程师询问细节时实事求是地反映监理情况 ⑤ 若总监理工程师认为承包人提供的证据不够时,积极协调承包人进一步提交索赔证据	① 协助总监理工程师索赔审核工作积极、高效 ② 反映与索赔相关的监理工作情况时能实事求是
4	交付索赔处理决定	① 如果补偿的款额及延长的工期天数在总监理工程师的授权范围之内,则将费用索赔审批表通知承包人,并抄送发包人 ② 如果补偿的款额及延长的工期天数超出总监理工程师的授权范围,则报请发包人批准	传递指令及时

技能评价如表 3-44 所示。

表 3-44　技能评价表

序号	内　容	技 能 标 准	评 价 结 果			
			优	良	合格	不合格
1	收到索赔意向通知书	递交索赔意见通知书及时				
2	提醒承包人递送正式索赔报告	① 传递指令及时 ② 索赔材料详细、完备				
3	协助总监理工程师审核索赔报告	① 协助总监理工程师索赔审核工作积极、高效 ② 反映与索赔相关的监理工作情况时能实事求是				
4	交付索赔处理决定	传递指令及时				

3.3　施工验收阶段的监理任务

工程将要结束时(完成工程量的 80% 左右),监理员应主动报告项目总监,便于项目总监安排下一步竣工验收工作。施工验收阶段,监理的主要工作任务有:审查施工单位提交的交工文件,督促施工单位整理合同文件和工程档案资料;协助建设单位组织设计单位和施工单位进行竣工验收;编写监理工作总结;整理工程监理文件资料。

3.3.1　任务 12　审查竣工资料

1. 任务目标
（1）能够识记竣工文件编制要求。
（2）能够识记竣工文件审核要点。

2. 任务内容
1）竣工文件审核程序

通信工程验收一般分为 4 个阶段，即随工检查、初验、试运行、终验。单项工程完工后，施工方应整理编制竣工文件，并填写单位工程竣工验收报审表，报送项目监理机构，申请竣工验收。监理工程师审核竣工文件，若不符合要求，应送回承包单位修改，符合要求后，由承包人按承包合同要求份数打印装订，报送建设单位。监理工程师签署单位工程竣工验收报审表审查意见，报送监理单位，请示总监理工程师同意后组织工程预验。

2）竣工文件编制要求

竣工文件根据承包单位签订的施工承包合同要求进行编制和装订，一般情况下，按照承包合同编制总册，按所承担单项工程编制分册。通信线路工程长途线路段以中继段为单位装订分册，市内线路以主干区、交换配线区为单位装订分册，通信设备安装工程以电源、传输、交换、铁塔、天线等为单位装订分册。各分册要求内容齐全、数据准确，分册之间相互对应。

装订应符合建设单位和地方行政管理单位的归档要求。竣工文件的幅面采用 A4 纸，图纸的幅面采用 A3 纸尺寸制作，即 297mm×420mm，图纸加长部分要折叠进 A4 纸的宽度 210mm 内，文件用三眼两线方式装订，采用蜡线，禁用金属线，以便长期存档。

资料装订时应整齐、卷面整洁，不得用金属和塑料等材料制成的钉子装订。卷内的封面、目录、备考表用 70g 以上的白色书写纸制作。资料装订后，应编写页码。单面书写的文件资料、图纸页码编写位置在右上角。双面书写的文件资料正面在右上角，背面在左上角。页码应用号码机统一打印。

设备随机说明书或技术资料已经装订，并有利于长期保存的，可保持原样，无须重新装订。

3）竣工文件的内容格式要求

竣工文件一般由竣工文件、竣工图纸、测试资料三部分组卷。

（1）竣工文件一般包括以下内容。

① 工程说明（概况、工期、主要工程量、其他事项）。

② 建筑安装工程量总表（实际完成工程量）。

③ 已安装设备、器材明细表。

④ 施工过程中监理签认的文件（比如洽商记录、停（复）工通知、随工验收、隐蔽工程检查签证记录，工程设计变更单，工程重大质量事故报告单等）。

竣工文件格式中每张表格都要附上，没有发生事项的表格应将空表附上，发生事项的表格每一栏都要填写,不得空缺。

(2) 竣工图纸。

一般情况下,竣工图纸可用设计图纸代替。个别有变更时,可用碳素墨水笔或黑墨水笔在原工程设计图纸上杠(划)改。局部可以圈出更改部位,在原图空白处重新绘制。引出线不交叉、不遮盖其他线条。如改动较大,超过 1/3 以上时,则应重新绘制。当无法在图纸上表达清楚时,应在图纸标题的上方或左边用文字说明。有关说明应与图框平行。

用工程设计图纸代替竣工图时,可在原图空白处加盖红色印油的竣工图章。一般工程,图纸可以在施工图上修改,加盖竣工图章并签字作为竣工图;但对修改较多、字迹模糊的图纸应重新绘制。对于跨省长途干线光缆路由图,竣工图纸应重新绘制,不得用设计图纸代替。

图形符号应符合《电信工程制图与图形符号》(YD/T 5015—2005)。竣工图应按《技术用图复制折叠方法》(GB/T 06093—1989)统一折叠成 297mm×210mm(A4)图幅,内拆式,外翻图标。

(3) 测试资料。

测试资料包括工程中所需要测试的各项测试记录表。还要附上测试仪表的计量测试证书以及测试人员的岗位证。

4) 竣工文件的审查要点

(1) 总册、分册、内容格式及装订是否符合要求。

(2) 工程量及设备安装、器材的数量、规格、型号等是否与实际相符。

(3) 竣工图纸审核。

① 通信工程图纸的审核重点。要求绘图与图形要符合标准,标注清楚,图与实际相符、图与图衔接。对设计施工图纸的变更图纸要进行详细审核。

② 管道建筑工程竣工图审核要点。管道路由及长度、人(手)孔规格及型号,剖面高程、断面管道结构及组群编号,人手孔制作图结构尺寸等标注清楚,数字准确,无错、漏、碰。

③ 通信线路工程竣工图审核要点。配盘表、工程量表、路由长度、线缆规格程式及长度、标示、杆路杆号及拉线吊线、接头点及标石、路由固定参照物、特殊地段保护(江、河、路、桥、轨、涵洞、坡坎等)等,要求标注清楚,数字准确,无错、漏、碰。

④ 通信设备安装工程竣工图审核要点。系统图(通路组织图)、平面布置图、面板布置图、设备连接图等标注清楚,数字准确,无错、漏、碰。

(4) 测试记录的审核要点。

① 设计要求的各项测试指标记录齐全,均达到设计和规范验收标准。

② 测试仪表的计量测试证书及测试人员的岗位证,均应符合要求。

(5) 报送监理签认的文件审核要点。

主要检查印章、承包人、监理人、日期是否准确,是否为原件。

3. 任务情境

整个工程施工阶段结束,施工方交来工程竣工文件进行报验申请。工作过程如

表 3-45 所示。

表 3-45　工作过程

序号	步　骤	操作方法与说明	质　量　标　准
1	审核准备	① 准备工程设计文本 ② 准备竣工资料 ③ 准备与工程相关的资料	① 资料准备齐全 ② 督促施工单位编制竣工文件及时
2	审核竣工文件完整性	① 核对竣工文件的数量 ② 核对竣工文件各分册的对应关系 ③ 核对竣工文件的组成部分是否完整 ④ 检查竣工文件(图 3-24)的外观装订情况 图 3-24　竣工文件	① 竣工文件完整、内容齐全、数量准确、分册之间相互对应 ② 竣工文件外观符合装订规范
3	审核竣工文件内容	① 审核工程概况、工期、主要工程量、其他事项是否与设计文本和合同符合 ② 审核开工报告填写的实际开工日期和计划完工日期 ③ 审核建筑安装工程量总表是否与实际完成的工程量符合 ④ 审核已安装设备、器材明细表是否与实际使用符合 ⑤ 审核施工过程中监理签认的文件是否要有相关人员的签字确认 ⑥ 竣工文件中每张表格都要附上,没有发生事项的表格应将空表附上,发生事项的表格每一栏都要填写,不得空缺	① 审核文件内容逐条进行,没有遗漏关键内容 ② 竣工文件中的表格完整(包括空表)

续表

序号	步　骤	操作方法与说明	质 量 标 准
4	审核竣工图纸	① 审核图纸的幅面、折叠方式是否符合规范要求 ② 审核图形符号是否符合《电信工程制图与图形符号》(YD/T 5015—95)标准规范 ③ 审核标注是否清晰 ④ 审核图纸基本信息是否填写准确 ⑤ 审核图纸内容是否与实际相符、图与图是否相符	审核要点没有遗漏
5	审核测试资料	① 审核各项测试指标记录是否齐全 ② 审核各项测试指标记录是否均达到设计和规范验收标准 ③ 审核测试仪表的计量认证是否符合要求 ④ 审核测试人员的施工人员技能证是否符合要求	审核要点没有遗漏
6	记录审核结果记录	对上述审核结果作如实记录	① 审核结果条理清晰，没有遗漏关键审核要点 ② 描述准确，言简意赅

技能评价如表 3-46 所示。

表 3-46　技能评价表

序号	内容	技 能 标 准	评 价 结 果			
			优	良	合格	不合格
1	审核准备	① 资料准备齐全 ② 督促施工单位编制竣工文件及时				
2	审核竣工文件完整性	① 竣工文件完整、内容齐全、数量准确、分册之间相互对应 ② 竣工文件外观符合装订规范				
3	审核竣工文件内容	① 审核文件内容逐条进行，没有遗漏关键内容 ② 竣工文件中的表格完整(包括空表)				
4	审核竣工图纸	能够按照审核要点仔细审核，能及时发现问题				
5	审核测试资料	能够按审核要点仔细审核，能及时发现问题				
6	记录审核结果记录	① 审核结果条理清晰，没有遗漏关键审核要点 ② 描述准确，言简意赅				

3.3.2 任务 13 参与工程竣工验收

1. 任务目标

（1）能协助建设方组织竣工初验。

（2）能描述工程竣工验收流程。

2. 任务内容

1）工程预验收

（1）预验收流程。

工程按设计和合同约定完工后，承包单位应在工程自检合格的基础上填写单位工程竣工验收报审表和编制竣工文件，报送项目监理机构，申请竣工验收。

监理机构收到单位工程竣工验收报审表后，组织专业监理工程师和承包单位相关人员对工程进行检查和预验。对在检查中发现的问题由监理机构通知承包单位整改。整改结束，项目监理机构派员确认合格。项目监理机构编写工程质量评价报告，并由总监理工程师签发由承包单位提交的单位工程竣工验收报审表，报建设单位，申请工程验收。

（2）工程质量评估报告。

工程质量评估报告是对预验收的结果确认，主要内容有以下几项。

① 工程概况。

② 工程参建单位基本情况。

③ 主要采取的施工方法。

④ 工程质量验收情况。

⑤ 施工过程中发生过的工程质量事故及其处理情况。

⑥ 竣工资料审查情况。

⑦ 工程质量评估结论。

2）工程竣工初验

（1）初验的条件。

① 承包单位已按施工合同或设计（包括变更单）完成工程量，并自检合格。

② 承包单位已按施工合同和规范要求整理出竣工技术资料，并经监理审核签认。

③ 承包单位已按合同约定做出工程初步结算报告，并经监理签认。

④ 承包单位已向监理报送工程竣工报验单。

⑤ 项目监理机构已组织专业监理工程师会同承包单位（也可联系建设单位参加）对工程质量进行了预验收；承包单位对预验存在的缺陷进行了整改，并将整改情况报送项目监理机构检查；在此基础上监理机构提出工程质量评估报告。

⑥ 项目总监理工程师已经签署承包单位的工程竣工验收报审表，并连同工程质量评估报告一起报送建设单位。

（2）初验流程。

① 初验由建设单位主持和组织，在收到由总监理工程师确认的单位工程竣工验收报

审表和工程质量评价报告后,应在 15 天内组织验收工作,并书面通知项目监理机构和承包单位初验日期和安排。

② 初验小组由建设单位、承包单位、监理单位、供货厂家、设计单位、维护部门人员、质量监督部门人员等组成。一般情况下,建设单位担任组长,项目经理和总监担任副组长,下设资料小组、工艺小组、测试小组。

③ 初验方案和内容,应由验收组确定,一般由总监理工程师提出草案,验收会议讨论决定。

④ 按初验组制订验收方案进行验收。由施工、设计、监理方分别介绍工程施工、工程变更和监理实施情况;审查竣工文件;对通信设备、管线建筑安装工艺质量、主要传输特性指标进行抽测,并到现场检查工程实施的情况;及时记录业主、维护人员提出的问题。

⑤ 各专业组收集整理验收表格和数据,初验小组经过讨论做出工程初验总体评价,并编制初验报告,上报上级主管部门。

⑥ 工程初验中发现的问题应查明原因、分清责任,应由负责单位及时整治或返修,直至合格,再进行补验。

3) 工程试运行

工程初验后,由建设单位委托维护单位或相关部门负责投入试运行,试运行期一般为 3 个月。工程试运行期间,各主要电气性能指标应达到设计要求,发现问题监理应督促施工方及时解决。施工方编写初验后遗留工程整改、返修报告,监理方出具监理签证资料。试运行结束后,由业主编制试运行报告报主管部门。

4) 工程终验

工程试运行完毕后,工程具备终验条件,由主管部门主持,建设方组织设计、监理、施工、质检单位和相关审计、财务、运营、维护、档案等部门人员参加终验,终验方案由终验检查测试组确定。工程终验对工程质量、安全、档案、结算等作出书面综合评价,终验通过后签发验收证书。竣工验收报告由建设方编制,报上级主管部门审批,终验报告批准后,财务部门据此办理固定资产转移手续。

5) 监理表格

单位工程竣工验收报审表(表 B.0.10)(表 3-47)。单位工程竣工后,承包单位进行自检并准备各项竣工资料,自检合格、竣工资料齐全以后,承包单位填报表 3-47(表 B.0.10)向项目监理机构申请竣工验收。表 3-47(表 B.0.10)中附件是指可用于证明工程已按合同预定完成并符合竣工验收要求的资料。其中工程功能检验资料包括单位工程的质量资料、有关安全和使用功能检测资料以及主要使用功能项目的抽检结果等,对需要进行功能试验的工程(包括单击试车、无符合试车和联动调试),应包括功能试验报告。

表 3-47(表 B.0.10)一式三份,项目监理机构、建设单位、施工单位各执一份。

3. 任务情境

施工单位提交的竣工资料审核通过,监理员小王协助建设单位组织工程初验。工作过程如表 3-48 所示。

表 3-47　单位工程竣工验收报审表（表 B.0.10）

工程名称：　　　　　　　　　　　　　　　　　　　　　　编号：

致：＿＿＿＿＿＿＿＿＿＿＿＿＿＿＿＿＿（项目监理机构）
我方已按施工合同要求完成＿＿＿＿＿＿＿＿＿＿＿＿＿＿＿＿＿工程，经自检合格，现将有关资料报上，请予以验收。 　　附件：1. 工程质量验收报告 　　　　　2. 工程功能检验资料   　　　　　　　　　　　　　　　　　　　　施工单位（盖章） 　　　　　　　　　　　　　　　　　　　　项目经理（签字） 　　　　　　　　　　　　　　　　　　　　　年　　月　　日
预验收意见： 　　经预验收，该工程合格/不合格，可以/不可以组织正式验收。   　　　　　　　　　　　　　　　　　　　　项目监理机构（盖章） 　　　　　　　　　　　　　　　　　　　　总监理工程师（签字） 　　　　　　　　　　　　　　　　　　　　　年　　月　　日

表 3-48　工作过程

序号	步　骤	操作方法与说明	质量标准
1	准备工程竣工初验	① 接到工程竣工初验通知,提醒建设单位根据有关文件精神组建验收小组。并得到验收小组成员名单和联系方式 ② 打电话通知相关人员 ③ 竣工初验会务准备 ④ 准备好竣工初验所需的文件资料 ⑤ 协调落实相关部门及做好初验准备	竣工初验各项准备工作得到有效落实,保证竣工初验准时进行

序号	步　骤	操作方法与说明	质量标准
2	参与验收	① 根据验收小组要求呈递文件 ② 到现场检查工程实施情况,对通信设备、管线建筑安装工艺质量、主要传输特性指标进行抽测(图 3-25) ③ 参加工程汇报,代表监理方介绍工程监理实施情况 图 3-25　竣工验收	① 呈递文件准确 ② 协助质量抽测能符合验收规范 ③ 代表监理方介绍监理工作情况完整、全面,使验收小组对工程有具体的了解
3	监督责任单位返修及补验	① 监督负责单位及时整治或返修,直至合格 ② 协调组织工程补验	初验遗留问题的整改落实得到有效监督,保证工程在工程期限内竣工,并达到验收标准

技能评价如表 3-49 所示。

表 3-49　技能评价表

序号	内　容	技 能 标 准	评 价 结 果			
			优	良	合格	不合格
1	准备工程竣工初验	竣工初验各项准备工作得到有效落实,保证竣工初验准时进行				
2	参与验收	① 呈递文件准确 ② 协助质量抽测能符合验收规范 ③ 代表监理方介绍监理工作情况完整、全面,使验收小组对工程有具体的了解				
3	监督责任单位返修及补验	初验遗留问题的整改落实得到有效监督,保证工程在工程期限内竣工,并达到验收标准				

3.3.3　任务 14　编写监理工作总结

1. 任务目标

（1）能描述监理工作总结的编写要点。

（2）能够按照规范的格式编写监理工作总结。

2. 任务内容

1）监理工作总结

在施工阶段监理工作结束时，监理单位应向建设单位提交工程竣工监理工作总结，总结工程监理工作如通信安全管理、质量控制、进度控制等完成情况。监理工作总结是监理履行合同文件的总结，是监理工作的一个梳理，反映监理工作的具体内容和成效。一份高质量的监理工作总结能够体现出监理的工作能力和管理水平。

2）监理工作总结内容

工程竣工的监理总结内容有以下几点。

（1）工程概况（施工单位承担项目、主要工程量等）。

（2）监理组织机构、监理人员、投入的监理设施、监理的工程范围及目标。

（3）监理合同履行情况。

工程施工质量情况包括施工中及完工后全面质量检查情况、各项工程的优良率、合格率等内容；工期进度情况包括按计划工期完成情况的简要说明，工期进度延期的理由说明以及工程总体验收时间；工程投资预算情况包括本工程结算没有超出设计预算的简要说明，结算超出设计预算的必须有工程量洽商和增加工程量的说明。

（4）监理工作成效。

（5）施工过程中出现的问题及其处理情况和建议（该内容为总结的要点，主要内容有质量问题、质量事故、合同争议等处理情况）。

（6）工程照片（有必要时要附上）。

3. 任务情境

工程结束了，项目组很好地完成了监理工作，现在要编写监理竣工报告。项目总监让监理员小王根据工程监理情况，编写一份监理竣工报告初稿。工作过程如表 3-50 所示。

表 3-50　工作过程

序号	步　骤	操作方法与说明	质 量 标 准
1	工作汇总	① 准备与工程监理工作相关的资料，包括工程设计文件、监理日报、监理月报等 ② 根据工程进度表和监理日报、月报的内容梳理工作情况	① 工程中的监理工作梳理清晰 ② 重要的工作内容无遗漏

续表

序号	步骤	操作方法与说明	质量标准
2	编写监理工作总结	① 根据监理工作总结要点编写工作总结。主要包括：工程概况；监理组织机构、监理人员和投入的监理设施；监理合同履行情况；监理工作成效；施工过程中出现的问题及其处理情况和建议等 ② 根据内容需要选贴工程照片	① 监理工作总结格式规范 ② 内容全面、条理清晰,能突出工作重点
3	检查和修改	① 审核工作总结(图 3-26)的文字符号、排版等格式 ② 通读文章,纠正错别字及语句不通顺处 ③ 仔细研读内容,确保内容的正确性和完整性 图 3-26　监理工作总结	检查仔细,使整个文章格式规范、用语准确、语句通顺

技能评价如表 3-51 所示。

表 3-51　技能评价表

序号	内容	技能标准	评价结果			
			优	良	合格	不合格
1	工作汇总	① 工程中的监理工作梳理清晰 ② 重要的工作内容无遗漏				
2	编写监理工作总结	① 监理工作总结格式规范 ② 内容全面、条理清晰,能突出工作重点				
3	检查和修改	检查仔细,使整个文章格式规范、用语准确、语句通顺				

3.3.4　任务 15　整理监理资料

1. 任务目标

（1）能按照要求进行监理资料整理归档。

（2）应知道监理资料归档要求。

2. 任务内容

1）监理资料的收集

监理资料是在工程实施过程中不断产生的信息，这些信息是管理工程的依据，它的产生、流动、处理直接影响工程实施过程，管理好这些信息是监理工作的重要任务，也是监理工程师对工程进行动态控制的重要手段。

监理员与工程现场直接联系，应在平时工程实施过程中搜集整理相关文件资料，包括监理的各类质量检查用表、施工单位在各个时间节点的报审表、监理审批回复的表格、安全检查的表格、各类会议的会议纪要等。

（1）工程质量控制资料。

① 施工组织设计（方案）报审表及监理工程师审批意见。

② 隐蔽工程验收资料（隐蔽工程监理方的见证意见）。

③ 报验申请表（原材料、构配件、设备、检验批、分项、定位放样、沉降观察、施工试验等）。

④ 质量缺陷与事故的处理文件（事故调查报告、事故处理意见书、事故评估报告等）。

⑤ 分部工程、单位工程等验收资料。

⑥ 工程项目施工阶段质量评估报告。

⑦ 工程竣工验收及质量评审意见。

（2）进度控制资料。

① 施工进度计划报审单及审核批复意见。

② 工程开工/复工报审表及工程暂停令。

③ 有关工程进度方面的专题报告及建议。

（3）投资控制资料。

① 工程计量单及审核意见。

② 工程款支付证书。

③ 竣工结算审核意见书（如果监理方不参与工程竣工结算工作，则此项不存在）。

（4）监理工作管理资料。

① 监理规划。

② 监理实施细则。

③ 设计交底会议纪要。

④ 监理工程师通知单。

⑤ 监理工作联系单。

⑥ 工程相关会议纪要。

⑦ 来往函件。

⑧ 监理日志。

⑨ 监理周(月)报。

⑩ 监理工作总结。

(5) 合同管理资料。

① 委托监理合同文件。

② 分包单位资格报审表。

③ 施工组织设计(方案)报审表。

④ 工程变更资料。

⑤ 合同争议及索赔文件资料。

2) 监理资料整理归档

监理信息资料必须及时整理、真实完整、分类有序。监理信息资料的管理由总监理工程师负责,并指定专人具体实施。监理资料应在各阶段监理工作结束后及时整理归档。

监理信息的整理和组卷应遵循国家标准《建设工程文件归档数理规范》(GB/T 50328—2014),涉及的技术信息和图纸应参照《科学技术档案案卷构成的一般要求》(GB/T 1122—2008)、《技术制图复制图的折叠方法》(GB/T 10609.3—2009),同时还要参照《城市建设档案案卷质量规定》以及各地方相应的规范执行。

(1) 归档的监理信息质量要求。

① 归档的监理信息文档一般应是原件。

② 监理信息文档的内容及其深度必须符合国家有关工程勘察、设计、施工、监理等通信工程监理的"两管、一协调、一履行"方面的技术规范、标准和规程。

③ 监理信息文档的内容必须真实、准确,与工程实际相符合。

④ 监理信息文档应使用耐久性强的书写材料,如碳素墨水、蓝黑墨水,不得使用易褪色的书写材料。

⑤ 监理信息文档应字迹清楚,图样清晰,图表整洁,签字盖章手续完备。

⑥ 监理信息文档中文字材料幅面尺寸为 A4 幅面,图纸应采用国家标准图幅。

⑦ 不同图幅的图纸统一折叠成 A4 幅面,图标栏露在外面。

⑧ 监理信息文档中的照片及声像材料,要求图像清晰、声音清楚。

(2) 监理信息的立卷编号。

监理信息的立卷应按照文件自然形成的规律进行,一个工程由多个单位工程组成时,可按单位工程、分部工程组卷,或按专业、分阶段组卷;不同载体的文件应该分别组卷,案卷内不应有重份文件。

① 信息文件的编号。信息文件按有书写内容的页面编号:单页书写的文字在右下角;双面书写的,正面在右下角,背面在左下角;折叠的图纸一律在右下角。

② 信息文件的排列。

a. 每卷按封面、卷内目录、卷内文件、卷内备考表装订。

b. 文字材料按事项、专业顺序排列。同一事项的请示与批复,同一文件的印本与定稿、主件与附件不能分开,并按批复在前、请示在后,印本在前、定稿在后,主件在前、附件在后的顺序排列。

c. 既有文字材料又有图纸的案卷,文字材料排在前面,图纸排在后面。

d. 图纸按专业排列,同专业图纸按图号排列。

3）监理资料的移交

（1）施工合同文件、勘察设计文件均是施工阶段监理工作的依据,由建设单位无偿提供。项目监理机构应作为监理依据予以保管,并在监理工作结束时交回建设单位。

（2）在监理工作过程中,与工程质量有关的隐蔽工程检查验收资料、工程质量评定资料、材料设备的试验测试资料,承包单位报送监理工程师签认后项目监理机构均随时提交给建设单位。项目监理机构对工程控制资料,如监理通知、协调纪要、重大事件处理、周/月/年报应随时报送建设单位。故监理工作结束时,项目监理机构一般只向建设单位提交监理工作总结即可,如建设单位另有要求,应协商解决。

（3）为保证监理资料的完整、分类有序,工程开工前项目总监应与建设单位、承包单位对工程项目有关资料的分类、格式（包括用纸尺寸）、份数达成一致意见,并在工程实施中遵照执行。

（4）监理资料的组卷及归档,各个建设单位都有不同的要求,因此项目开工前,项目监理机构应主动与各建设单位或行业主管部门进行联系,明确具体要求。

4）监理资料整理模板

监理资料整理模板可参考附录所示模板。

3. 任务情境

项目验收结束,监理员配合资料管理员对本工程项目的监理资料进行整理、归档。工作过程如表 3-52 所示。

表 3-52　工作过程

序号	步　骤	操作方法与说明	质 量 标 准
1	汇总监理资料	① 汇总工程质量控制资料 ② 汇总进度控制资料 ③ 汇总投资控制资料 ④ 汇总监理工作管理资料 ⑤ 汇总合同管理资料	资料分类有序,完整、不遗漏
2	审核监理资料	① 查看所有资料的印章是否齐全 ② 查看所有资料签字是否齐全 ③ 查看资料日期是否准确 ④ 审核资料内容是否符合要求	审核仔细、认真

续表

序号	步 骤	操作方法与说明	质 量 标 准
3	将监理资料归档	① 按资料装订模板进行资料装订(图 3-27) 图 3-27 监理资料装订要求 ② 按有关规定对监理档案进行编号并保存(图 3-28) 图 3-28 监理资料存档	① 监理资料装订整齐、牢固 ② 监理资料编号正确

技能评价如表 3-53 所示。

表 3-53 技能评价表

序号	内 容	技能标准	评价结果			
			优	良	合格	不合格
1	汇总监理资料	资料分类有序,完整、不遗漏				
2	审核监理资料	审核仔细、认真,监理资料准确				
3	将监理资料归档	① 监理资料装订整齐、牢固 ② 监理资料编号正确、符合规范				

3.4　现场监理员的日常工作

现场监理员工作在施工现场第一线,直接与施工人员打交道,对工程施工进行监理,包括:对材料、设备的进场检验,实施旁站、巡视和见证取样,检查施工质量,进行工程量核定,监督安全生产,现场协调等。

监理员在专业监理工程师的指导下开展现场监理工作。监理员在现场掌握的工程施工实际情况是项目监理的基础信息,是项目监理机构开展工作的依据,监理员需要将现场监理情况及时向本专业监理工程师或者总监理工程师报告。

3.4.1　出发前的准备工作

1. 熟悉工程内容

在工程项目启动前,通过项目监理机构的任务布置,了解和熟悉工程项目的施工内容,明确监理工作的内容、流程及监理重点。

1)设计文件

(1)图纸、设计说明中重点把控的部分。

(2)设计变更的程序、变更、签证的权限说明。

(3)现场出现与设计文件矛盾的情况处理方法。

2)监理规划

(1)主要的监理工作范围、内容。

(2)参与本工程监理的主要人员。

(3)监理在各阶段的主要注意事项。

(4)质量、进度、安全监管的关键节点。

(5)重大质量事件的报告流程、要求。

3)工程进度

明确开工/复工的时间节点以及工程进度计划。

4)质量控制实施细则

(1)本工程监理质量标准、要求。

(2)本工程质量重点、难点。

(3)监理的工作程序。

(4)关键部位、关键工序实施监理的方法、要求。

5)安全生产

(1)本工程安全生产监督的重点、难点、注意事项。

(2)安全生产监管的内容、方法。

(3)安全生产重大事件的报告程序、要求。

2. 出发前准备

1）熟悉图纸及设计说明文件

监理去现场，应携带设计文本。设计文本中有工程施工内容、施工工艺、技术要求、工作量等内容，这些都是现场监理按照标准纠正施工上存在问题的依据，也是必须掌握的部分。

2）熟悉相关专业的标准规范

相应专业的标准规范有很多，可以通过各种渠道获取。对专业标准规范的学习有助于更好地开展监理工作。

3）掌握工程地点的相关信息

（1）人员环境。工作中涉及的相关人员有哪些，如监理部、建设单位、施工单位项目经理、施工队组长等，这些人员对监理工作有哪些支撑和帮助。在出发前，先要考虑有没有需要相关人员出面解决的事情，如何找到他们。

（2）人文风俗。各地的民俗有很大区别，避免发生与工程无关的不愉快，如果与工程合同要求无关，应采取回避或协助建设方协调等措施，或者多请教老员工。

（3）治安情况。这是防止出现材料、设备丢失影响进度的一个考虑因素，监理员应多请教老员工，做好现场管控。

（4）天气预报信息。有的施工工序是不能在天气恶劣时施工的，如铁塔基础项目中的桩基、上塔、混凝土浇筑等，了解天气情况对监理员的工作安排有利。

（5）交通路线。提前获取自己达到现场的最短时间、乘车路线等，如果地点比较偏，应主动与施工单位沟通，寻求帮助。

（6）工地的施工情况。施工内容是什么？负责人是谁？工作量大约有多少？施工单位一般几点到达现场？几点结束？这些信息对准备工作提供帮助。

4）准备必要的工器具

常备的有钢卷尺、手电筒、照相机等，还要根据具体的工程内容准备一些特殊的工具。

5）准备安全标志、安全防护用品

其包括安全帽、安全检查表，或者根据工程内容准备。

6）准备现场使用的监理表格、文件资料

（1）准备要分发、转交的表格、资料、转告信息。

（2）准备在现场需要搜集、整理的文件、资料清单。

（3）准备必要的表格、资料。根据工程需要携带监理细则、质量检查表、通知单、联系单、旁站记录表等。

7）准备工程相关人员的联系方式

（1）建设单位：建设单位项目经理、具体负责本工程项目的建设方人员、与工程有关的维护人员。

（2）设计单位：本工程设计的主要负责人员。

（3）监理单位：项目总监、项目组长、项目部负责人、分公司主要领导。

174

（4）施工单位：施工单位项目经理、班组长、施工人员等。

（5）材料供应单位：设备厂商督导、材料运输单位与本工程直接关联的具体人员。

（6）相关的物业以及负责楼宇、道路等环境的具体人员。

（7）维护单位：包括管线、铁塔、基站、机房动力等维护人员以及高低压配电室人员。

（8）网管单位：以备施工环境、机房施工所需。

上述联系人员的信息不一定马上得到，但可以通过第一次工地例会、工程启动会、图纸会审、设计交底、专题例会等签到表获取。

3. 监理员行为准则

（1）守法、诚信、公平、科学。

（2）对工作认真负责，安全、质量意识强，信息处理准确、及时、完整。

（3）维护公司的形象、名誉、核心利益。

（4）在维护建设方利益的同时不损害施工方的合法权益。

（5）保持积极向上、乐观的工作态度，言行举止和蔼、友善、礼貌，工作作风优良。

（6）与参与工程建设各方形成良好的工作关系。

（7）正确佩戴与工作内容相关的安全用品。

（8）不收受施工单位的任何礼金。

3.4.2　在施工现场的工作

1. 质量控制

各专业现场质量控制，填写各类工程质量检查验收表。

2. 进度控制

1）明确进度计划

进度控制的目标就是通过一系列控制措施，力求使工程实际工期不超过计划工期目标。监理员要熟悉工程的整体情况，明确工程进度计划，准确把握工程施工进展情况，及时将重要节点的施工情况汇报给项目组长或者项目负责人，便于组长（或项目总监）安排进度计划，并适当调整人力、车辆等资源分配计划，有利于控制工程进度。

2）建立个人项目信息表

项目信息表（台账）不一定是监理员考虑的问题，但是由于监理员每日与工程现场打交道，工程的进度情况非常清楚，因此如果所负责的项目较多，工程信息较广，可以建立个人使用的项目信息台账（表），包括项目名称、编号、实施地点、施工单位、开始时间、结束时间、目前状况（进度）、节点转向、相关联系人信息等，还可以包括合同情况。个人的项目信息台账可以对实施中产生的影响进度的因素适当做出标识，解决问题的方法和措施进行说明等，有了这样一个信息台账，对监理现场进度控制非常有帮助。

3）控制施工进度

准确把握工程施工进展情况，及时、准确地更新项目信息表（台账）。注意填写工程进行中的有关表格文件，如隐蔽工程质量检查记录、旁站监理表等，填写完成后说明这道工序经过监理的检查验收符合标准规范要求,这一节点的内容施工完毕,这样监理员就能监控施工单位是否按照进度计划施工。

注意下一阶段的施工内容和施工重点,积极与有关方面进行沟通联系,保证施工顺利进行。

如果施工进度落后,应主动沟通施工单位,调整施工资源,保证在计划内完成施工内容。

重大进度偏差应及时报告项目组长或者项目总监,寻求帮助。

3. 现场资料搜集、整理

监理员与工程现场直接联系,应在平时工程实施过程中搜集整理相关文件资料,主要有以下几项。

(1) 设备、材料进场时采集的证明其质量合格的文件(合格证、质保书)。

(2) 设备安装质量检查记录。

(3) 材料、设备的检查、检验文件。

(4) 各种设备的调试报告、充放电记录文件。

(5) 隐蔽工程质量检查验收记录。

(6) 旁站监理记录。

(7) 监理通知单、监理通知(回复)单。

(8) 工程例会的会议纪要。

(9) 其他与工程质量有关的文件资料。

4. 现场拍照/摄像

现场拍照/摄像是监理实施质量控制的一种重要手段,也是体现监理作用或履行合同的证明材料。工程现场的拍照/摄像,主要面向关键部位、关键工序、隐蔽工程之前、工程的重要节点等。拍照/摄像时要清楚,主题明确。不同专业的拍照要求不同,同一专业在不同的施工环境中的拍照数量也没有统一规定,因此监理员应掌握工程实施的关键部位、关键工序的施工状态,现场拍照/摄像应从以下几个方面考虑。

(1) 隐蔽工程隐蔽前,包括隐蔽工程前后的对比。

(2) 材料检验、关键工序的检查验收;关键节点的施工过程;见证取样、平行检查的过程。影响工程质量的因素、质量问题记录(主要是监理在检查验收中发现的问题)。

(3) 强制性标准涉及点/位及施工过程,重点记录强标要求,部分的质量施工过程,安全操作过程等方面。

(4) 需要说明的工程施工过程或者节点,用事实说明问题。

(5) 影响施工质量、进度、安全的环境因素。

(6) 工程变更等重要事件的记录,如变更前、后的对比。

(7) 重大危险源、质量和安全事故隐患(包括用电、用气、机械电气设备的安全隐患)。

(8) 施工单位的严重违章操作,或者屡次不改的问题记录。

(9) 根据需要,适当拍摄视频资料,提供能证明监理工作及控制效果的资料。

(10) 根据建设方的要求,其他需要拍照的方面。

5. 现场安全监管

1) 检查校对进场人员与前期审核时的一致性

审核的目的是避免施工单位的违法分包,现场监理检查核验的重点是特种作业人员的上岗证书;施工单位的名称与前期审核、施工组织设计方案中的一致性;人员身份证与人员本身的一致性。还要注意新面孔。

2) 现场安全检查的重点

(1) 施工组织设计方案的安全技术措施审核,特别是专项施工方案的审核,如铁塔安装的脚手架工程是专项施工方案。

(2) 临时用电、临时用气,特别注意气瓶的检验日期、合格证(合格标识)。

(3) 临时用电中的漏电保护器,做到"一箱、一闸、一机(电动工具)"。

(4) 严禁导线没有插头直接插入插座;严禁使用普通的民用接线板;严禁使用花线做接线板;严禁用手试电;严禁在插头上复接导线。

(5) 人工操作的脚手架、登高设施;线路工程中,人工梯子底部的包脚。

(6) 机房使用的梯子,严禁使用金属类梯子;注意梯子的脚,必须由防滑的橡皮包脚。

(7) 施工单位使用的劳保用品(保险带、安全帽)。

(8) 安全防护设施、警示标志;机房施工的消防设备(灭火器)必须到位。

(9) 施工环境危险源的防控措施等。

3) 发现安全事故隐患的处理

现场监理从施工人员状态、施工机械、材料设备性能、施工工艺、施工环境等方面去发现影响施工安全的不利因素。发现问题,要求施工单位人员立刻整改,然后再施工;发现事故预兆应要求施工单位停止施工,采取保障安全的措施,并及时填写监理通知单要求施工单位整改;属于普遍问题的填写工作联系单送交施工单位,并对施工单位的整改工作进行跟踪检查,结果记入监理日志。

4) 监理员自身的安全意识

有些监理人员认为工程项目成千上万,极少发生安全事故,不会碰到自己头上,存在着侥幸和碰运气的心理。很多安全事故都是在思想上不重视、在工程上防范不到位或不作为的情况下产生的,因此监理人员必须把安全监理工作放在重要的位置。

有的监理人员认为安全监理的事有安全监理工程师和总监理工程师管,与自己关系不大。危险源存在于方方面面,安全监理应当贯穿于各个环节,这是每个监理人员的应尽职责。

监理人员在工作中必须坚持原则,敢于管理,要求施工单位整改,必要时要求停工整改,对拒不整改的,应及时向建设单位或主管部门报告,取得建设单位或主管部门的支持。

6. 现场重大事项处理

记录发生的重要事件,如业主/监理公司的检查。发生质量、安全事故、纠纷、其他自然灾害、紧急事件,立即报告项目负责人。

7. 变更、签证的处理

按照项目负责人的事先要求进行处理。

8. 沟通协调

根据工程需要完成基本的现场协调工作。

在现场,有时监理人员指出的问题个别施工人员并不响应,那么应该如何处理呢?除了规范指明的处理方法外,还应注意以下几个问题。

(1) 如果个别施工人员不听,可说明利害关系,用周围人员去影响他。

(2) 判断问题的大小、影响程度,请教项目负责人如何处理。

(3) 超出个人处理能力的问题,必须报告项目负责人(或者项目总监)。

(4) 拍照或录像,记录施工人员的违章过程、工作点(面),这要有技巧,否则会扩大矛盾。

(5) 避免正面的冲突。由于施工人员与监理对法规标准的认知不同,监理与被监理产生误解的客观性是存在的。

(6) 按级上报到监理公司,不要轻易打电话给施工单位项目经理或者施工单位领导。

(7) 对施工人员所有违法操作,记录到日记,回公司一一报告,并请教如何处理。

3.4.3　离开现场前、后的工作

1. 检查施工环境

(1) 检查临时用电电源处于关闭状态。

(2) 检查用气(氧气、乙炔)的阀门处于关闭状态。

(3) 检查工、器具放置位置,督促施工单位检查施工工具有无遗忘。

(4) 基站、机房的门窗处于关闭状态。

(5) 垃圾清理。

(6) 检查材料设备的防盗措施是否正常。

(7) 检查施工过程中开挖的相关临时孔洞的封堵情况。

(8) 检查警示设施、警示标志,消除对第三方安全影响的因素。

2. 离开现场

1) 离开现场的时间

(1) 如果是基站、铁塔等工程的旁站监理,关键工序完成后,可以按照业主要求或公司的管理规定执行。

(2) 如果是巡视,检查、验收关键工序的施工过程后可以离开,但必须要求施工单位对环境进行整理。

(3) 如果属于机房类施工,监理必须最后一个离开,查找并消除隐患,安全结束当日工作。

2) 离开现场以后

监理员一天工作结束回家或者返回驻地,应注意路途安全、资料安全,并根据要求向项目负责人汇报工作。

3. 整理监理日志

汇总一天的工作情况,书写监理日记,及时上报。如果是项目负责人,应准备监理日志,报送建设单位。

4. 整理当日资料

整理搜集、记录的监理资料,并归类存放。需要项目总监(负责人)签字的要及时请签。

5. 准备明天工作的内容

根据今天工作的情况,考虑明天的工作,开始明天的准备工作。

3.4.4 编写监理日报、月报

1. 监理日报

监理日报也称为监理日志,是项目监理机构每日对建设工程监理工作及施工工作进展情况所做的记录,是项目监理机构在实施建设工程监理过程中每日形成的文件,由总监理工程师根据工程实际情况指定专业监理工程师负责记录。监理日志是项目监理机构代表监理公司履行建设工程监理合同的过程记录,是监理文件资料的法定文件,必须列入监理工作完成后的监理资料。监理日志不仅代表项目监理机构,同时也代表监理公司,按照要求每日发送给建设单位以便建设单位获取和掌握工程实施信息。

监理日志不等同于监理日记。监理日记是每个监理人员的工作日记,记录个人的监理行为、过程、内容和事件。监理日记的内容可能只是某一专业、某一分项工程的一个现场施工情况的记录。从建设单位的角度来说,不可能要求所有监理人员都给他们发监理日记,而是需要项目监理机构将当日的施工进度、施工质量和安全等情况汇总后形成监理日志进行报送。

2. 监理日报编写

监理日报是一项非常重要的监理资料,项目监理组必须认真、翔实、如实、及时地予以记录。记录前应对当天的施工情况、监理工作情况进行汇总、整理,做到书写清楚、版面整齐、条理分明、内容全面。

监理日报的记录内容如下。

1)施工活动情况

(1)施工部位、内容:关键线路上的工作、重要部位或节点的工作以及项目监理组认为需要记录的其他工作。

(2)工、料、机动态。

① 工:现场主要工种的作业人员数量,项目监理组主要管理人员(项目经理、施工员、质量员、安全员等)的到位情况。

② 料:当天主要材料(包括构配件)的进、退场情况。

③ 机:指施工现场主要机械设备的数量及其运行情况(有无故障以及故障的排除时间等),主要机械设备的进、退场情况。

2)监理活动情况

(1)巡视:巡视时间或次数,根据实际情况有选择地记录巡视中重要情况。

（2）验收：验收的部位、内容、结果及验收人。

（3）见证：见证的内容、时间及见证人。

（4）旁站：内容、部位、旁站人。

（5）平行检验：部位、内容、检验人。

（6）工程计量：完成工程量的计量工作、变更联系内容的计量（需要的）。

（7）审核、审批情况：有关方案、检验批（分项、工序等）、原材料、进度计划等的审核、审批情况（记录有关审核、审批单的编号即可）。

3）存在的问题及处理方法

在工程的质量、进度、投资、安全管理等方面发现什么问题；针对这些问题项目监理组是如何处理的；处理结果怎样，应做好详细的记录。

对一些重大的质量、安全事故的处理应按规定的程序进行，并按规定记录、保存、整理有关资料，日记中的记录应言简意赅。

4）其他

（1）监理指令（监理通知、备忘录、整改通知、变更通知等）。

（2）会议及会议纪要情况。

（3）往来函件情况。

（4）安全工作情况。

（5）合理化建议情况。

（6）建设各方领导部门或建设行政主管部门的检查情况。

3. 监理月报

月报编写目的是通过阅览监理月报，让建设方足不出户就可以比较全面地了解本月工程的进度、质量以及工程变更引起工程投资的变化情况。另外，必须让建设方知道监理方为工程三大目标的控制做了哪些具体的工作和成效。

监理月报编写的具体内容有以下几项。

1）工程概况

总的工程概况可以在第一期月报中写出，以后可以省略。每个月的月报中只要列出本月的工程概况和施工基本情况即可，内容用列表形式比较简要明了。

2）工程进度及进度分析

（1）工程进度表示。

工程计划进度、形象进度可以用横道图、柱状图、列表等形式来表示。采用哪种表示方式更直观、更方便，应根据工程的具体情况而定，不同的施工阶段可以采用不同的表示方式。

（2）进度偏差原因分析。

在施工过程中，计划进度和实际进度往往会发生偏差，监理部必须对偏差的原因进行分析，并提出纠正的措施。原因分析可以从以下几个方面入手。

① 天气原因：影响工程正常施工的雨天、台风、高温、严寒等。

② 施工作业人员、材料、设备原因：是否充足，进场是否及时等。

③ 现场管理原因：计划安排是否合理，组织工作是否严密科学，管理体系是否健全等。

④ 周围环境原因：交通运输方面、夜间施工方面。

⑤ 工程变更方面原因：是否有工程量的增加或减少影响工程进度，变更是否及时。

⑥ 建设方的原因：设计文件及其他应提供的资料，施工环境、电路调度是否影响到工程进度。

（3）监理方应采取的措施及其效果。

找出进度产生偏差的原因后，监理组应采取一定的措施予以纠正。常规的措施有以下几个。

① 召开进度专题会议：增加人、材、机等资源，延长工作时间，调整进度计划，加强现场管理，解决周边环境的制约问题等。

② 加强建设各方的配合，如缩短验收时间、及时签复各种函件。

③ 技术方面：是否提出新的施工工艺，对施工方案中的技术措施是否提出变更建议等。

当然，监理方采取的系列措施施工方是否认可？有无落实到位？最终的效果如何也是要予以说明的。

3）工程质量

（1）本月完成的工程质量概况。

① 原材料、设备配件：本月进场的原材料、设备配件从质量证明文件、外观质量及试验结果等方面说明其质量情况。

② 完成的分项工程质量情况：施工工艺的规范性，外观质量，实测实量的结果、质量保证和技术资料等方面。

（2）本月完成分项工程、分部工程验收结果（列表形式表示）。

（3）监理方采取的工程质量措施及效果。

监理方采取的工程质量措施及效果，有关工程质量整改意见的通知都可在监理工程师通知单中签发。处理效果主要写明施工方对监理指令的执行情况以及原来实务质量不够理想部位有无因此而改善。

4）工程计量

本月完成并通过验收合格的工程量和工作量。工程计量一般只对工程量清单中的全部项目、合同文件中规定的项目和工程变更项目进行计量。对于已完成工程，并不是全部进行计量，而只是质量达到合同标准的已完工程以及经总监理工程师签认的工程变更，才予以计量。

5）本月监理工作小结

（1）本月监理工作情况。

本月本工程监理人员有＿＿＿＿＿＿人。

根据监理委托合同的规定，监理部采用旁站、验收、监理指令、会议、实测实量、见证、巡视等一系列手段通过组织协调的方式，对工程质量、进度、投资三大目标进行了科学、严格的控制。监理工作统计结果可以用表格形式列出，如表 3-54 和表 3-55 所示。

表 3-54　质量控制措施记录

质量控制措施	次数或份数	主要内容
例会或专题会议		
监理工程师通知		
监理备忘录		
停工通知		
监理交底		
缺陷处理记录		

表 3-55　工作量统计

序号	工作名称	单位	本年度		开工以来
			本月	累计	
1	监理会议及纪要	次			
2	审批施工组织设计（方案）	次			
3	审批施工进度计划	次			
4	发出监理工程师通知单	份			
5	发出监理备忘录	份			
6	监理交底	次			
7	平行检测记录	次			
8	见证取样、送样	次			
9	发出工程部分暂停指令	份			
10	检验批、分项工程验收	次			
11	原材料、设备配件审批	次			

（2）有关本工程的意见和建议。

根据工程的具体情况，认为哪些方面存在不足之处需要改善或改变的，尤其是需要建设方下决心全力支持才可得以解决的问题，均可在此提出意见或建议。

6）下月监理工作的重点

根据工程的进展趋势，判断下月施工单位的主要工作，为保证这些工作的质量作为监理方主要应该做好哪些工作，这就是下月监理工作的重点。

（1）工程质量方面。

（2）安全管理方面。

（3）工程进度方面。

习题与思考

一、单选题

1. 工程监理人员在施工现场巡视时，应主要关注（　　）。

　　A. 施工人员履职情况　　　　　　　　　　B. 施工质量和施工进度

C. 施工进度和安全生产　　　　　D. 施工质量和安全生产

2. 专业监理工程师发现实际进度滞后于计划进度时,应(　　)。

 A. 报送总监理工程师,由总监理工程师与建设单位商定采取进一步措施

 B. 告知总监理工程师,并签发工程暂停令

 C. 签发监理工程师通知单指令承包单位采取调整措施

 D. 责令承包单位重新调整施工计划,并上报建设单位

3. 根据《建设工程监理规范》,项目监理机构应签发监理通知单的情形是(　　)。

 A. 施工单位未经批准擅自施工的

 B. 施工单位未按审查通过的工程设计文件施工的

 C. 施工存在重大质量、安全事故隐患的

 D. 施工单位使用不合格的工程材料、构配件和设备的

4. 根据《建设工程监理规范》,需要由总监理工程师签字并加盖执业印章的监理文件是(　　)。

 A. 分部工程报验表　　　　　　　B. 工程原材料报验表

 C. 隐蔽工程报验表　　　　　　　D. 费用索赔报审表

5. 项目监理机构发现工程施工存在安全事故隐患的,应当采取的措施是(　　)。

 A. 要求承包人整改

 B. 要求承包人暂停施工

 C. 要求承包人暂停施工并及时报告建设单位

 D. 要求承包人暂停施工并及时报告主管部门

6. 根据《建设工程安全生产管理条例》,工程监理单位应当审查施工组织设计中安全技术措施是否符合(　　)。

 A. 适应性要求　　　　　　　　　B. 经济性要求

 C. 施工进度要求　　　　　　　　D. 工程建设强制性标准

7. 根据《中华人民共和国建筑法》,工程监理人员发现工程设计不符合建筑工程质量标准时,正确的做法是(　　)。

 A. 直接通知设计单位改正　　　　B. 报告建设单位要求设计单位改正

 C. 根据质量标准直接修改设计　　D. 要求施工单位修改设计后实施

8. 根据《标准施工招标文件》中的通用合同条款,发包人负责提供的材料和工程设备经验收后,接收保管和施工现场内二次搬运所发生的费用由(　　)承担。

 A. 发包人　　　　　　　　　　　B. 承包人

 C. 发包人和承包人　　　　　　　D. 发包人和材料设备供应商

9. 根据《标准施工招标文件》中的通用合同条款,关于监理人对承包人的材料、设备和工程的质量试验和检验的说法,正确的是(　　)。

 A. 承包人按合同约定进行材料、设备和工程的试验和检验,均须由监理人组织

 B. 监理人未按合同约定派员参加试验和检验的,承包人应重新组织试验和检验

 C. 监理人对承包人的试验和检验结果有疑问,要求承包人重新试验和检验的,须经发包人同意

D. 监理人提出的重新试验和检验证明材料、设备和工程的质量不符合合同要求的,由此造成的费用增加和工期延误由承包人承担

10. 根据《标准施工招标文件》中的通用合同条款,监理人征得发包人同意后,应提前(　　)日向承包人发出开工通知。

    A. 7　　　　　　　　B. 10　　　　　　　　C. 14　　　　　　　　D. 15

二、多选题

1. 项目监理机构在建设工程施工阶段质量控制的任务有(　　)。

    A. 做好施工现场准备工作　　　　　　B. 检查施工机械和机具质量

    C. 处置工程质量缺陷　　　　　　　　D. 控制施工过程质量

    E. 处理工程质量事故

2. 根据《建设工程安全生产管理条例》,施工单位应该在下列(　　)处危险部位设置明显的安全警示标志。

    A. 施工现场入口处　　　　　　　　　B. 十字路口

    C. 脚手架　　　　　　　　　　　　　D. 分叉路口

    E. 电梯井口

3. 根据《建设工程监理规范》,监理日志应包括的内容有(　　)。

    A. 天气和施工环境情况　　　　　　　B. 当日监理工作情况

    C. 当日施工进展情况　　　　　　　　D. 当日存在的问题及处理情况

    E. 次日监理工作任务

4. 根据《建设工程监理规范》,需要经建设单位审批的监理文件资料有(　　)。

    A. 单位工程竣工验收报审表　　　　　B. 工程复工报审表

    C. 分部工程报验表　　　　　　　　　D. 工程款支付报审表

    E. 工程最终延期报审表

5. 根据《建设工程监理规范》,总监理工程师应及时签发工程暂停令的情形有(　　)。

    A. 施工单位未按施工组织设计施工的

    B. 施工单位违反工程建设强制性标准的

    C. 施工单位要求暂停施工的

    D. 施工单位对进场材料未及时报验的

    E. 工程施工存在重大质量事故隐患的

6. 根据《标准设计施工总承包招标文件》中的通用合同条款,关于竣工验收的说法,正确的有(　　)。

    A. 承包人应提前 14 天将申请竣工试验通知送达发包人

    B. 承包人应在申请竣工试验前提交运行操作和维修手册

    C. 承包人应在竣工试验通过时将工程移交给发包人组织试运行

    D. 工程经验收合格,监理人经发包人同意后签发工程接收证书

    E. 工程接收证书上注明的实际竣工日期为提交竣工验收申请报告的日期

7. 根据《标准设计施工总承包招标文件》中的通用合同条款,承包人有权提出工期、

费用和利润 3 项索赔的情形有(   )。

    A. 不可预见的物质条件　　　　　　　B. 发包人原因导致工期延误

    C. 监理人的指示错误　　　　　　　　D. 发包人提供的材料延误

    E. 异常恶劣的气候条件

8. 根据《标准施工招标文件》中的通用合同条款,施工中因(   )引起的暂停施工,承包人有权要求延长工期、增加费用和支付合理利润。

    A. 发包人负责提供的设备未按时到位

    B. 发包人委托的设计人提供的设计文件错误

    C. 发生不可抗力

    D. 承包人原因进行施工方案调整

    E. 承包人施工机械故障

9. 根据《标准施工招标文件》中的通用合同条款,关于监理人指示的说法,正确的有(   )。

    A. 监理人指示错误给承包人造成的损失应由发包人承担赔偿责任

    B. 监理人根据工程情况变化可以指示免除承包人的部分合同责任

    C. 监理人未按合同约定发出的指示延误导致承包人增加的施工成本应由发包人承担

    D. 监理人根据工程设计变更指示可以改变承包人的有关合同义务

    E. 监理人对承包人施工进度计划变更的批准应视为免除承包人工期延误的责任

10. 关于见证取样的说法,正确的有(   )。

    A. 国家级和省级计量认证机构认证的实施效力相同

    B. 见证人员必须取得见证员证书且有建设单位授权

    C. 检测单位接收委托检验任务时,须有送检单位填写的委托单

    D. 见证人员应协助取样人员按随机取样方法和试件制作方法取样

    E. 见证取样涉及的行为主体有材料供货方、施工方和见证方

三、简答题

1. 简述施工组织设计方案的审批内容和程序。

2. 简述工程延期和工程延误的区别以及各自的处理程序、原则方法。

3. 工程索赔有哪几种形式?如何进行索赔管理?

4. 工程竣工验收的流程是什么?

5. 简述施工阶段日常安全管理的内容。

CHAPTER 4

第4章

通信工程施工质量控制和安全管理

本章学习思维导图

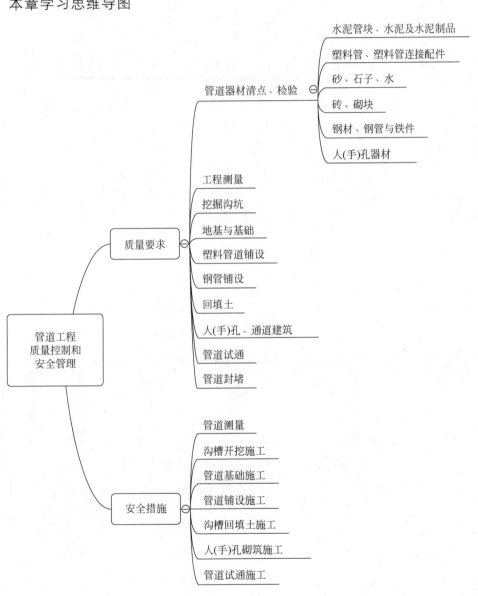

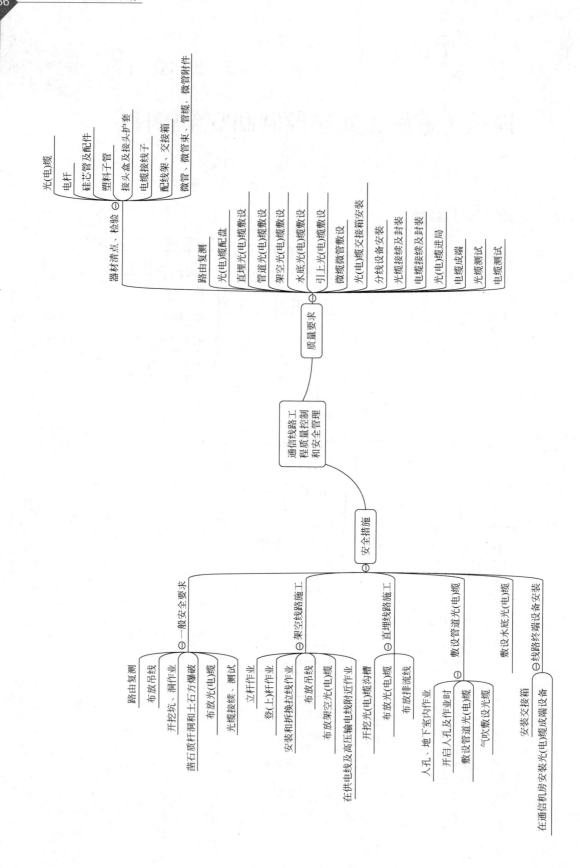

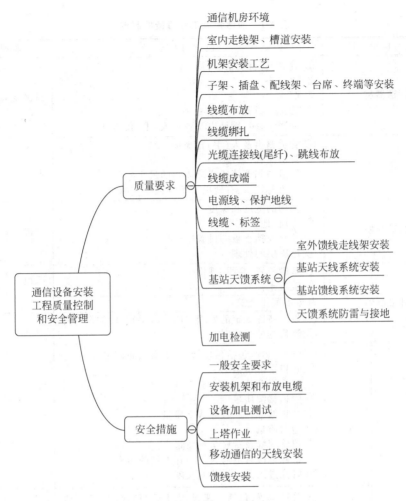

本章学习重点

(1) 通信管道工程施工质量控制点和质量要求。

(2) 通信管道工程施工安全措施。

(3) 通信线路工程施工质量控制点和质量要求。

(4) 通信线路工程施工安全措施。

(5) 通信设备安装工程施工质量控制点和质量要求。

(6) 通信设备安装工程施工安全措施。

4.1 通信管道工程施工质量控制和安全管理

4.1.1 通信管道工程施工质量控制

1. 质量控制点

根据《通信管道工程施工监理规范》(YD/T 5072—2017)，通信管道工程施工质量控制点如表 4-1 所示。

表 4-1　通信管道工程质量控制点

序号	检验项目		检 验 内 容	监理方式
1	管道器材		① 管块、管材规格、材质 ② 管接头 ③ 胶水 ④ 管支架或扎带 ⑤ 混凝土、砖、钢筋以及各种人(手)孔器材	目测检验,旁站
2	管道位置		① 管道路由及人(手)孔坐标 ② 管道高程、坡度 ③ 管道与相邻管线或障碍物的最小净距 ④ 管道与铁道、有轨电车等的最小交越角	巡视
3	沟槽开挖		① 沟槽的宽度和深度 ② 土质、地基处理 ③ 抽水及挡土板的设置 ④ 冰冻层的处理	巡视
4	管道基础		① 基础位置、高程、规格 ② 混凝土标号	巡视
			基础混凝土浇筑	旁站
			① 设计特殊规定的处理、进入人(手)孔段加筋处理 ② 障碍物处理情况	巡视
5	管道敷设	水泥管	① 管道位置(包括预埋管、引上管)、断面组合 ② 管口平滑清洁 ③ 接头错开 ④ 管道接续质量 ⑤ 抹顶缝、边缝、管底八字质量 ⑥ 包封质量 ⑦ 填管间缝及管底垫层质量 ⑧ 特殊地段管道与人(手)孔上覆的距离 ⑨ 管孔进入人(手)孔的长度	巡视
		塑料管	① 管道位置(包括预埋管、引上管)和管群断面一致 ② 管口平滑清洁 ③ 胶水均匀、连接牢靠 ④ 管材标志朝上 ⑤ 接头错开 ⑥ 管道接续质量 ⑦ 管群捆绑或支架 ⑧ 特殊地段管道与人(手)孔上覆的距离 ⑨ 管孔进入人(手)孔的长度	巡视
		钢管	① 管道位置(包括预埋管、引上管)、断面组合 ② 管口平滑清洁 ③ 管道接续质量	巡视
		硅芯管	① 硅芯管的规格、程式、段长 ② 24 小时气闭测试 ③ 同其他埋式光缆同沟铺设时的平行净距 ④ 铺设时端口密封 ⑤ 多根硅芯管的排列方式、绑扎、间距 ⑥ 管孔进入人(手)孔的长度 ⑦ 接续过程中防止杂物进入 ⑧ 接头位置埋设标识	巡视

续表

序号	检验项目	检 验 内 容	监理方式
6	沟槽回填	回填土、夯实	旁站
		① 浅埋保护 ② 警示带	巡视
7	管道封堵	① 管道进入建筑物封堵 ② 人(手)孔及建筑物内管孔封堵质量	巡视
8	人(手)孔砌筑	① 土质、地基基础处理 ② 砌体质量及墙面砌筑质量	巡视
		混凝土浇筑	旁站
		管道入口外侧填充质量	
		① 人(手)孔内可见部分的质量(四壁、基础表面、铁件安装、管道窗口处理等) ② 管道断面与人(手)孔托架和托板的规格、数量相配合 ③ 管道窗口位置 ④ 积水罐、电缆支架、穿钉和拉力环安装质量 ⑤ 人(手)孔装置符合标准 ⑥ 人(手)孔口圈安装质量、高程	巡视
9	管道试通	管道试通	旁站

2. 质量要求

通信管道工程施工质量要求详见《通信管道工程施工及验收标准》(GB/T 50374—2018)。

1) 管道器材清点、检验质量要求

(1) 水泥管块。

① 水泥管块应完整,不缺棱短角,管孔的喇叭口必须圆滑,管孔内壁应光滑平整。管块表面的裂纹(指纵、横向)长度应小于 50mm,超过 50mm 的不宜整块使用。管块的管孔外缘缺边应小于 20mm,但外缘缺角的其边长小于 50mm 的,允许按要求修补后使用。

② 水泥管块的标称孔径允许最大正偏差不应大于 0.5mm,负偏差不应大于 1mm,管孔无形变;多孔管块的各管孔中心相对位置,允许偏差不应大于 0.5mm。

③ 块长度允许偏差不应大于 ±2mm,宽、高允许偏差不大于 ±5mm。

(2) 塑料管。

① 通信用塑料管管材的管身及管口不得变形,管孔内外壁均应光滑,色泽应均匀,不得有气泡、凹陷、凸起的现象,且杂质不得超标,两端切口应平整、无裂口毛刺,并与中心线垂直,管材弯曲度不应大于 0.5%(多孔管)。多孔塑料管外径与接头套管内径、承插管的承口内径与插口外径应吻合。

② 通信用聚氯乙烯(PVC-U)塑料管和高密度聚乙烯硅芯(HDPE)塑料管的型号及尺寸应符合设计要求,性能符合技术要求。高密度聚乙烯硅芯(HDPE)塑料管运达施工

现场应进行单盘气闭性能检查,塑料管内充气 0.1MPa,24 小时后气压允许下降不大于 0.01MPa。

(3) 塑料管连接配件。

① 高密度聚乙烯(HDPE)塑料管连接件(气闭接头套管)的配件应齐全,规格、数量符合设计要求。连接件与高密度聚乙烯管(HDPE)应相匹配,内外壁应光滑无缺陷,两者螺旋配合良好;堵头数量、规格符合设计要求,堵头与塑料管相匹配。堵头的橡胶应无脱落、不破裂。

② 聚氯乙烯(PVC-U)塑料管道承插式接头用胶圈、套管式接头套管完好,规格符合设计要求;中性胶合黏剂规格、黏度及有效期合格;塑料管组群用支架、扎带符合设计要求。

(4) 水泥及水泥制品。

① 通信管道工程中使用水泥的品种、标号应符合设计要求。各种标号的水泥应符合国家产品质量要求。

② 使用前应注意水泥的出厂日期或证明,不得使用过期的水泥,不得使用受潮变质的水泥。水泥从出厂到使用的时间超过 3 个月或有变质迹象的,使用前均应进行试验鉴定,依据鉴定情况确定是否使用。

③ 水泥制品规格应逐个检验,不同规格的水泥制品不得混合堆放。

(5) 砂。

① 通信管道工程宜使用平均粒径为 0.35~0.5mm 的天然中砂。

② 砂中的轻物质,按重量计不得超过 1%。

③ 砂中的硫化物和硫酸盐,按重量计不得超过 0.5%。

④ 砂中含泥量,按重量计不得超过 5%。

⑤ 砂中不得含有树叶、草根、木屑等杂物。

(6) 石子。

① 通信管道工程应采用人工碎石或天然砾石,不得使用风化石。

② 通信管道工程应使用 5~32mm 粒径的连续粒级石子,大小粒径石子应搭配使用。

③ 石料中含泥量,按重量计不得超过 1.5%。

④ 针状、片状石粒含量,按重量计不得超过 25%。

⑤ 硫化物和硫酸盐含量,按重量计不得超过 1%。

⑥ 石子中不得含有树叶、草根、木屑等杂物。

(7) 砖。

① 通信管道工程人(手)孔应用一等机制普通烧结砖。

② 砖的外形应完整,耐水性好,不得使用耐水性差,遇水后强度降低的炉渣砖或硅酸盐砖。

(8) 砌块。

① 通信管道工程用于砖砌的混凝土砌块品种、标号均应满足设计要求,其外形应完整,且应耐水性能好。

② 使用的混凝土砌块,其规格等应符合现行行业标准《通信管道人孔和手孔图集》(YD/T 5178—2017)的有关规定。

③ 通信管道用砌块的技术指标应符合现行国家标准《砌体结构设计规范》(GB 50003—2001)的有关规定。

(9) 水。

① 通信管道工程应使用自来水或洁净的天然水。

② 不得使用工业废污水和含有硫化物的泉水。

③ 水中不得含有油、酸、碱、糖类等物。

④ 海水不可作为钢筋混凝土用水。

⑤ 施工中发现水质可疑时,应取样送有关部门进行化验,鉴定确认后使用。

(10) 钢材、钢管与铁件。

① 钢材的材质、规格、型号应满足设计要求,不得有锈片剥落或严重锈蚀。

② 钢管的材质、规格、型号应满足设计要求。管孔内壁应光滑、无节疤、无裂缝、无毛刺。

③ 各种钢管的管身及管口不得变形,接续配件应齐全有效,套管的承口内径应与插口外径吻合。

④ 各种铁件的材质、规格及防锈处理等均应满足质量要求,不得有歪斜、扭曲、飞刺、断裂或破损。铁件的防锈处理和镀锌层应均匀完整、表面光洁,无脱落、气泡等缺陷。

(11) 人(手)孔器材。

① 人(手)孔口圈装置应包括外盖、内盖、口圈等,其规格应符合现行行业标准《通信管道人孔和手孔图集》(YD/T 5178—2017)的有关规定。

② 人(手)孔口圈装置应用灰铁铸铁或球墨铸铁铸造,铸铁的抗拉强度不应小于117.68MPa,铸铁质地应坚实,铸件表面应完整,无飞刺、砂眼等缺陷,铸件的防锈处理应均匀完好。

③ 井盖与口圈应吻合,盖合后应平稳、不翘动。

④ 井盖的外缘与口圈的内缘间隙不应大于 3mm,井盖与口圈盖合后,井盖边缘应高于口圈 1~3mm。

⑤ 盖体应密实、厚度一致,不得有裂缝、颗粒隆起或不平。

⑥ 人(手)孔井盖应有防盗、防滑、防跌落、防位移、防噪声设施,井盖上应有明显的用途及产权标志。

⑦ 人(手)孔内装设的支架及光(电)缆托板应用铸钢(玛钢或球墨铸铁)、型钢或其他工程材料制成,不得用铸铁制造。

⑧ 人(手)孔内设置的拉力(拉缆)环和穿钉,应用 ϕ16mm 普通碳素钢(300HRB级)制造,全部做镀锌防锈处理。穿钉、拉力(拉缆)环不应有裂纹、节瘤、煅接等缺陷。

⑨ 积水罐宜采用铸铁加工,并应进行热涂沥青防腐处理。

2) 工程测量质量要求

(1) 通信管道工程的测量应按照设计文件及已批准的位置、坐标和高程进行。

（2）平面复测允许偏差应符合下列规定。

① 管道中心线允许偏差为±10mm。

② 直通型人（手）孔的中心位置允许偏差为±100mm。

③ 管道转角处的人（手）孔中心位置允许偏差为±20mm。

（3）施工现场应设置临时水准点，并应标定管道及人（手）孔施工直测的水准桩点。通信管道的各种高程应以水准点为基准，允许偏差为±10mm。

（4）管道与相邻管线或障碍物的最小净距符合规范要求。

（5）管道与铁道、有轨电车等的最小交越角不宜小于60°。

（6）通信塑料管道的段长应按相邻两个人孔中心点的间距而定，直线管道的段长不应大于200m，弯曲管道的段长不应大于150m。

（7）弯曲管道的曲率半径 R 不应小于10m，弯管道的转向角 θ 宜小，同一段管道不应有反向弯曲（即 S 形弯）或弯曲部分的转向角 $\theta > 90°$ 的弯管道（即 U 形弯）。

3）挖掘沟坑质量要求

（1）通信管道施工中，遇到不稳定土壤或有腐蚀性的土壤时，施工单位应及时提出，待有关单位提出处理意见后方可施工。

（2）管道施工开挖时，遇到地下已有其他管线平行或垂直距离接近时，应按设计要求核对其相互间的最小净距是否符合标准。当发现不符合标准或危及其他设施安全时，应向建设单位反映，在未取得建设单位和产权单位同意时，不得继续施工。

（3）挖掘沟（坑）发现埋藏物，特别是文物、古墓等应立即停止施工，并应负责保护现场，与有关部门联系，在未得到妥善解决之前，施工单位不得在该地段内继续工作。

（4）施工现场条件允许，土层坚实及地下水位低于沟（坑）底，且挖深不超过3m时，可采用放坡法施工。

（5）当管道沟及人（手）孔坑深度超过3m时，应增设宽0.4m的倒土平台或加大放坡系数。

（6）通信管道工程的沟（坑）挖成后，当遇被水冲泡时，应重新进行人工地基处理；否则不得进行下一道工序的施工。

（7）设计图纸标明需支撑护土板的地段，应按照设计文件要求进行施工。

（8）挖沟（坑）接近设计的底部高程时，应避免挖掘过深破坏土壤结构。

（9）施工现场堆土应符合下列规定。

① 开凿的路面及挖出的石块等应与泥土分别堆置。

② 堆土不应紧靠碎砖或土坯墙，并应留有行人通道。

③ 城镇内的堆土高度不宜超过1.5m。

④ 堆置土不应压埋消火栓、闸门、光（电）缆线路标石以及热力、煤气、雨（污）水等管线的检查井、雨水口及测量标志等设施。

⑤ 土堆的坡脚边应距沟（坑）边400mm以上。

⑥ 堆土敞露的全部表面应覆盖严密。

⑦ 堆土的范围应符合市政管理规定。

（10）挖掘通信管道沟（坑）时，不得在有积水的情况下作业，应将水排放后再进行挖掘工作。

（11）挖掘通信管道沟（坑）施工现场应设置夜间照明及红白相间的临时护栏或醒目标志。

（12）室外最低气温在－5℃时，对所挖的沟（坑）底部应采取有效的防冻措施。

4）地基与基础质量要求

（1）地基处理应满足设计要求，天然地基应按设计要求的高程进行夯实、抄平。人工地基处理应满足设计要求。

（2）基础的混凝土标号、配筋、外形、尺寸等应满足设计要求。

（3）基础支模前，应校核基础形状、方向、地基高程等。

（4）基础在浇灌混凝土之前，应检查核对加钢筋的段落位置是否符合设计规定，其钢筋的绑扎、衬垫是否符合管道验收规范规定，并应清除基础模板内的杂草等物。

（5）管道基础的混凝土应振捣密实、表面平整、无断裂、无波浪、无明显接茬和欠茬，混凝土表面不起皮、不粉化。

（6）浇灌的混凝土初凝后应临时覆盖并洒水养护。基础模板拆除后，基础侧面应无蜂窝、掉边、断裂及欠茬等现象；如发现有上述缺陷，应进行认真的修整、补强等；如发现上述缺陷严重时，应进行返工处理。

（7）管道基础宽度应比管道组群宽度加宽 100mm（即每侧各宽 50mm）。管道包封时，管道基础宽度应为管群宽度两侧各加包封厚度。基础包封宽度和厚度不应有负偏差。常温下养护 24h，冬季应加保温措施。

（8）管道基础中心线应符合设计规定，左右偏差不应大于±10mm，高程误差不应大于±10mm；其外形偏差应不大于±20mm，厚度偏差应不大于±10mm。

（9）管道基础进入人（手）孔或建筑物窗口部分，设计有规定的应按设计规定处理。

（10）人（手）孔、通道基础的外形和尺寸应满足设计要求，其外形允许偏差为±20mm，厚度允许偏差为±10mm。

5）水泥管道敷设质量要求

（1）水泥管道铺设前应检查管材及配件的材质、规格、程式。断面的组合应满足设计要求。

（2）改建、扩建管道工程不应在原有管道两侧加扩管孔。特殊情况下在原有管道的一侧扩孔时，应对原有的人（手）孔及原有光（电）缆等做妥善的处理。

（3）水泥管块的铺设应符合下列规定。

① 管群的组合断面应满足设计要求。

② 水泥管块的顺向连接间隙不得大于 5mm，上、下两层管块间及管块与基础间应为 15mm，允许偏差为±5mm。

③ 管群的两层管及两行管的接续缝应错开，水泥管块接缝无论行间、层间均宜错开 1/2 管长。

④ 水泥管道进入人孔窗口处应使用整根水泥管。

⑤ 水泥管块的弯管道及设计上有特殊技术要求的管道，其接续缝及垫层应满足设计要求。

（4）铺设水泥管道时，应在每个管块的对角管孔用两根拉棒试通管孔，其拉棒外径应为管孔的标称孔径的 95％。直线管道的拉棒长度宜为 1200～1500mm，曲率半径大于 36m 的弯管道的拉棒长度宜为 900～1200mm。

（5）铺设水泥管道的管底垫层砂浆标号应满足设计要求，其砂浆的饱满程度不应低于 95％，不得出现凹心，不得用石块等物垫管块的边、角。水泥管块应平实铺卧在水泥砂浆垫层上。两行管块间的竖缝充填的水泥砂浆，其标号应满足设计要求，充填的饱满程度不应低于 75％。管顶缝、管边缝、管底八字应抹 1∶2.5 水泥砂浆，不得使用铺管或充填管间缝的水泥砂浆进行抹堵。水泥砂浆的黏结应牢固、平整、光滑，不得有空鼓、欠茬、断裂等现象。

（6）水泥管块的接续方法宜采用抹浆法。采用抹浆法接续的管块，其所衬垫的纱布不应露在砂浆以外。水泥砂浆与管身应黏结牢固、质地坚实、表面光滑，不得有空鼓、飞刺、欠茬、断裂等现象，并应符合下列规定。

① 两管块接缝处应用宽 80mm、长为管块周长加 80～120mm 的纱布，均匀地包在管块接缝上，其允许误差为 ±10mm。

② 接缝纱布包好后，应先在纱布上刷清水，并应刷到管块饱和，再刷纯水泥浆。

③ 接缝纱布刷完水泥浆后，应立即抹 1∶2.5 的水泥砂浆。

④ 纱布上抹的 1∶2.5 水泥砂浆厚度应为 12～15mm，其下宽应为 100mm，上宽应为 80mm，允许偏差为 ±5mm。

（7）各种管道引入人（手）孔、通道的位置尺寸应满足设计要求，其管顶距人（手）孔上覆、通道盖板底不应小于 300mm，管底距人（手）孔、通道基础顶面不应小于 400mm。

（8）引上管引入人（手）孔及通道时，应在管道引入窗口以外的墙壁上，不得与管道叠置。引上管进入人（手）孔、通道时，宜在上覆、盖板下 200～400mm 范围以内。

（9）弯管道的曲率半径应满足设计要求，不宜小于 36m，其水平或纵向弯管道各折点坐标或标高均应满足设计要求。弯管道应为圆弧状。

6）塑料管道铺设质量要求

（1）塑料管道的铺设应满足设计要求。

（2）塑料管铺管及接续时，施工环境温度不宜低于 −5℃。

（3）塑料管道的组群应符合下列规定。

① 管群应组成矩形，横向排列的管孔数宜为偶数，且宜与人（手）孔线缆托板容纳线缆数量相配合。

② 管孔内径大的管材应放在管群的下边和外侧，管孔内径小的管材应放在管群的上边和内侧。

③ 多个多孔管组成管群时，宜选用栅格管、蜂窝管或梅花管，同一管群可选用一种管型的多孔管，也可与波纹单孔管或水泥管等大孔径管组合在一起。

④ 多个多孔管组群进入人孔时，多孔管之间宜留 20～50mm 的空隙，单孔波纹管、实壁管之间宜留 20mm 的空隙，所有空隙应分层填实。

⑤ 两个相邻人孔之间的管位应一致，且管群断面应满足设计要求。

⑥ 栅格管、波纹管、硅芯管组成的管群宜间隔 3m 采用专用带绑扎一次，蜂窝管或梅

花管宜用支架分层排列整齐。

　　⑦ 塑料管群小于两层时应整体绑扎,大于两层时应相邻两层为一组绑扎后再整体绑扎。

　　(4) 有冻土的地段,通信塑料管道宜设在冻土层下,在地基或基础上面均应用细砂或细土设 50mm 垫层,在有冻土且水位较低的地段,通信塑料管道可铺设在冻土层内,且应在塑料管群周围填充粗砂,粗砂填充厚度不宜小于 200mm。

　　(5) 直线管道躲避障碍物时,可采用木桩法做弯曲位移 H 不超过 500mm 的局部弯曲,弯曲管道的接头宜安排在直线段内,当无法避免时,应将弯曲部分的接头做局部包封,包封长度不宜小于 500mm,包封的厚度宜为 80~100mm,不得将塑料管加热弯曲。

　　(6) 管道进入人(手)孔时,管口不应凸出人(手)孔内壁,应终止在距墙体内侧 100mm 处,并应将进入人(手)孔的管口封堵严密,管口做成喇叭口,管道基础进入人(手)孔时,在墙体上的搭接长度不应小于 140mm。

　　(7) 塑料管应由人工传递放入沟内,不得翻滚入沟或用绳索穿入孔内吊放。

　　(8) 不适宜开挖的路段应采用顶管、水平定向钻或其他非开挖方式。

　　(9) 塑料管的连接应符合下列规定。

　　① 塑料管之间的连接宜采用套筒式连接、承插式连接、承插弹性密封圈连接和机械压紧管件连接,承插式管接头的长度不应小于 200mm。

　　② 塑料管材标志面应朝上方。

　　③ 多孔塑料管的承插口的内外壁应均匀涂刷最小黏度为 500MPa·s 的专用中性胶合黏剂,塑料管应插到底,挤压固定。

　　④ 各塑料管的接口宜错开排列,相邻两管的接头之间错开距离不宜小于 300mm,弯曲管道弯曲部分的管接头应采取加固措施。

　　⑤ 塑料管的切割应根据管径大小选用不同规格的裁管刀,管口断面应垂直于管中心,且管口断面应平直、无毛刺。

　　⑥ 单孔波纹塑料管的接续宜选用承插弹性密封圈连接。

　　7) 钢管铺设质量要求

　　(1) 钢管通信管道的铺设方法、断面组合等均应满足设计要求。

　　(2) 钢管接续应采用套管焊接,并应符合下列规定。

　　① 钢管接口应错开。

　　② 钢管套管长度不应小于 300mm,套管应做防腐处理。

　　③ 两根钢管应分别插入套管长度的 1/3 以上,两端管口应锉成坡。

　　④ 使用有缝管时,应将管缝置于上方。

　　⑤ 钢管在接续前,应将管口磨圆或锉成坡边,管口应光滑、无棱、无飞刺。

　　(3) 各种引上钢管引入人(手)孔、通道时,管口不应凸出墙面,应终止在墙体内 30~50mm 处,并应封堵严密、抹出喇叭口。

　　8) 回填土质量要求

　　(1) 通信管道工程的回填土应在管道或人(手)孔按施工顺序完成施工内容,并经

24h 养护和隐蔽工程检验合格后进行。

(2) 回填土前,应先清除沟(坑)内的遗留木料、草帘、纸袋等杂物。当沟(坑)内有积水和淤泥时,应排除后方可进行回填。

(3) 回填土应满足设计要求,并应符合下列规定。

① 在管道两侧和顶部 300mm 范围内,应采用细砂或过筛细土回填,不应含有直径大于 50mm 的砾石、碎砖等坚硬物。

② 管道两侧应同时进行回填并分层夯实,每层回填土厚度应为 150mm。

③ 管道顶部 300mm 以上回填应分层夯实,每层回填土厚度应为 300mm。

④ 管道沟槽回填土的夯实度应符合现行国家标准《给水排水管道工程施工及验收规范》(GB 50268—2019)的有关规定。

(4) 挖明沟穿越道路的回填土应符合下列规定。

① 在市内主干道路的回填土夯实,应与路面平齐。

② 市内一般道路的回填土夯实,应高出路面 50～100mm,在郊区土地上的回填土,可高出地表 150～200mm。

(5) 人(手)孔坑的回填土应符合下列规定。

① 靠近人(手)孔壁四周的回填土内不应有直径大于 100mm 的砾石、碎砖等坚硬物。

② 人(手)孔坑每次回填 300mm 时应夯实。

③ 人(手)孔坑的回填土不得高出人(手)孔口圈的高程。

(6) 回填完毕应及时清理现场的碎砖、破管等杂物。

9) 人(手)孔、通道建筑质量要求

(1) 人(手)孔、通道内部净高应满足设计要求,墙体的垂直度允许偏差为 ±10mm,墙体顶部高程允许偏差为 ±20mm。

(2) 墙体与基础应结合严密,不得漏水。结合部的内外侧应用 1:2.5 水泥砂浆抹八字,基础进行抹面处理的可不抹内侧八字角。抹墙体与基础的内外八字角时,应严密、贴实,不得空鼓,表面应光滑,不得有欠茬、飞刺、断裂等缺陷。

(3) 电缆支架穿钉的预埋应符合下列规定。

① 穿钉的规格、位置应满足设计要求,穿钉与墙体应保持垂直。

② 上、下穿钉应在同一垂直线上,垂直允许偏差为 ±5mm,间距允许偏差为 ±10mm。

③ 相邻两组穿钉间距应满足设计要求,允许偏差为 ±20mm。

④ 穿钉露出墙面的长度应为 50～70mm,露出部分应无砂浆等附着物,穿钉螺母应齐全有效。

⑤ 穿钉应牢固安装。

(4) 拉力(拉缆)环的预埋应符合下列规定。

① 拉力(拉缆)环的安装位置应满足设计要求,宜与对面管道底保持 200mm 以上的间距。

② 拉力(拉缆)环露出墙面部分应为 80～100mm。

③ 拉力(拉缆)环应牢固安装。

（5）管道进入人（手）孔、通道的窗口位置应满足设计要求，允许偏差为±10mm，管道端边至墙体面应呈圆弧状的喇叭口，人（手）孔、通道内的窗口应堵抹严密，不得浮塞，外观应整齐，表面应平光。管道窗口外侧应填充密实，不得浮塞，表面应整齐。管道窗口宽度大于600mm时，或使用承重易形变的管材时，其窗口外应按设计要求加装过梁或窗套。墙体及管道窗口的防水应满足设计要求。

（6）上覆、盖板外形尺寸、设置的高程应满足设计要求。外形尺寸允许偏差为±20mm，厚度允许最大负偏差不应大于5mm。预留孔洞的位置及形状应满足设计要求。上覆、盖板混凝土应达到设计强度后，方可承受荷载或吊装、运输。上覆、盖板底面应平整、光滑、不露筋，不得有蜂窝等缺陷。上覆、盖板与墙体搭接的内外侧应用1∶2.5的水泥砂浆抹八字角。但上覆、盖板直接在墙体上浇灌的可不抹角。八字抹角应严密、贴实，不得空鼓，表面应光滑，不得有欠茬、飞刺、断裂等缺陷。

（7）人（手）孔口圈顶部高程应满足设计要求，允许偏差为±20mm。稳固口圈的混凝土或缘石、沥青混凝土应满足设计要求，自口圈外缘应向地表做相应的泛水。人孔口圈与上覆之间宜砌不小于200mm的口腔。人孔口腔应与上覆预留洞口形成同心圆的圆筒状。口腔内外应抹面，口腔与上覆搭接处应抹八字，八字抹角应严密、贴实，不得空鼓，表面应光滑，不得有欠茬、飞刺、断裂等缺陷。

（8）通信管道工程在正式验收之前，所有装置应安装完毕、齐全有效。

10）管孔试通质量要求

（1）直线管道管孔试通时，应采用拉棒方式试通，拉棒的长度宜为900mm，拉棒的直径宜为管孔内径的95%。

（2）弯管道管孔试通时，水泥管道的曲率半径不应小于36m，塑料管道的曲率半径不应小于10m，管孔试通宜采用拉棒方式，拉棒的长度宜为900mm，拉棒的直径宜为管孔内径的60%～65%。

（3）每个多孔管应试通对角线2孔，单孔管应全部试通。

（4）各段管道应全部试通合格，不合格的部分应在工程验收前找出原因，并应得到妥善的解决。

11）管孔封堵质量要求

（1）管道进入建筑物的管孔应安装堵头。

（2）塑料管道进入人（手）孔的管孔应安装堵头。

（3）管孔堵头的拉脱力不应小于8N。

4.1.2　通信管道工程施工安全管理

1. 管道测量施工安全管理

（1）横过公路或在路口测量时，注意行人和车辆安全。

（2）室外测量时，观测者不得离开测量仪器。

（3）使用物探测试仪作业时注意用电安全。

（4）井下作业前进行有毒有害气体检测。

（5）井下作业时井口有人看守并设置安全警示围栏。

（6）井下作业时不得吸烟及使用明火。

2. 沟槽开挖施工安全管理

（1）人工开挖时，应做好安全防护措施，相邻作业人员保持安全间距。

（2）机械破碎路面应设专人统一指挥，非操作人员不得进入操作范围。

（3）挖掘土石方，应从上而下进行，不得采用掏挖的方法。

（4）在陡坎地段挖沟，应防止松散的石块、悬垂的土层及其他可能坍塌的物体滚下。

（5）在房基土或是回填土地段开挖的沟坑，应安装挡土板。

（6）在靠近建筑物挖沟、坑时，应视挖掘深度做好必要的安全措施，如采用支撑办法无法解决，应拆除容易倒塌的建筑物，回填沟、坑后再修复建筑物。

（7）挖出的石、土，不得堆放在消防栓井、邮筒、上下水井、雨水口及各种井盖上。

（8）从沟底向地面掀土，应注意上边是否有人。

（9）作业人员不得在沟内向地面乱扔石头、土块和工具。

3. 管道基础施工安全管理

（1）钢筋冷拉作业前应检查卷扬机的可靠性。

（2）冷拉钢筋时，应在拉筋场地两端地锚以外的边沿设置警戒区，装设防护挡板及警示标志。

（3）卷扬机运转时，严禁人员靠近拉筋和牵引铜筋的钢丝绳。

（4）弯曲钢筋时，应将扳子口夹牢钢筋。

（5）绑扎钢筋骨架应牢固，将扎好的铁丝头搁置下方。

（6）制作模板和挡土板的木料不得有断裂现象。

（7）支撑人孔上覆模板作业时，不得站在不稳固的支撑架上或尚未固定的模板上作业。

（8）模板与挡土板在安装和拆除前后应堆放整齐，不得妨碍交通和施工。

（9）拆除的模板、横梁、撑木和碎板有铁钉时应将铁钉起除。

（10）拆除挡土板，如有塌方危险，应先回填一部分土，经夯实后再拆除。

（11）在流砂或潮湿地区，拆除比较困难或有危险时，模板可留在回填土的坑内。

（12）若靠近沟、坑旁的建筑物地基底部高于沟底，回填时挡土板不得拆除。

（13）搬运水泥、筛选砂石及搅拌混凝土时应戴口罩，在沟内捣实时，拍浆人员应穿防护鞋。

（14）混凝土盘应平稳放置于人孔旁或沟边，沟内人员必须避让。

（15）搅拌机上下料时，每次重量不得超过本机规定的负荷。

（16）混凝土运送车应停靠在沟边土质坚硬的地方，放料时人与料斗应保持一定的角度和距离。

（17）向沟内吊放混凝土构件时，应先检查构件是否有裂缝，吊放时应将构件系牢慢慢放下。

4. 管道敷设施工安全管理

(1) 管材应堆放整齐,不得妨碍交通和施工,不得放在土质松软的沟边。

(2) 水泥管块堆放不宜高出 1m,管块应平放,不得斜放、立放。

(3) 由沟面搬运水泥管块下沟时,应用安全系数较高、具有足够承载力的绳索吊放。

(4) 非开挖顶管,工作坑内钢管入口处的墙面必须进行支护,防止夯击顶管时塌方。

(5) 非开挖顶管,夯击顶管前必须对设备、工器具安装进行检查,确认无误后可开始施工。

(6) 非开挖顶管,在管内进行电、气焊作业时,应有通风设施,坑内、坑外应有专人监护。

(7) 非开挖顶管,工作坑内有人作业时,应禁止在工作坑上方及周围进行吊装作业。

(8) 非开挖顶管,专用吊装器具使用前应由专人检查,吊具必须定期更换,严禁超期使用。

(9) 非开挖顶管,使用大锤或其他工具夯击钢圈或钢管时,非作业人员应离开夯击顶管工具的活动范围。

(10) 非开挖顶管,夯击顶管过程中,工作坑内严禁站人。

(11) 非开挖顶管,雨季施工应制定和落实防水、防坑壁坍塌的措施。

(12) 非开挖导向钻孔铺管,钻杆设备与电力线应保持 2.5m 以上的距离,在高压电力网附近施工时机具必须接地可靠,电气设备必须做到防雨、防潮、有可靠的接地保护。

(13) 非开挖导向钻孔铺管,在系统压力升高之前,应确定所有管线的连接是否严密,线路、管道、水管有无损坏,在断开任何管路之前,应先释放压力。

(14) 非开挖导向钻孔铺管,设备运转过程中,不得靠近设备的旋转和运动部位,在旋转部件周围不得穿宽松衣服。

5. 沟槽回填施工安全管理

(1) 塑料管道在回填土时,应根据设计要求,布放安全警示带后再逐层回填。

(2) 使用电动打夯机回土夯实时,手柄上应装按钮开关,并做绝缘处理,操作人员必须戴绝缘手套、穿绝缘鞋,电源电缆应完好无损,严禁夯击电源电缆,严禁操作人员背向打夯机牵引操作。

(3) 使用内燃打夯机,应防止喷出的气体及废油伤人。

(4) 在隧道内回土,不得一次将所有的护土板和撑木架拆除,应逐步拆除护土板和支撑架,并逐步层层夯实,没有条件夯实的地方应用砖、石填实。

6. 人孔砌筑施工安全管理

(1) 砌筑人孔及人孔内、外壁抹灰高度超过 1.2m 时,应搭设脚手架作业。

(2) 脚手架使用前应检查脚手板是否有空隙、探头板,确认合格后方可使用。

(3) 砌筑作业面下方不得有人,垂直交叉作业时必须设置可靠、安全的防护隔离层。

(4) 人孔内有人作业时,严禁将材料、砂浆向基坑内抛掷和猛倒。

(5) 在进行人孔底部抹灰作业时,人孔上方必须有专人看护。

(6) 人孔口圈至少四人抬运,砌好人孔口圈后,必须及时盖好内、外盖。

7. 管道试通施工安全管理

（1）穿管器支架应安置在不影响交通的地方，并有专人看守，不得影响行人、车辆的通行。

（2）必要时，应在准备试通的人孔周围设置安全警示标志。

（3）人孔内的试通作业人员应听从统一指挥，避免速度不均匀造成手臂受伤或试通线打背扣。

4.2 通信线路工程施工质量控制和安全管理

4.2.1 通信线路工程施工质量控制

1. 质量控制点

根据《通信线路工程施工监理规范》（YD 5123—2010），通信线路工程施工质量控制点如表 4-2 所示。

表 4-2 光（电）缆敷设安装质量控制点

序号	检验项目	检 验 内 容	监理方式
1	器材检验	① 光（电）缆单盘检验 ② 接头盒、套管等器材质量、数量	直观检查、旁站
2	直埋光（电）缆	① 光（电）缆规格、路由走向（位置） ② 埋深及沟底处理 ③ 光（电）缆与其他地下设施间距 ④ 引上管及引上光（电）缆安装质量 ⑤ 光（电）缆接续及接头盒安装质量 ⑥ 沟坎加固等保护措施质量 ⑦ 光（电）缆接头盒、套管的位置、深度 ⑧ 标石埋设质量 ⑨ 回填土夯实质量	巡视、旁站结合
3	管道光（电）缆	① 塑料子管规格、质量 ② 子管敷设安装质量 ③ 光（电）缆规格、占孔位置 ④ 光（电）缆敷设、安装质量 ⑤ 光（电）缆接续、接头盒或套管安装质量 ⑥ 人孔内光缆保护及标志吊牌	巡视、旁站结合
4	架空光（电）缆	① 吊线、光（电）缆规格、程式 ② 吊线安装质量 ③ 光（电）缆敷设安装质量（包括垂度） ④ 光（电）缆接续、接头盒和套管安装及保护 ⑤ 光（电）缆杆上等预留数量及安装保护措施 ⑥ 光（电）缆与其他设施间隔及防护措施 ⑦ 光（电）缆警示宣传牌安装	巡视、旁站结合

续表

序号	检验项目	检验内容	监理方式
5	水底光(电)缆	① 水底光(电)缆规格及敷设位置、布放轨迹 ② 光(电)缆水下埋深、保护措施质量 ③ 光(电)缆旱滩位置埋深及预留安装质量 ④ 沟坎加固等保护措施质量 ⑤ 水线标志牌安装数量及质量	旁站
6	局内光(电)缆	① 局内光(电)缆规格、走向 ② 局内光(电)缆布放安装质量 ③ 光(电)缆成端安装质量 ④ 局内光(电)缆标志 ⑤ 光(电)缆保护地安装质量	旁站

2. 质量要求

通信线路工程施工质量要求详见《通信线路工程验收规范》(GB 51171—2016)。

1) 器材检验

(1) 光(电)缆。

① 光(电)缆的程式、规格、型号、数量符合设计规定。

② 线缆外包装和外护套完整无损,光(电)缆端头封装完好。

③ 盘长、盘号应与出厂产品质量合格证一致,并将端别和新编盘号在盘架上作醒目标注。

④ 监理工程师应对光缆单盘测试工作进行旁站监理,光(电)缆单盘测试指标必须符合设计要求,并对测试结果进行签认。

⑤ 自承式光(电)缆的吊线应与光(电)缆平行,钢绞线应紧密扭合,将端头剥除 200mm 塑料护套后,钢绞线不得松散。

(2) 电杆。

① 环形钢筋混凝土电杆检验应符合下列要求:结构应为锥形体,锥度为 1/75;环向裂缝宽度超过 0.5mm 的、有可见纵向裂缝的、混凝土破碎部分总表面积超过 200mm^2 的电杆不得使用。

② 木杆检验应符合下列要求:木杆程式应符合设计规定,其长度偏差为 +200～ −100mm,梢径偏差不大于 −10mm;杆身弯曲度不得超过杆长的 2%。

(3) 硅芯塑料管及配件。

① 硅芯塑料管的规格符合设计要求。

② 硅芯塑料管外形均匀,色泽均匀一致,外表无损伤、无缺陷、无划痕、无裂口及显著的凹陷和凸起,不得有气泡。

③ 单盘硅芯塑料管内充气 0.1MPa,24h 后压力降低不应大于 0.01MPa。

④ 连接件与硅芯塑料管应匹配,连接件的内、外壁应光滑、无缺陷,两者螺旋配合良好。

⑤ 堵头的橡胶应无脱落、不破裂,堵头与硅芯塑料管应匹配,安装在硅芯塑料管上时

应牢固,不得进水及杂物。

（4）塑料子管。

① 塑料子管的材质、规格应符合设计要求。

② 塑料子管的管身应光滑无伤痕,管孔无形变,其色谱、孔径、壁厚及其均匀度应符合设计要求,壁厚的负偏差应不大于 0.1mm。

（5）镀锌钢绞线及铁件。

① 镀锌钢绞线的表面应均匀光滑,无毛刺、裂纹、伤痕和锈蚀等缺陷。

② 镀锌钢绞线的绞合应均匀紧密,无跳股现象。

③ 镀锌钢绞线的规格和特性符合规定。

④ 单盘镀锌钢绞线的长度不得小于 200m。

⑤ 铁件的规格型号应符合设计要求。铁件的镀锌层应牢固,不应有气泡、脱皮、针孔和缺锌现象,在有配合的部位不得有突起的锌渣和锌瘤。

（6）接头盒及接头护套。

① 光缆接头盒及光缆终端盒检查应符合下列规定:接头盒应形状完整,塑料件应无毛刺、气泡、龟裂、空洞、翘曲和杂质等缺陷,底色均匀连续,金属件表面应光洁、色泽均匀,涂层或镀层附着力牢固;配附件及专用工具、产品使用说明书、产品合格证和装箱清单应齐全、完整、有效。

② 全塑电缆接头护套应符合下列规定:电缆接头护套表面光滑无斑痕,材质厚薄均匀,零配件齐全有效;热缩管主要塑料部件表面应光洁平整、色泽均匀,无气泡砂眼,无划痕、裂纹,金属配件表面应无毛刺、锈蚀;橡胶及其他密封材料应无目视可见的夹杂;热缩套管的热熔胶面、注塑套管的注塑棒料及装配套管的密封胶条或密封件应采取防潮防尘保护,热缩材料的外表应有示温标识。

（7）电缆接线子。

① 电缆扣式接线子外观应完整,外壳材质应具有透明度,卡接应牢固。

② 电缆模块接线子应无断裂,外观应完整,卡接应牢固。

（8）配线架。

① 光纤配线架检验应符合下列规定:光纤配线架表面涂覆层应光洁、色泽均匀、无流挂、无露底,金属件无毛刺、锈蚀。光纤配线架上的标识应齐全、清晰、无误、耐久可靠;光纤配线架的各功能模块应齐全,装配完整;光纤配线架的高压防护接地装置与机架间的绝缘电阻、耐电压应符合设计规定。

② 光纤活动连接器检验应符合下列规定:光纤活动连接器应无脏污、毛刺、开裂、松脱、变形或零件位移,标识应清晰;光纤活动连接器的插头与适配器的插入和拔出应平顺、轻巧,卡子应有力、弹性好、插拔正常;光纤活动连接器的光缆应平滑光亮,无杂质,无破损,印字清晰,颜色与产品要求相符;插入损耗、回波损耗应符合设计要求。

③ 电缆配线架的检验应符合下列规定:电缆配线架表面涂覆层应光洁、色泽均匀、无流挂、无露底,配线架上的标识应清晰、完整、无误;金属件涂(镀)层应均匀、无明显差异,无划伤、锈蚀、起皮;塑料件颜色应均匀无明显差异、无裂纹、划伤;紧固件

应齐全且安装牢固,架体与接线排等部件应横平竖直;电缆配线架上的标志应齐全、清晰、无误、耐久可靠;电缆配线架的保护地线、任意互不相连的两接线端子之间以及任意接线端子和金属固定件之间的绝缘电阻单元的过压、过流器件应符合现行行业标准规定。

(9) 交接箱。

① 光缆交接箱检验应符合下列规定。

a. 所有紧固件连接应牢固、可靠,表面电镀处理的金属结构件外观不得有肉眼可见的锈斑。金属构件不得有毛刺、结构件不扭曲,箱体表面平整光滑、颜色均匀,不存在机械划伤痕迹,箱体各部件不得有明显色差。

b. 箱体的密封条黏结应平整牢固、门锁启闭灵活可靠,箱门开启灵活,经涂覆的金属构件其表面涂层附着力牢固,无起皮、掉漆等缺陷。

c. 光缆交接箱的各功能模块应齐全,装配完整;保护接地处应有明显的标志,设备应有明晰的线序标识。

② 电缆交接箱应符合下列规定。

a. 电缆交接箱的箱体应完整、无损伤、无腐蚀、零配件齐全、箱体外壳严密,门锁开启灵活可靠。

b. 箱体的面漆外观色泽应均匀、光滑平整、漆膜附着牢靠,不得有挂流、抓痕、露底、气泡及发白等现象。

c. 构成接线端子的螺钉、螺母和平垫圈应经镀镍处理。

d. 用于紧固的螺钉、螺母和平垫圈以及不经油漆涂覆的金属构件应作镀锌处理。

(10) 微管、微管束、管缆及微管附件。

① 微管、微管束和管缆的任意截面应均匀、无气孔或瑕疵。内外表面应无明显的裂缝、针眼、接头、水渍、修补和任何其他缺陷。

② 微管的色谱应符合现行行业标准《通信用气吹微型光纤及光单元　第 3 部分:微管、微管束和微管附件》(YD/T 1460.3—2006)的有关规定。

③ 微管的标准制造长度标称值允许偏差为 $0 \sim +5\%$。

④ 微管的密封性能不符合设计规定的不得使用。

⑤ 微管附件应符合下列规定。

a. 微管直接头应是插式的,易于连接。

b. 微管密封端帽、微管微缆密封端帽应具有良好的密封性,应能防止泥沙和水进入管道。

c. 微管接头连接处应不松脱,无明显变形。

d. 微管堵水接头、微管堵气接头的出厂主要性能检测和力学性能检验报告数据应符合设计要求。

2) 路由复测质量要求

光(电)缆敷设前应进行路由复测,这是光(电)缆长度配盘的依据,配盘又是控制工程质量和投资的重要一环。监理工程师应检查施工单位的路由复测记录。路由复测应注意以下几点。

（1）路由复测及敷设方式应以批准的施工图设计为依据，其与地上、地下其他管线、建筑物、电力线等设施的水平净距和交叉垂直净距都应符合相关规范要求。无法满足以上的隔距要求，应采取相应保护措施。

（2）复测中要着重把握工程的难点（如过电力线、过轨、过路、过江、过河、过桥、天然气管道等），应将其作为监理工作的重点。

（3）在路由复测中必要的路由变更，可由监理人员或施工人员提出，经建设单位同意确定；对于 500m 以上较大的路由变更，设计单位应至现场与项目监理机构、施工单位协商并填报工程设计变更单，经建设单位批准后实施。

（4）路由复测定位时，还应符合当地的建设规划和地域内文物保护、环境保护的要求。

3）光（电）缆配盘质量要求

配盘是保证工程质量的重要环节，通过配盘，将各种规格、型号的光（电）缆使用在工程的恰当地段，使光（电）缆接头位置避开河流、水塘、沟渠、道路、管道中间等障碍地段，安放在地势平坦、地质稳固的地点和管道的人（手）孔内，以便于维护和抢修。监理工程师应检查承包单位的配盘合理性，并进行审核签认。配盘应注意以下几点。

（1）配盘应在光（电）缆单盘测试合格和路由复测完成的基础上进行。

（2）光（电）缆敷设前应进行合理的段长配盘。配盘应根据光（电）缆盘长（制造长度：光缆一般订货标称盘长为 2km、3km，管道光缆最大标称盘长为 6km；电缆根据规格、程式、型号确定标称盘长）和路由情况考虑，应尽量做到不浪费光（电）缆和减少接头。

（3）光（电）缆路由长度必须是实际复测距离，考虑预留、引上留长、人（手）孔内沿壁敷设拿弯增长、接头接续损耗长度以及光（电）缆沟或管道内自然弯曲增长、架空电缆弯曲增长等因素。光缆敷设安装的重叠和预留长度应符合规定。

（4）配盘应尽量避免短段光（电）缆，短段光缆一般不应少于 200m；靠近局侧的第一段光（电）缆采用非延燃型缆时，光缆也应不少于 200m。

（5）管道光（电）缆与直埋光（电）缆连接的接头点应设在人（手）孔内，以便于维护抢修。

（6）架空光缆接头位置应落在距杆 1m 左右的范围内。

（7）光缆新编盘号应尽量按出厂盘号顺序编排，以减少光纤由于模场直径失配所产生的接头本征损耗。

（8）配盘完成后应反复核算数据的准确性。施工中如发现较大偏差应立即查找原因，必要时重新复测路由，配盘图作相应调整。

4）直埋光（电）缆敷设质量要求

（1）光（电）缆必须自然平放在沟底，不得出现紧绷腾空现象。

（2）同沟敷设多条光（电）缆时，各条光（电）缆应自始至终按设计规定的位置布放，不得交叉或重叠。其相互间隔：本地通信光（电）缆应大于 50mm；长途光缆应大于 100mm。

（3）光（电）缆敷设在坡度大于 20°、坡长大于 30m 的斜坡地段宜采用 S 形埋设。

（4）光（电）缆进入人（手）孔处应按设计采取保护措施。光（电）缆铠装保护层应延伸至人孔内距第一个支撑点约 100mm 处。

(5) 防护材质以及防护地点段落范围和要求,均应符合设计规定。

① 埋式光(电)缆顶管穿越铁路、公路时,可采用内径不小于 80mm 的无缝钢管,其顶管位置应符合设计要求;允许破土的位置可采用塑料管或钢管埋管保护,保护钢管应伸出路基两侧排水沟外 1m,穿越公路排水沟的埋深应在永久沟底以下 50cm,并将两头管口堵塞严密。

② 埋式光(电)缆穿越乡村大道、村镇以及市郊居民区等易动土地段时,可采用内径不小于 50mm 的大长度塑料管或铺砖保护。

③ 埋式光(电)缆穿越沟渠、水塘时,在缆上方应覆盖水泥盖板或水泥砂浆袋保护。

④ 埋式光(电)缆穿越沟坎、梯田,当高差在 0.8m 及以上时,应做护坎或护坡保护;高差 0.8m 以下不做保护但需夯填。

⑤ 应按设计规定布放防雷线。一般年平均雷暴日数大于 20,土壤电阻率大于 100Ω 的地区,以及有雷击历史的地段,光缆线路应采取防雷保护措施。防雷线必须埋在光缆上方 30cm 处,按设计布放双条防雷线的,两线间应保持 10cm 的距离;防雷线应采用焊接方式,并在焊接点采取防腐措施。

⑥ 光(电)缆线路应尽量绕避雷暴危害严重地段的孤立大树、杆塔、高耸建筑、行道树、树林等易引雷目标。在无法避开时,应采用消弧线、避雷针等措施对光(电)缆线路进行保护。

(6) 标石埋设。

① 下列地点应埋设普通标石。

a. 光(电)缆接头、转弯点、预留处。

b. 气流法敷设光缆长途塑料管的开断点及接续点。

c. 穿越障碍物或直线段落较长(一般间隔 200m)。

d. 敷设防雷线、同沟敷设光(电)缆的起止点。

e. 需要敷设标石的其他地点。

② 埋式光缆的接头点应埋设监测标石。

③ 标石的埋设要求如下。

a. 普通标石埋设在光(电)缆路由的正上方。

b. 转弯处的标石应埋设在光(电)缆线路转弯处两直线段延长线的交叉点上。

c. 监测标石应埋设在正对接头盒的光缆路由上。

d. 标石应埋设在不易变迁、不影响交通与耕作的位置。如受地形或交通的限制,可增设辅助标记,以三角定标方式标定光缆位置,并标注在竣工图上。

e. 普通标石埋深 60cm,出土 40cm;长标石埋深 80cm,出土 70cm。

④ 标石应统一刷白色,标石编号应为白底红色正楷字,字体应端正;编号应以中继段为编号单位,按传输方向 A 端至 B 端编排。

⑤ 长途塑管通信管道的埋式手孔标石,标石埋在手孔 B 方向距手孔外壁 1m 处。

⑥ 长途光缆工程的标石编号,可根据传输方向自 A 端至 B 端方向编排,一般以中继段为一个独立编号单位。要求字体端正,表面整洁。除编号外,还应有光缆路由方向

标志。

5）管道光（电）缆敷设质量要求

（1）敷设的管孔位置应符合设计规定。当设计不明确时，在征得建设单位同意后，可按"先下后上、先两侧后中间"的原则选用管孔，尽可能保持各相邻管道段管孔位置的一致性，并避免光（电）缆由管群的一侧转移到另一侧。

（2）在管孔内敷设光缆时，应根据设计规定一次性敷设数根塑料子管，子管敷设完成后应按设计要求封堵管口。

（3）子管不得跨人井敷设，子管在管道内不得有接头。

（4）子管在人（手）孔内伸出管口长度宜为 200～400mm，空管口应堵塞严密。

（5）人（手）孔内的光（电）缆应按设计固定方式固定牢靠，光缆宜用塑料软管保护。敷设后的光（电）缆应无扭转、无交叉、无明显刮痕和损伤。

（6）光（电）缆出管孔 150mm 内不得弯曲。

（7）人（手）孔内的光电缆应安装光（电）缆识别标志或标牌，标明工程项目简称、光缆型号、建设日期等，以便于维护管理。

（8）光缆敷设的最小曲率半径应符合规定。

（9）电缆敷设的曲率半径必须大于电缆外径的 15 倍。

（10）硅芯塑料管道的防护如下。

① 当硅芯塑料管道采用预埋管及铺砖、盖板、水泥砂浆袋等保护措施时应符合规定。

② 硅芯塑料管道与煤气、输油管道等交越时，宜采用钢管保护。垂直交越时，保护钢管长度不应小于 10m，交越点应位于保护钢管中点。斜交越时，保护钢管应按设计要求加长。

③ 硅芯塑料管道埋深小于 0.5m 时，宜采用钢管保护，也可采用上覆水泥盖板、水泥槽或铺砖保护。硅芯塑料管道采用钢管保护时，钢管管口应封堵。

④ 硅芯塑料管道的坡坎加固与防护应符合要求。

⑤ 硅芯塑料管道的防雷措施应按设计要求。当采用防排流线时，应在硅芯塑料管道上方回填 300mm 土后敷设排流线。单条排流线宜位于光（电）缆、硅芯塑料管的正上方，双条排流线之间的间隔不应小于 300mm，并不应大于 600mm。排流线接头处应连接牢固。排流线的连续布放不应小于 2km。

⑥ 特殊地段的标志带敷设应符合设计要求。

6）架空光（电）缆敷设质量要求

（1）架空光（电）缆的架设位置、端别方向、垂度、预留方式以及防强电、防雷设施，均应符合设计规定。

（2）架空光缆接头处，金属加强芯应与吊线相连并接地；余缆应盘放绑扎固定在电杆与吊线上。

（3）光缆吊线一般应每隔 300～500m 利用电杆避雷线或拉线接地，每隔 1km 左右加装绝缘子进行电气断开。

（4）架空光缆每 1～3 杆作一处伸缩预留，具体间隔要求应按设计规定。伸缩预留在电杆两侧的扎带间应下垂 200mm。伸缩预留弯在过杆处应安装保护管。

（5）当架空电缆接头的位置在近杆处时，200 对及以下的电缆接头套管的近端距电杆宜为 600mm，200 对以上的电缆接头套管的近端距电杆宜为 800mm，允许偏差为 ±50mm。

（6）防雷措施及防雷地段应符合设计要求。

7）水底光（电）缆敷设质量要求

（1）水底光（电）缆的规格、型号和结构应符合设计规定。

（2）水底光（电）缆的敷设位置、敷设方式、埋深均应符合设计要求。

（3）水底光（电）缆的敷设长度应符合设计要求。预留位置及长度应符合下列规定。

① 有堤的河流，水底光（电）缆伸出堤外不宜少于 50m；无堤的河流，应根据河岸的稳定程度、岸滩的冲刷程度确定，水底光（电）缆伸出岸边不宜少于 50m。

② 河道、河堤有拓宽或改变规划的河流，水底光（电）缆应伸出规划堤外不宜少于 50m。

③ 土质松软易受冲刷的不稳定岸滩部位，光（电）缆应做预留。

（4）光（电）缆在河底的敷设位置以测量基线为基准向上游按弧度敷设。弧形顶点至基线的距离为弦长的 10%。当布放两条以上的水底光（电）缆，或同一区域有其他光（电）缆或管线时，相互间应满足设计规定的安全距离。

（5）水底光（电）缆应根据设计分别采取下列方式固定终端。

① 对于一般河流，水陆两段光（电）缆的接头应设置在地势较高和土质稳定的地方，可直接埋于地下，也可设置接头人（手）孔。在终端处的水底光（电）缆部分应设置 1～2 个 S 形弯，作为锚固和预留的措施。

② 对于较大河流、岸滩有冲刷的河流或光（电）缆终端处的土质不稳定的河流，除上述措施外，还应当将水底光（电）缆进行锚固。

（6）水底光（电）缆不应在水中设置接头。

（7）水底光（电）缆接头处的金属护套及铠装钢丝，应保证电气性能、封闭性能和机械强度要求。

（8）水底光（电）缆保护。

① 水底光（电）缆不宜穿越石砌或混凝土河堤。必须穿越时应与主管部门协商确定保护措施。

② 水底光（电）缆在堤顶埋深不应小于 1.2m，在堤坡的埋深不应小于 1.0m，河堤的复原和加固应与主管部门协商确定。

③ 水底光（电）缆引上岸滩后，按设计做 1～2 个 S 形弯的要选在土质坚硬地带，每个 S 形弯的半径一般应不小于 1m。

④ 敷设水底光（电）缆的通航河流，应按设计要求划定禁止抛锚、挖砂的区域，并设置水线标志牌。

（9）水线标志牌的安装应符合下列规定。

① 水线标志牌应按设计要求或河流的大小采用单杆或双杆，并应在水底光（电）缆敷设前安装在设计确定的位置上。

② 水线标志牌应设置在地势高、无障碍物遮挡的地方，其正面应分别与上游或下游方向成 25°～30° 的夹角。

③ 水线标志牌设置在土质松软的地区或埋深达不到规定要求时,应加拉线,并应在水泥杆根部采取加装底盘、卡盘等加固措施。

8) 引上光(电)缆敷设质量要求

(1) 光(电)缆引上管的材质、规格、安装地点应符合设计要求。

(2) 引上保护管应符合下列规定。

① 引上管在地面以上应为直管,地面以下应为弯形保护管过渡,地面以上的保护管高度不小于2500mm,地面以下的弯形保护管深度宜在600～800mm,引上管的管口应封堵。

② 电杆引上时,地面上的保护管应分别在距保护上端管口150mm处和距地面300mm处用4mm钢线绑扎6～8圈。

③ 墙壁引上时,地面上的保护管应分别在距保护管上端管口150mm处和距地面300mm处用U形卡卡固。

(3) 穿放引上光缆时,引上管内应视引上管管径穿放数根塑料子管,塑料子管伸出引上管上端口不应小于300mm,在引上管下端口塑料子管应延伸至人(手)孔内或地下直埋光缆沟底。塑料子管管口应做封堵处理。有地线的引上杆,地线与引上管应一并绑扎至地线棒。

(4) 光(电)缆在引上保护管上方的电杆部分应每间隔500mm绑扎固定,始末端固定绑扎线距引上管上端管口和吊线间隔应各为150mm。

(5) 光(电)缆在引上保护管上方的电杆处应垫胶皮垫进行绑扎固定,光缆引上后应做伸缩弯。

(6) 在人(手)孔内的引上光(电)缆应按光(电)缆的走向在人(手)孔的孔壁上开钻孔洞,并应按设计要求将光(电)缆固定在人(手)孔内,做好余留,封堵孔洞。

9) 微缆微管敷设质量要求

(1) 敷设母管和微管应符合下列规定。

① 母管及微管的规格均应符合设计要求。

② 母管及微管在人(手)孔内的预留方式、曲率半径均应符合设计要求。

③ 应按设计规定进行封闭端口,敷设好的微管两端应使用防水端帽封堵。

④ 直埋式高密度聚乙烯母管的施工质量应符合直埋光(电)缆质量标准要求;在现有管道中敷设母管时,应符合塑料子管敷设的质量要求。

⑤ 敷设母管应顺直,不得有拖、磨、刮、蹭的痕迹。

⑥ 多根微管或微管束应一次性布放入母管中。

⑦ 敷设好的微管气闭性应符合微管敷设设计要求。

⑧ 敷设好的母管和微管在整个长度段上应保持截面积排列占位的一致性,不得有扭绞、交叉。

(2) 母管和微管的分歧与连接应符合下列规定。

① 连接点应采用气闭接头,气吹点应采用气闭活接头。

② 在分歧的位置,被切断的微管可使用固定式或推拉式连接头与分支微管相连;被切断的母管应使用分拆式分歧连接器与支线母管连接。暂时不连接的管子应使用相应

型号的端帽密封。

③ 母管在耦合管内的断口角度应吻合,对接良好。

④ 破损的母管和微管应使用相应型号的耦合管连接修复。

⑤ 耦合管与微管应连接紧密,不得漏气。

⑥ 在燃气管道附近敷设的母管、微管,耦合管应使用气密和防水密封圈。

⑦ 微管在进入人(手)孔的位置应使用特殊的气密和防水密封圈密封。

(3) 微缆的敷设应符合下列规定。

① 微缆应与微管的尺寸相适应。

② 在气吹微缆前,应在微管内加专用润滑剂,减小微缆与微管之间的摩擦系数。

③ 在气吹微缆时,应在缆的前端拧上专用螺,并应使用矫直器矫直微缆。

④ 微缆在吹放后,应及时在中间吹缆点或接力吹缆机处使用耦合管将微管密封连接。

⑤ 采用"中间点向两侧气吹法"或"缓冲式串联气吹法"气吹微缆时,应使用倒盘器盘绕倒盘的微缆。

⑥ 微缆在敷设过程中不得随意剪断,当需要剪断时其剪断的位置应符合设计要求。

⑦ 进入人(手)孔的微缆应按设计要求气密和防水密封。

⑧ 微缆进入室内的地方应用气密密封圈密封,并应将微缆绕在张力释放器上。张力释放器应接地。

⑨ 钢管式结构的微缆应在局端做接地处理。当微缆线路上有接头时,在局端和用户端都应做接地处理。

⑩ 微缆敷设安装的最小曲率半径应符合规定。

10) 光(电)缆交接箱安装质量要求

(1) 光(电)缆及尾纤、跳纤、适配器在光(电)缆交接箱内的安装位置、路由走向及固定方式应符合设计要求,并应符合交接箱产品说明书的要求。

(2) 架空光(电)缆交接箱应安装 H 杆的工作平台上,工作平台的底部距地面应不小于 3m,且不应影响道路通行。

(3) 墙壁光(电)缆交接箱的安装应坚实、牢固,交接箱底部距地面高度应符合设计要求。

(4) 落地式光(电)缆交接箱的安装位置、安装高度、防潮措施等应符合设计要求。箱体安装应牢固、安全、可靠,箱体的垂直允许偏差为±3mm。

(5) 交接设备的地线应单独设置接地装置,不得利用拉线或避雷线入地。地线的接地电阻不应大于 10Ω。

11) 分线设备安装质量要求

(1) 分线设备的型号与安装方式、地点应符合设计要求。

(2) 分线设备在电杆上安装时,应装在电杆的局方侧;同杆设有过街分线设备时,其过街的分线设备应装在局的反方侧。

(3) 分线盒在电杆上安装时,盒体的上端面应距吊线 720mm;分线箱安装在电杆上时,10～30 对的分线箱固定穿钉眼距吊线下 800mm;一排接线端 25～50 对分线箱的固定穿钉眼距吊线下 1000mm。

（4）室外墙壁安装分线盒时，盒体的下端面距地面为 2.8～3.2m。

（5）上杆钉（条）宜装在线路方向一侧，面向分线设备，在电杆上杆顶夹角为 120°。

（6）分线设备的编号与线序均应符合设计要求，接续无误，标志准确、清楚。

（7）分线箱的接地电阻应符合要求。

12）光缆接续及封装质量要求

（1）光缆程、纤序、端别、两端光缆的预留长度及绑扎固定、接头盒的安装位置以及光纤的接续方式应符合设计规定。

（2）光缆接续应测量光纤接头损耗，光纤接头损耗应达到设计规定值。

（3）光纤全部接续完成后，根据接头盒的结构，按工艺要求将余纤盘放在收容盘上，并将两侧余留光纤贴上端别和纤序标记。余纤在光纤盘片内的曲率半径应不小于 30mm，同端光纤的盘绕方向应一致，盘纤要圆滑、自然并无扭绞挤压、松动现象。光纤连接后的余留长度一般为 60～100cm。带状光纤接续后应捋顺，不得有 S 形弯。

（4）光缆的金属护套和金属加强芯在光缆接头盒内应断开，要求连接的两侧光缆金属构件不作电气连通；金属加强芯固定在盒内接线柱上要牢固、可靠。

（5）光缆接头盒内纤序标志要准确、清晰、易查。

（6）光缆接头盒的封装。

① 光缆接头盒的封装必须严格按供货商提供的工艺要求进行。

② 热可缩接头套管热缩后，要求外形美观、无变形、无烧焦，熔合处无空隙、无脱胶、无杂质等不良状况；采用可开启式接头盒，安装螺栓应均匀拧紧，无气隙。

③ 封装完毕后，有气门的接头盒（套管）应做充气试验。需要做地线引出的，应符合设计要求。

④ 光缆接头装置的编号标志要清晰、易查。

（7）光缆接头盒的安放。

① 直埋光缆接头盒。

a. 接头坑长宽尺寸与深度应符合设计要求。一般接头坑宜为梯形，宽度不宜小于 2.5m，光缆在接头坑内的预留方式应满足设计要求。

b. 接头坑宜位于路由前进方向的右侧，深度应符合直埋光缆的埋设深度要求，坑底应平整无碎石，应铺 100mm 的细土或沙土并踏实。

c. 接头盒上方应覆厚约 200mm 的细土或沙土后，盖上水泥盖板或砖或采用其他防机械损伤的措施进行保护。光（电）缆预留的盘留应整齐，对地绝缘监测装置引出位置应一致。

② 管道光缆接头盒。

a. 人孔内的光缆接头盒安装方式、安装位置、光缆盘留长度和方式应符合设计要求。光缆固定后的曲率半径应符合规范。

b. 接续完成后，光缆接头盒及盘留光缆应固定牢固、美观整齐，不影响人孔中其他光（电）缆接头的安放。

③ 架空光缆接头盒。

a. 从两侧进光缆的接头盒应安装在电杆附近的吊线上，立式接头盒可安装在电杆上。光缆接头盒安装必须牢固、整齐,两侧必须作伸缩预留。

b. 光缆接头处的预留光缆应按设计规定的方式盘留。盘留光缆应安装在接头两侧的邻杆上,光缆过杆处应加保护套管,光缆盘留半径应符合规定。盘留方式可采用预留支架方式或光缆收线储存盒的方式。

④ 水底光缆终端接头盒。

a. 对于一般河流,水底光缆的终端接头盒,可直接埋于地势较高和较稳定的地方。

b. 大的河流或岸滩有冲刷的河流,或者光缆终端处的土质不稳定时,除设置 S 形弯外,尚应将光缆固定在锚桩上。

13) 电缆接续及封装质量要求

(1) 电缆芯线接续应符合下列规定。

① 电缆接续前应复核电缆程式、对数、端别;充气电缆的气闭应良好;接头处的电缆留长应能满足接续需要。

② 全塑电缆芯线接续必须采用压接法。按设计要求的型号选用扣式接线子或模块接线子。

③ 电缆芯线的直接、复接线序必须与设计要求相符,全色谱电缆必须色谱、色带对应接续。

④ 电缆芯线接续不应产生混、断、地、串及接触不良,无接续差错,芯线绝缘电阻合格。接续后应保证电缆的标称对数全部合格,坏线对用备用线顶替应作详细记录。

(2) 扣式接线子接续应符合下列规定。

① 扣式接线子的型号应与电缆芯线线径匹配。

② 接续芯线重叠长度应为 50mm,并应扭绞 3～4 个花。

③ 电缆接续长度及扣式接线子的排数应根据电缆对数、电缆直径及封合套管的规格确定。

④ 接线子应排列整齐、均匀,每 5 对(同一领示色)为一组,分别倒向两侧的电缆切口,依次排列。

(3) 模块型接线子接续应符合下列规定。

① 接续配线电缆芯线时,模块下层应接局端线,上层应接用户端线;接续不同线径芯线时,模块下层应接细径线,上层应接粗径线。

② 电缆接续开口长度及模块接线子排数应根据电缆对数、芯线直径及接头套管的直径一并确定,二排模块接线子接续尺寸应符合规定。

③ 电缆直接头模块和分歧接头模块均应排列整齐,并用绝缘胶带在模块中央绑扎模块,芯线松紧适度,线束不得交叉,接续后宜在模块上面标明线序。

④ 备用线对采用扣型接线子连接。

(4) 电缆接头的封装应符合下列规定。

① 全塑电缆屏蔽层应用屏蔽线连接,并应接通良好。

② 电缆接续套管的规格、型号、程式应符合设计要求。

③ 热缩套管封合应套管平整,无褶皱、无烧焦;注塑缝完整、饱满,无气泡,密封良好。

④ 纵包装配式套管封合应电缆、底板、端盖、上盖黏连紧密；套管螺栓紧固，端部包扎整齐，密封良好。

14）光（电）缆进局质量要求

（1）进局光（电）缆应按设计要求采用非延燃型护套电缆或采用其他阻燃措施。

（2）进局光（电）缆的布放应符合下列要求。

① 进局光（电）缆的管孔使用安排和在进线室电缆托架上的位置，应符合设计要求。其在托架上应排放整齐，不重叠，不交错，不上下穿越或蛇行；引上转角的曲率半径应符合规定。

② 进线室的管孔及局前人孔内通往进线室侧的管孔应做堵塞。

③ 进局光（电）缆的外护层应完整，无可见损伤；横放的光（电）缆接头应交错排列，接头任一端距光（电）缆转弯处应大于 2m。

④ 进线室的光（电）缆应按设计要求做好编号和相关标志，进、出局光（电）缆区分应明显、无误。

（3）局内光（电）缆预留应符合设计要求。

（4）光（电）缆在进线室内处于易受外界损伤的位置时，应按设计要求采取保护措施。

（5）局内光（电）缆在经过的走线架、拐弯点、上线柜、每层楼开门处等位置时，均应绑扎固定、排列整齐。上、下走道或爬墙的部位应垫胶管。

15）光缆成端质量要求

（1）光缆应按设计规定留足余长。

（2）光缆在 ODF 架或终端盒做终端，光缆的金属构件应与 ODF 架接地装置连接，并应接触良好，ODF 架接地装置至机房防雷接地排的接地线的规格、型号应符合设计要求。接地线布放时应短直，多余的线缆应截断，严禁呈螺旋形布放。

（3）光纤成端应按纤序规定与尾纤熔接。

（4）光纤及尾纤预留在 ODF 架盘纤盒中安装，应有足够的盘绕半径，要求盘绕自然、圆滑，并稳固、不松动。

（5）光缆、尾纤安装应整齐、美观。光纤端别、序号应有明显的标志。

（6）终端接头引出的尾缆（单芯尾纤）所带的连接器，应按设计要求插入光配线架（分配架），暂时不插入光配线架（分配架）的连接器，应盖上端帽。

16）电缆成端质量要求

（1）当测量室的地板洞为上线槽方式时，所布放的成端电缆应与相对应的总配线架对直，并绑扎固定，以非延燃材料封堵上线槽洞口。

（2）总配线架每一直列成端电缆的条数应符合设计规定，且每一列安装的设备应一次装齐。成端电缆把线应单条依次出线，一条以上的成端电缆不得在同一位置同时出线或齐头并进交错出线。

（3）全塑成端电缆把线绑扎应符合下列规定。

① 全色谱的成端电缆应按照色谱、色带的编排次序出线，不得颠倒或错接。

② 把线的出线位均匀，应与端排对应，出线的余弯一致并绑扎成 Z 形弯，规格尺寸应符合总配线架的尺寸要求。

③ 成端电缆把线的绑扎应整齐、牢固、线对顺直、尺寸准确,线对应直接与总配线架保护接线排的端子连接,中间芯线不得有接头。

④ 成端电缆的把线宜用蜡麻线绑扎或用扎带绑扎,再缠裹塑料带。Z 形弯应用网套或尼龙扎带束拢。

⑤ 成端电缆把线的备用线宜放在该百对线的末端。

(4) 成端电缆线把在总配线架上的绑扎位置应符合设计和相关规范的要求。

(5) 总配线架(MDF)直列安装的设备程式、数量、位置应符合设计要求。

(6) 总配线架直列设备与成端电缆的连接应符合下列规定。

① A、B 端子上的电缆线不应颠倒连接。

② 卡接模块的电缆线应卡接牢固,绕接式电缆线的绕接不应少于 7 圈,焊接的电缆线焊接处应光洁、均匀。

(7) 成端电缆屏蔽层连接线应可靠接至总配线架铁架的保护接地端子。

(8) 成端电缆接头应符合下列规定。

① 成端电缆接头的位置、分歧的形式及接头制作的工艺应合设计要求。一个电缆成端头的分歧成端电缆数目不宜超过 3 列。

② 成端电缆接头的芯线接续应按"一"字形接续。

③ 成端电缆接头的放置可采取纵式(直立式)或横式(水平式)。应做到横平、竖直;全部纵式成端接头的上口及下口应分别在一条水平线上,排列整齐;横式成端接头除应符合一般接头要求外,接头还应放置在搁架中央部位,允许偏差为 ±10mm,成端电缆接头应做到外形美观、整洁,装饰漆道的宽度、高度应一致。

17) 光缆测试质量要求

(1) 光缆中继段竣工测试指标应符合设计规定,并应包括下列内容。

① 中继段光纤线路衰减系数及传输长度。

② 中继段光纤通道总衰减。

③ 中继段光纤后向散射曲线。

④ 直埋光缆线路对地绝缘电阻。

(2) 中继段光纤偏振模色散系数、色度色散应按设计要求测试。

(3) 光缆中继段竣工测试记录应按规范规定。

(4) 中继段光纤线路衰减宜采用后向散射法测试,衰减系数值应为双向测量的平均值。

(5) 中继段光纤后向散射曲线应有良好线形且无明显台阶,接头部位应无异常线形。光时域反射仪打印光纤后向散射曲线应清晰无误。

(6) 中继段光纤通道总衰减宜测量光纤通道任一方向的总衰减(dB),应包括光纤线路损耗和两端连接器的插入损耗。总衰减值应符合设计规定。

(7) 直埋光缆金属外护层对地绝缘电阻的竣工验收指标不应低于 $10M\Omega \cdot km$,其中允许 10% 的单盘光缆不应低于 $2M\Omega$。

18) 电缆测试质量要求

(1) 全塑电缆线路工程的电气性能测试应包括下列项目,并按格式记录测试结果。

① 用户线路的全部电缆线对及对地绝缘电阻、每一分线设备抽测一对线的环路电阻、局至交接箱的电缆全部线对近端串音衰减。

② 中继电缆线路的电缆全部线对近端串音衰减、全部线对地绝缘电阻、抽测 5% 线对的环路电阻。

③ 设计如有其他特殊规定,按设计规定的测试项目测试。

(2) 测试新设全塑电缆芯线间、单根芯线对地绝缘电阻,在温度为 20℃、相对湿度为 80% 以下时,应符合下列规定。

① 聚乙烯绝缘电缆芯线间、单根芯线对地绝缘电阻不应小于 6000MΩ·km。

② 聚氯乙烯绝缘电缆芯线间、单根芯线对地绝缘电阻不应小于 120MΩ·km。

③ 填充型聚乙烯电缆芯线间、单根芯线对地绝缘电阻不应小于 1800MΩ·km。

(3) 同一条线路上有几种不同的绝缘层电缆时,应按电缆绝缘层分段进行绝缘电阻测试。合拢后可不再进行全程绝缘电阻测试。

(4) 全塑电缆连有分线设备或已接上总配线架时,其全程的绝缘电阻不应低于 200MΩ,抽测线对不应低于总线对的 20%。

(5) 全塑电缆线路的环路电阻在 20℃ 时每公里每线对的标准值应符合规定。

(6) 全塑中继电缆及主干电缆在任何线对间的近端串音衰减不应低于 69.5dB。

(7) 全塑电缆的屏蔽层应进行全程连通测试,主干电缆屏蔽层电阻平均值不应大于 2.6Ω/km。除绕包外的配线电缆屏蔽层电阻不得大于 5Ω/km。

4.2.2 通信线路工程施工安全管理

1. 通信线路工程施工一般安全要求

(1) 在路由复测中传递标杆时,不得抛掷。移动标旗或指挥时,遇有火车和船只等行驶,须将标旗等平放或收起。

(2) 在河流、深沟、陡坡地段布放吊线、光(电)缆、排流应采取措施,防止作业人员因线缆张力拉兜坠落。

(3) 开挖坑、洞作业。

① 在开挖杆洞、沟槽、孔坑土方前,应调查地下原有电力线、光(电)缆、天然气、供水、供热和排污管等设施路由与开挖路由之间的间距,并注意其安全。如遇有地下不明物品或文物,应立即停止挖掘,保护现场,并向有关部门报告。

② 在土质松软或流沙地质,打长方形或 H 杆洞有坍塌危险时应采取支撑等防护措施。

(4) 凿石质杆洞和土石方爆破。

① 进行土石方爆破时,必须由持爆破证的专业人员进行,并对所有参与作业者进行爆破安全常识教育。

② 凿炮眼时,掌大锤的人必须站在扶钢钎的人左侧或右侧。操作人员应用力均匀,禁止疲劳作业。

③ 炮眼装药严禁使用铁器。装置带雷管的药包必须轻塞,严禁重击。不得边凿炮眼

边装药。

④ 爆破前应明确规定警戒时间、范围和信号，配备警戒人员，现场人员及车辆必须转移到安全地带后方能引爆。

⑤ 装药后的炮眼上方应盖以篱笆或树枝等物，防止爆破后石块乱飞。

⑥ 在引爆中，应注意和记录是否有哑炮。遇有哑炮，严禁掏挖或在原炮眼内重装炸药爆破，必须有持爆破证的专业人员按操作规范进行专门处理。哑炮未处理完，其他人员严格禁止进入该危险区。

⑦ 炸药、雷管等危险性物品的放置地点必须与施工现场及临时驻地保持一定的安全距离。严格保管，严格办理领用和退还手续，防止被盗和藏匿。

（5）布放光（电）缆。

① 布放光（电）缆时，必须做到统一指挥、步调一致，按规定的旗语和号令行动。

② 布放光（电）缆应用专用电缆拖车或千斤顶支撑缆盘。

③ 布放光（电）缆前，从缆盘上拆下的护板、铁钉必须妥善处离，缆盘两侧内外壁上的钩钉应拔除。

④ 布放光（电）缆时，缆盘应保持水平，防止转动时向一端偏移。缆盘支撑高度以光（电）缆盘能自由旋转为宜。转盘人员应站在缆盘的两侧，控制缆盘的出缆速度与布放速度一致，不得在缆盘的前转方向背向站立，牵引缆张力不宜过大。严禁缆盘不转动时，众人突然用力猛拉，使缆盘前倾。牵引停止时应迅速控制缆盘转速，防止余缆折弯损伤。转盘人员如发现缆盘前倾、侧倾等异常情况，应立即叫"停"和处理，待妥善处理后再恢复布放。

⑤ 在采用反向布放剩余光（电）缆时，盘上余缆采用盘"8"字的方法，在排放"8"字时，应保证缆线能自然拉开。"8"字中间重叠点应分散，不得堆放过高。"8"字缆圈上层不得套住下层，抬放操作时人员不要站在"8"字缆圈之内。

⑥ 放缆时应合理调配作业人员的间距，以保证缆弯大于曲率半径要求，不打背扣、不产生拉伸张力，不得将缆在地面和树枝上摩擦、拖拉。

⑦ 缆线在转弯或沟槽、池塘、陡坡、河沿地段应有专人指挥和专人传递控制，严防光（电）缆张力兜拉人员坠落和光缆损伤。

（6）光缆接续、测试时，光纤激光不得正对眼睛。

2. 架空线路工程施工安全管理

1）立杆作业

（1）在行人较多的地方作业时应划定安全区，周围应设置安全警示标志和围栏，严禁非作业人员进入现场，夜间应设置警示灯。

（2）立杆前，必须合理配备作业人员。

（3）立杆用具必须齐全、牢固、可靠，作业人员应能正确使用。

（4）人工运杆作业如下。

① 电杆分屯点应设在不妨碍行人、行车的位置，电杆堆放不宜过高。

② 散开电杆应按顺序从高层向低层搬运。撬移电杆时，下落方向禁止站人。从高处

向低处移杆时用力不宜过猛,防止失控。

③ 使用"抱杆车"运杆,电杆重心应适中,不得向一头倾斜,推拉速度应均匀,转弯和下坡前应提前控制速度。

④ 在往水田、山坡搬运电杆时应提前勘选路由。根据电杆重量和路险情况,备足搬运用具和充足人员,并有专人指挥。

⑤ 在无路可抬运的山坡地段采用人工牵引方式时,绳索强度应足够牢靠,同时应避免牵引绳索在山石上摩擦。电杆后方严禁站人。

(5) 杆洞、斜槽必须符合规范标准,电杆立起时,杆梢的上方应避开障碍物。

(6) 人工立杆应遵守以下规定。

① 立杆前,应在杆梢下方的适当位置系好定位绳索。如作业区周边有码头、石块等应预先清理。

② 杆立起至30°角时应使用杆叉(夹杠)、牵引绳等助力。拉动牵引绳应用力均匀,面对电杆操作,保持平稳,严禁作业人员背向电杆拉牵引绳。杆叉操作者用力要均衡,配合发挥杆叉支撑、夹拉作用。电杆不得左右摇摆,应保持平稳。

③ 电杆立起后应按要求校正杆根、杆梢位置,并及时回填土、夯实。夯实后方能撤除杆叉及登杆摘除牵引绳。

(7) 使用吊车立杆时,钢丝绳应拴在电杆上方的适当位置,使电杆的重心位置在下。起吊时,吊车臂下及杆下严禁站人。

(8) 严禁在电力线路下方(尤其是高压线路下)立杆作业。当架空的通信线路穿过输电线时,经测量计算出现吊线与高压输电线达不到安全净距,则必须修改通信线路设计,必要时可改为由地下通过。

(9) 在民房附近进行立杆作业时,不得触碰屋檐。

2) 登(上)杆作业

(1) 登杆前必须认真检查电杆有无折断的危险。如发现有腐烂现象的电杆,在未加固前不得攀登。

(2) 使用脚扣上杆时不得穿硬底鞋。

(3) 登杆时应注意观察及避开杆顶周围的障碍物。

(4) 到达杆上的作业位置后,安全带应兜挂在距杆梢50cm以下的位置。

(5) 用上杆钉或脚扣上下杆时不准二人以上同时上下杆。

(6) 使用脚扣登杆作业时应注意以下几点。

① 使用前应检查脚扣是否完好,当出现橡胶套管(橡胶板)破损、离股、老化或螺钉脱落和弯钩、脚蹬板扭曲、变形或脚扣带腐蚀、开焊、裂痕等情形之一者,严禁使用。不得用电话线或其他绳索替代脚扣带。

② 检查脚扣的安全性时应把脚扣卡在离地面30cm的电杆上,一脚悬起,另一脚套在脚扣上用力踏踩,没有任何受损变形迹象,方可使用。

③ 使用脚扣时不得以大代小或以小代大,各种活动式脚扣的使用功能不得互相替代。

(7) 登杆时除个人配备的工具外,不准携带笨重工具。材料、工具应用工具袋传递。

在电杆上作业前必须系好安全带,并扣好安全带保险环后方可作业。

(8) 电杆上有人作业时,杆下周围必须有人监护(监护人不得靠近杆根),在交通路口等地段必须在电杆周围设置护栏。

(9) 杆上作业,所用材料应放置稳妥,所用工具应随手装入工具袋内,不得向下抛扔工具和材料。

(10) 在杆下用紧线器拉紧全程吊线时,杆上不准有人。待拉紧后再登杆拧紧夹板、做终结等作业。

3) 安装和拆换拉线作业

(1) 新装拉线必须在布放吊线之前进行。拆除拉线前必须首先检查旧杆安全情况,按顺序拆除杆上原有的光(电)缆、吊线后进行。

(2) 终端拉线用的钢绞线必须比吊线大一级,并保证拉距,地铺与地锚杆应与钢绞线配套。地锚埋深和地锚杆出土尺寸应达到设计规范要求,严禁使用非配套的小于规定要求的地锚或地锚杆,严禁拉线坑不够深度或者将地锚杆锯短或弯盘。

(3) 拉线坑在回填土时必须夯实。

(4) 更换拉线时应将新拉线安装完毕,并在新装拉线的拉力已将旧拉线张力松懈后再拆除旧拉线。

(5) 在原拉线位置或拉线位置附近安装新拉线时,应先制作临时拉线,防止挖新拉线坑时将原有拉线地锚挖出而导致抗拉力不足使地锚移动发生倒杆事故。

(6) 安装拉线应尽量避开有碍行人行车的地方,并安装拉线警示护套。

4) 布放吊线

(1) 布放无盘钢绞线时必须使用放线盘,禁止无放线盘布放钢绞线。

(2) 人工布放钢绞线,在牵引前端应使用麻绳(将麻绳与钢绞线连接牢固)牵引并保证麻绳干燥。

(3) 布放钢绞线前,应对沿途跨越的供电线路、公路、铁路、街道、河流、树木等调查统计,在布放时必须采取有效措施,安全通过。

5) 布放架空光(电)缆

(1) 在吊线上布放光(电)缆作业前,必须先检查吊线强度,确保吊线在作业时不致断裂,电杆不致倾斜倒杆、吊线卡担不致松脱时,方可进行布缆作业。

(2) 在跨越电力线、铁路、公路杆档安装光(电)缆挂钩和拆除吊线滑轮时严禁使用吊板。

(3) 光(电)缆在吊线挂钩前,一端应固定,另一端应将余量拽回,剪断前应先固定。

6) 在供电线及高压输电线附近作业

(1) 作业人员必须戴安全帽、绝缘手套、穿绝缘鞋和使用绝缘工具。

(2) 在原有杆路上作业,应先用试电笔检查该电杆上附挂的线缆、吊线,确认没有带电后再作业。

(3) 在通信线路附近有其他线缆时,在没有辨明清楚该线缆使用性质前,一律按电力线处理。

(4) 在与电力线合用的水泥杆上作业时,作业人员必须注意与电力线等其他线路保持一定的安全距离。

(5) 在电力线下或附近作业时,严禁作业人员及设备与电力线接触,在高压线附近进行架线、安装拉线等作业时,离开高压线最小空距应保证 35kV 以下为 2.5m、35kV 以上为 4m。

(6) 光、电缆通过供电线路上方时,应事先通知电力部门派人到现场停止送电,并经检查确实停电后才能开始作业。通信施工作业人员不得将供电线擅自剪断。停送电必须在开关处悬挂停电警示标志,有专人值守,严禁擅自送电。在结束作业并得到工地现场负责人正式通知后方可恢复送电。不能停电时,可采取搭设保护架等措施,但必须做好充分的安全准备,方可施工。

(7) 如需在供电线(220V、380W)上方架线时,严禁用石头或工具等系于缆线的一端经供电线上面抛过。此时,可在跨越电力线处措设安全保护架,将电力线罩住,施工完毕后再拆除。作业中,放线车和吊线均应良好接地。如布放吊线,先在跨越电力线的上方做单档临时辅助吊线,待吊线沿其通过并全程安装完毕后再拆除临时辅助吊线。

(8) 遇有电力线在线杆顶上交越的特殊情况时,作业人员的头部不得超过杆顶。所用的工具与材料不得接触电力线及其附属设备。

(9) 当通信线与电力线接触或电力线落在地面上时,必须立即停止一切有关作业,保护现场,禁止行人步入危险地带。不得用一般工具触动通信缆线或电力线,应立即报告施工项目负责人和指定专业人员排除事故。事故未排除前,不得恢复作业。

(10) 在有金属顶棚的建筑物上作业时,应用试电笔检查确认无电方可作业。

3. 直埋线路工程施工安全管理

(1) 敷设、拆除埋式光(电)缆或硅芯管、塑料管等所需掘土及回土、制作人孔等工作的安全注意事项可参照"通信管道"部分的相关规定执行。

(2) 开挖光(电)缆沟槽前,应详细勘察地下原有各种缆线、管道分布和走向情况,使用专用仪器对地下原有光(电)缆进行探测。必要时,在路由复测划线后,邀请各通信运营商、部队、电力、供水、供气等有关单位确认并统计本工程新路由与各单位的管线交越或同沟(平行)位置、长度。

(3) 挖沟时,对地下的电力线缆、供水管、排水管、煤气道、热力管道、防空洞、通信电缆等,应做以下处理。

① 在施工图上标有高程的地下物,应使用人工轻挖,严禁机械挖沟。

② 没有明确位置高程的,但已知有地下物时,应指定有经验的工人开挖。

③ 在挖掘时发现有地下埋藏物或古墓文物,不得损坏或哄抢,应立即停止开挖并及时报告上级处理。

④ 挖出地下管线并悬空时,在进行适当的包托后应与沟坑顶面上能承重的横梁用铁线吊起以防沉落。

⑤ 如遇有污水、雨水、管道漏水应予以封堵,对难以修复的应报相关单位修复。

⑥ 如遇煤气、热力管道漏气,特别是有毒、易燃、易爆的气体管道泄漏,施工人员应立即撤出,及时报有关单位修复并停止施工作业。工地负责人应指派专人守护现场,设置

围栏警示标志,待修复后方可复工。

(4) 采用机械挖沟作业时,应对机械作业人员进行安全交底,明确界定机械挖沟的起止段落。对地下原有管线的交越点或平行段,应设置警示标志,不得使用机械挖沟,必须采用人工作业。

(5) 布放光(电)缆时,应做到以下几点。

① 光(电)缆入沟时不得抛甩,应组织人员从起始端逐段放落,防止腾空或积余。对穿过障碍点及低洼点的悬空缆,应用泥沙袋缓慢压下,不得强行踩落。

② 采用机械(电缆敷设机)敷设光(电)缆,必须事先清除光(电)缆路由上的障碍物。主机和缆盘工作区周围必须设活动(可拆卸)式安全保护架,并在牵引机之后和敷设主机之前设置不碍工作视线的花孔挡板,以防牵引钢丝绳断脱。

③ 对有碍行人、车辆的地段和农村机耕路应采用穿放预埋管,必要时应设临时便桥。

(6) 布放排流线。

① 布放排流线应使用"放线车",使排流线自然展开,防止端头脱落反弹伤人。

② 布放时应在交通道口设立警示标志,并留人看守,防止兜人、兜车。

③ 挖、埋制作排流线的地线时必须注意保护和避开地下原有设施。

4. 敷设管道光(电)缆安全管理

1) 人孔、地下室内作业

(1) 应遵守建设单位、维护部门地下室进出、人孔开启封闭的规定。

(2) 进入地下室、管道人孔前,必须进行气体检查和监测,确认无易燃、有毒、有害气体并通风后方可进入。作业时,地下室、人孔应保持自然和强制通风。尤其在"高井脖"人孔内施工,必须保证人孔通风效果。

(3) 在地下室、人孔内作业期间,作业人员若感觉呼吸困难或身体不适,应立即呼救,并迅速离开地下室或人孔,待查明原因并处理后才可恢复作业。

(4) 作业时发现易燃、易爆或有毒、有害气体时,人员必须迅速撤离,严禁开关电器、动用明火,并立即采取有效措施排除隐患。

(5) 严禁将易燃、易爆物品带入地下室或人孔。严禁在地下室吸烟和生火取暖。地下室、人孔照明应采用防爆灯具。

(6) 严禁在地下室、人孔内点燃喷灯。使用喷灯时应保持通风良好。

(7) 在地下室、人孔内作业时,地下室上面或人孔外必须有人监护。上下人孔的梯子不得撤走。

(8) 地下室、人孔内有积水时,应先抽干后再作业。遇有长流水的地下室或人孔,应定时抽水,并做到以下几点。

① 使用电力潜水泵抽水时,应检查绝缘性能良好,严禁边抽水、边在下地下室或人孔内作业。

② 在人孔抽水使用发电机时,排气管不得近人孔口,应放在人孔下风方向。

③ 冬季在人孔内抽水排放应防止路面结冰。

④ 作业人员应穿胶靴或防水裤防潮。

2）开启人孔及作业

（1）启闭人孔盖应使用专用钥匙。

（2）上、下人孔时必须使用梯子，放置牢固。不得把梯子搭在人孔内的线缆上，严禁作业人员蹬踏线缆或线缆托架。

（3）在行人、行车的地段施工，开启孔盖前，人孔周围应设置安全警示标志和围栏，晚上作业必须设置警示灯，作业完毕确认孔盖盖好再拆除。

（4）雨、雪天作业时，在人孔口上方应设置防雨棚，人孔周围可用砂土或草包铺垫。

3）敷设管道光（电）缆

（1）清刷管道时，穿管器前进方向的人孔应安排作业人员提前到位，以便使穿管器顺利进入设计规定占位的管眼，不得因无人操作而使穿管器在人孔内盘团伤及人孔内原有光（电）缆。

（2）人孔内作业人员应站在管孔的侧旁，不得面对或背对正在清刷的管孔。严禁用眼看、手伸进管孔内摸或耳听判断穿管器到来的距离。

（3）机械牵引管道电缆应使用专用牵引车或绞盘车，严禁使用汽车或拖拉机直接牵引。机械牵引电缆使用的油丝绳，应定期保养、定期更换。

（4）机械牵引前应检验井底预埋的U形拉环的抗拉强度。

（5）井底滑轮的抗拉强度和拴套绳索应符合要求，安放位置应控制在牵引时滑轮水平切线与管眼同一水平线的位置。

（6）井口滑轮及安放框架强度必须符合要求，纵向尺寸应与井口尺寸匹配。

（7）牵引时，引入缆端作业人员的手臂必须远离管孔。引出端作业人员应避开井口滑轮、井底滑轮及牵引绳。

（8）牵引绳与电缆端头之间必须使用活动"转环"。

4）气吹敷设光缆

（1）在交通口处必须设置作业警示标志，在人口密集区必须设置隔离栏，应有专人看守，严禁非作业人员进入吹缆作业区域。

（2）吹缆时，非设备操作人员应远离吹缆设备和人孔，作业人员不得站在光缆张力方向的区域。

（3）如遇有硅芯管道障碍需要修复时，应停止吹缆作业。必须待修复完毕后方可恢复吹缆作业，严禁在没有指令的情况下擅自"试吹"。

（4）吹缆时在出缆的末端人孔作业人员应站在气流方向的侧面，防止硅芯管内的高压气流和沙石溅伤。

（5）使用吹缆机、涡轮式空压机及液压设备时，应注意以下几点。

① 吹缆机操作人员应佩戴防护镜、耳套（耳塞）等劳动保护用品，手臂应远离吹缆机的驱动部位。

② 严禁将吹缆设备放在高低不平的地面上。

③ 作业人员必须远离设备排出的热废气。

④ 严禁设备的排气口直对易燃物品。

⑤ 在液压动力机附近,严禁使用可燃性的液体、气体。

⑥ 当汽油等异味较浓时,应检查燃料是否溢出和泄漏。必要时应停机。

⑦ 检查机械部分的泄漏时应使用卡纸板,不得用手直接触摸检查。

⑧ 输气软管发现破损老化必须及时更换,并连接牢固。

⑨ 吹缆液压设备在加压前应拧紧所有接头。空压机启动后,值机人员不得远离设备并随时检查空压机的压力表、温度表、减压阀。空气压力不得超过硅芯管所允许承受的压力范围。

⑩ 空压机排气阀上连有外部管线或软管时,不得移动设备。连接或拆卸软管前必须关闭缩压机排气阀,确保软管中的压力完全排除。

5. 敷设水底光(电)缆安全管理

(1) 在通航河流敷设水底光(电)缆之前,应与航务管理部门洽商敷设时间、封航或部分封航办法,并取得相关单位的协助。

(2) 水底光(电)缆敷设,应根据不同的施工方法和光(电)缆的重量选用载重吨位、船体面积合适、牢固的船只。

(3) 扎绑船只所用绳索和木杆(钢管)应符合最大承受力要求,扎绑支垫应牢固可靠,工作面铺板应平坦,无铁钉露出,无杂物。船缘应设围栏。

(4) 作业船靠岸地点,应选择在便于停船的非港口繁忙区。

(5) 敷设水底光(电)缆前,必须对水上用具、绳索、绞车、吊架、倒链、滑车、水龙带和所有机械设备进行合格的检查,确保安全、可靠。

(6) 绞车或卷扬机应牢固地固定在作业船上,作业区域的钢丝绳、缆绳应摆放整齐,防止绞入船桨、船舵。

(7) 水底光(电)缆敷设工作船上应按水上航行规定设立各种标志,船上作业人员和潜水员应穿救生衣。正式敷设前应先进行试敷,确有把握后,才能进行快速放缆。船速要均匀,并且应有一定数量的备用潜水人员,以便应急替换。掌握放缆车制动的操作人员应随时控制光(电)缆下水速度。

6. 线路终端设备安装安全管理

1) 安装交接箱

(1) 安装交接箱和平台时必须在施工现场围栏。

(2) 安装架空交接箱应检查 H 杆是否牢固,如有损坏应换杆。

(3) 采用滑轮绳索牵引吊装交接箱应拴牢,并用尾绳控制交接箱上升时不左右晃荡,严禁直接用人扛抬举的方式移置交接箱至平台。

(4) 上、下交接箱平台时,应使用专制的上杆梯、上杆钉或登高梯。如采用脚扣上杆,应注意脚扣固定位置和杆上铁架。不得徒手攀登和翻越上、下交接箱。

2) 在通信机房安装光(电)缆成端设备

(1) 不得随意触碰正在运行的设备。

（2）走线架上严禁站人或攀踏。

（3）临时用电应经机房人员允许，使用机房维护人员指定的电源和插座。

4.3 通信设备安装工程施工质量控制和安全管理

4.3.1 通信设备安装工程施工质量控制

1. 质量控制点

根据《通信设备安装工程施工监理规范》（YD/T 5125—2014），在设备安装施工前，监理工程师应要求施工单位按照通信机房建设标准及设计文件的具体标准对已竣工验收的机房按表 4-3 中前两项规定的内容进行检查，符合装机条件及安全要求时，应共同签认检查表，方可开始机房设备安装施工。通信设备安装工艺质量控制点见表 4-4。

表 4-3　通信设备安装施工准备阶段检查、复核内容

序号	检查项目	检查、复核内容	检查/复核标准
1	机房装机条件	① 土建已竣工并验收合格 ② 机房的温/湿度、洁净度、通风 ③ 市电、照明、电源及信息插座 ④ 地面平整、稳固 ⑤ 预留孔洞及预埋件 ⑥ 设备地线引入、敷设、阻值	满足设计文件要求
2	机房安全	① 机房荷载 ② 机房建筑防火、消防器材性能及装修材料的燃烧性能，机房内严禁存放易燃、易爆等危险物品 ③ 在抗震地区通信机房的抗震设防要求 ④ 机房建筑的防雷接地和接地电阻 ⑤ 机房防水	满足设计文件要求
3	天馈线安装条件	① 加挂或拼装天线的支架（含抱杆）安装高度、位置 ② 馈线、波导管的爬梯及过桥走线架 ③ 避雷针的安装位置及高度 ④ 防雷接地电阻值	满足设计文件要求
4	施工人员资格	① 特种作业人员的资格证 ② 安全生产管理人员的安全生产考核合格证书	
5	进场机具仪器仪表	① 进场施工机具的检验合格证 ② 仪器、仪表的检定合格证	

表 4-4 通信设备安装工艺质量控制点

序号	检验项目	检 验 内 容	监理方式
1	设备、材料	① 对主要设备、材料的品种、规格、型号、数量进行开箱清点和外观检查,必要时可抽验一部分设备、材料 ② 设备合格证、检验报告单、进网许可证 ③ 在抗震设防 7 度烈度以上(含 7 度烈度)地区公用电信网上使用通信设备应取得抗震性能检测合格证	检查、抽验
2	走道、槽道安装	① 安装的位置、走向、高度 ② 安装的水平度及直立走道、槽道、立柱的垂直度和立柱排列 ③ 吊挂及撑铁 ④ 走道横铁及槽道盖板、侧板、底板、缝隙 ⑤ 漆色、接地	巡视、检验
3	机架安装	① 安装位置、排列及对地加固、机顶加固、紧固件安装 ② 垂直度、平行度、机列平面、架间缝隙及接地 ③ 在抗震地区的抗震加固	巡视、检验
4	子架、插盘及配线架附件安装	① 子架安装位置、排列;各种配线架附件的安装	巡视、检验
		② 插盘及插接件安装	旁站
5	壁挂式设备安装	① 垂直、牢固、不悬空 ② 底部和顶部的相对高度	巡视、检验
6	台席及终端设备安装	① 台席平面及排列 ② 终端设备排列	巡视、检验
7	敷设线缆及光纤连接线	① 规格、程式、数量、布放的路由、位置和连接 ② 在走线架上、槽道内布放、排列;架内布放、排列、连接 ③ 标识	巡视、检验
8	编扎线缆、光纤连接线及跳线	① 分线、编扎、弯曲半径及在配线架内跳线工艺 ② 光纤连接线在走线架上及槽道内的保护 ③ 通信线缆、光纤连接线、电源线应分开布放	巡视、检验
9	线缆成端保护	① 线缆端头预留长度 ② 同轴电缆端头的处理	巡视、检验
		③ 芯线绕接及焊接	旁站
10	天线安装	① 安装位置、高度 ② 安装的平稳和牢固度及室内外天线的外形要求 ③ 安装的方位角、俯仰角	巡视、检验
		④ 防雷接地(新建地网)	旁站
11	馈线、波导安装	① 安装位置及路由 ② 馈线、波导的固定、弯曲、接头、密封	巡视、检验
		③ 防雷接地(新建地网)	旁站
12	工程验收	① 通信设备安装工程竣工技术资料 ② 通信设备安装工程检查或抽查	审核、检验

2. 质量要求

1）通信机房环境要求

（1）机房及相关土建工程已按设计全部竣工并符合要求,室内已充分干燥,地面、墙壁、顶棚等处的预留空洞及预埋件的规格、尺寸、位置、数量等符合工艺设计要求；机房不得有漏雨、渗水现象。

（2）机房配有感烟、感温等告警装置,性能良好。

（3）市电已引入机房,机房照明及电源插座、综合布线信息插座等安装工艺良好,并符合设计图纸要求。

（4）机房温湿度、洁净度应符合通信设备安装设计的环境要求,同时也应满足通信设备产品技术说明中的要求。一般情况下,通信机房的环境温度为 $18\sim28℃$；相对湿度为 $20\%\sim80\%$；洁静度达到通信设备要求指标。空调设备、通风管道等安装工艺应达到设计要求。

（5）在铺设活动地板的机房内,地板板块铺设应严密、坚固、平整,每平方米水平误差应不大于 2mm。

（6）机房应接地良好,地阻应小于 10Ω。

（7）在卫星地球站,安装天线的水泥基础高度、方位和增高架尺寸、天线房高度、宽度均应符合工程设计要求。

2）室内走线架、槽道安装质量要求

（1）水平走线架、槽道安装位置、高度应符合施工图纸规定。其位置左右偏差不大于 50mm,水平偏差不大于 2mm/m。

（2）安装列间槽道或列走线架应端正、牢固,与主槽道或主走线架保持垂直。每列槽道或列走线架应成一条直线,偏差不大于 30mm。列槽道的两侧板与机架顶部前后面板相吻合。盖板、侧板和底板安装应完整、缝隙均匀,零件安装齐全,槽道侧板拼接处水平度偏差不超过 2mm。

（3）走线架的地面支柱安装应垂直稳固,加固支撑安装平稳、牢固,吊挂垂直整齐。

（4）槽道、走线架横铁安装距离均匀,间隔 $250\sim300$mm。列间撑铁、吊挂位置要适当。

（5）安装沿墙单边或双边走线架时,在墙上安装的支撑架应牢固可靠、高度一致,沿水平方向间隔距离均匀。安装后的走线架应整齐,不得有起伏不平的歪斜现象。

（6）电缆走线架穿过楼板孔或墙洞的地方,应加装子口保护。电缆放绑线料完毕后,应用盖板封住洞口(采用阻燃材料),其颜色应与地板或墙壁一致。

（7）光纤护槽宜安装在电缆槽道支铁上,应牢固、平直、无明显弯曲。在槽道内的高度宜与槽道侧板上沿基本平齐,不影响槽道内电缆的布放。光纤护槽的盖板应方便开合操作,位于列槽道内部分的侧面应留出随时能够引出光纤的出口。

（8）机房内所有不带电的金属走线架(槽)、连固铁、吊挂、立柱必须作电气连通,与机房接地排连接牢固。当走线架较长时,推荐每 5m 用多股铜线接地一次,接地截面积不小于 16mm^2。室内走线架不得与室外走线架有电气连接。

3）机架安装工艺质量要求

（1）机架安装位置，应符合工程设计平面图要求，其偏差不大于 10mm。

（2）机架安装应端正、牢固，垂直偏差不应大于机架高度的 1‰，检查时，可用吊线锤测量。如达不到垂直度要求时，用铅皮或薄铁皮垫平。当需要调整机架位置、水平或垂直度时，可用橡皮锤轻敲机器底部，使之达到要求。不得用铁锤直接敲打设备，以免损坏设备。

（3）同列机架应互相靠拢，机架之间的垂直缝隙偏差不得大于 3mm。几个机架排列在一起，设备面板应在同一平面、同一直线上，每米偏差不大于 3mm，全列偏差不大于 15mm。同类机架相邻，高低一致，偏差小于 2mm。

（4）有活动地板的机房，还要加工机架底座，加工的底座规格应与机架相符，且应比地板表面高 3～5mm。机架必须安装和固定在底座上，不得将机架固定在活动地板表面。

（5）机架采用膨胀螺栓对地加固时，所有紧固件应拧紧适度，同一类螺钉露出螺帽的长度基本保持一致。

（6）机架上的各种零部件不得脱落或碰坏，漆面如有脱落应予补漆。各种文字和符号标志应正确、清晰、齐全。

（7）在抗震设防 7 度以上（含 7 度）地区，安装通信设备时须按要求采取抗震加固措施。

4）子架、插盘、配线架、台席、终端等安装质量要求

（1）子架安装位置应符合施工图设计要求。子架与机架的加固应牢固、端正，符合设备装配要求，不得影响机架的整体形状和机架门的顺畅开关。

（2）子架上的零配件应装配齐全，接地线应与机架接地端子可靠连接。

（3）安装子架内的机盘时，须先戴上防静电手环，再检查机盘有无机械性损伤。在子架框内插入机盘时注意后插座与机盘的插头配套。不能强行插入，以免损伤插头和造成信号的不通。插入光接口板时，要特别注意不得损伤光纤接口。机盘应排列整齐，插接件接触良好。

（4）各种配线架（MDF、ODF、DDF、UTP）安装排列顺序及各种标识应符合施工图设计要求，ODF 架上法兰盘的安装位置应正确、牢固、方向一致，盘纤区固定光纤的零部件应安装齐备。总配线架底座位置应与成端电缆上线槽或上线孔洞相对应，跳线环安装位置应平直整齐。滑梯安装应牢固、可靠，滑动平稳，滑梯轨道拼接平正，手闸灵敏。

（5）安装在配线架上的接线模块（端子板）应端正、牢固，不得有松动现象。

（6）总配线架的告警装置安装齐全、正确。

（7）终端（座席）机台位置安装正确，台列整齐，机台边缘应成一直线，相邻机台紧密靠拢，台面相互保持水平，衔接处无明显高低不平现象。

（8）网管设备的安装位置及主机的安装加固应符合施工图的设计要求，操作终端、显示器等应摆放平稳、整齐。

5）线缆布放质量要求

（1）线缆布放路由、截面和位置应符合工程设计图纸要求，线缆排列必须整齐，外皮无损伤，不得打结，不得溢出槽道。

（2）布放的线缆必须是整条线料，长度应按实际路由丈量剪裁，严禁中间有接头。

（3）信号线及交、直流电源线应分开布放，即"三线分开"。无法避开同一路由时，交流电源线与直流电源线保持间距在 50mm 以上，直流电源线与非屏蔽信号线保持间距在 50mm 以上，交流电源线与非屏蔽信号线保持间距在 150mm 以上。

（4）布放走线架上的线缆必须绑扎。

（5）在活动地板下布放的线缆，应注意顺直不凌乱，尽量避免交叉，并且不得堵住送风通道。

（6）沿地槽布放电缆时，地槽必须清洁干净，不得有积水和杂物。电缆不能与地面直接接触，应用橡胶垫子垫底。

（7）信号电缆转弯时均匀圆滑，曲率半径符合规定。一般应大于 60mm 或直径的 10 倍以上。

（8）电缆在机架内部布放应顺直并适当绑扎，不得影响机内原有信号线的走向和机盘插拔。

（9）电缆在 DDF 架内布放时应顺直，出线位置准确，预留长度一致，绑扎整齐，间隔一致，绑扎头不应放在明显部位。

6）线缆绑扎质量要求

（1）绑扎后的线缆应互相紧密靠拢，外观平直整齐，线缆表面形成的平面高度差不超过 5mm，线缆表面形成的垂面垂度差不超过 5mm。

（2）布放槽道线缆可以不绑扎，槽内线缆应顺直，尽量不交叉。在线缆进出槽道部位和电缆转弯处应绑扎或用塑料卡捆扎固定。

（3）绑扎成束的线缆转弯时，线扣应扎在转弯角两侧，以避免在线缆转弯处用力过大造成断芯的故障。

（4）线扣间距均匀、松紧适度。间距与走线架间隔一致，一般为 300～700mm。横走线架上线扣间距最大不得超过走线架 2 倍的横档间距，垂直走线架上每根横档处均需绑扎。

（5）线扣接头应剪除，室内线扣接头应齐根剪平不拉尖，室外线扣接头应剪平并预留 2mm 的余量，黑白线扣严禁混用，室内采用白色线扣。

7）光缆连接线（尾纤）、跳线布放质量要求

（1）尾纤布放路由符合工程图纸的规定，余留长度应统一。

（2）尾纤盘绕的曲率半径不小于 40mm。

（3）尾纤布放在槽道内应加套管保护，或布放在单独的光纤线槽内，并用活扣扎带绑扎均匀，不宜过紧。经过绑扎后的尾纤应该顺直，不应该有明显的扭绞。严禁尾纤被挤压在其他的线缆下。

（4）尾纤插头与光传输设备及 ODF 架上的光纤活动连接器（法兰盘）连接时，可先用棉球沾纯酒精对插头、活动连接器进行清洁。根据工程设计要求，尾纤应按光信号传输方向（A、B 端）和光缆的纤芯顺序依次连接、拧紧，力度适中（以光信号介入衰减最小为准）。

（5）多余尾纤应整齐绕于尾纤盒内或绕成直径大于 80mm 的圈后固定，未用尾纤的

光连接头应用保护套保护。

（6）跳线的走向、路由应符合设计规定。

（7）跳线的布放应顺直，捆扎牢固、松紧适度。

8）线缆成端质量要求

（1）射频同轴电缆端头处理。

同轴电缆预留长度应统一，每条电缆芯线剖头尺寸应与电缆终端插头尺寸相适应。芯线焊接牢固，焊锡适量，焊点光滑，不假焊、不漏焊、不呈尖形或瘤形。组装缆线的同轴插头时，配件应齐全，安装位置正确，装配牢固。射频同轴线的隔离网均匀散开，紧贴同轴插头的外导体。用专用工具将同轴插头外导体与电缆接触部分一次性压成六角形，不得有松动现象。为了使电缆与同轴插头连接牢固，还应在每条电缆头上套上合适的热缩管。成端完成后，内外导体的绝缘电阻应符合技术指标要求。

（2）音频电缆端头处理。

电缆剖头长度应一致，剖头时不能伤及芯线，按线序预留长度一致。剖头根部应套上合适的热缩管，出线时一般采用扇形或梳形。当芯线在接线模块上卡接时，应用专用卡接工具，严禁手工或其他工具代替。当芯线采用焊接工艺方式时，刮线长度一致，可在端子板上绕 3～4 圈，且与端子紧密贴合，焊接点光滑，无假焊、漏焊、错焊。焊接完毕，允许露出铜芯 1mm 以下。当芯线采用绕接工艺方式时，必须使用绕线枪绕接。线径为 0.4～0.5mm 时，可绕接 6～8 圈；线径为 0.6～1.0mm 时，可绕接 4～6 圈。当一个接线端子上需绕接两根或两根以上芯线时，两根芯线不得同时并绕，应先绕一根，再绕另一根。

（3）屏蔽线端头处理。

屏蔽线剖头长度应一致，剖头处应套上热缩管，各条屏蔽线长度统一、适中、热缩均匀。芯线与端子焊接或压接牢固。屏蔽层应均匀分布在插头外导体压接处或焊接在接地端子上。

（4）电源线端头处理。

截面在 10mm^2 以下单芯或多芯电源线可与设备的电源接线端子直接连接。即将电源线端头剖开适当长度，按照螺帽拧紧的方向制作接头圈，在导线与螺母之间加装垫片和弹簧圈，拧紧螺母；在 10mm^2 以上的多股电源线端头应加装接线端子（线鼻子），尺寸与导线线径适合，线鼻子与电源线的端头应镀锡，并用专用压接工具进行压接。直流电源线应分别用红、蓝颜色的热缩管套在线鼻子与电源线的端头连接处。

9）电源线、保护地线质量要求

（1）电源线、保护地线的走线路由符合设计文件要求。

（2）电源线、保护地线的截面积符合产品安装要求，保护地线截面积不小于 35mm^2，-48V 电源线截面积不小于 25mm^2。

（3）电源线、保护地线应采用整段多股铜线，中间不能有接头，绝缘层完好，冗余部分应剪掉，不得打圈或反复弯曲。

（4）电源线、保护地线连接时，使用与截面积及螺栓直径相符的铜鼻子。铜鼻子压接应牢固，芯线在端子中不可摇动。每只螺栓最多连接两个接线端子，且两个端子交叉摆放,鼻身不得重叠。接线端子压接部分应加热缩套管或缠绕至少两层绝缘胶带,不得将裸线和铜鼻子露于外部。

(5) 机架门保护地线连接牢固,没有缺少、松动和脱落现象。

(6) 室内接地母线应直接连接在室内接地排上,室外接地铜排有专用可靠通路引至地下接地网,接地母线截面积必须大于 $50mm^2$。

(7) 接地排要与墙面绝缘,接地路径应尽可能短。

(8) 室内接地排上接地,一个接地螺栓只能接一根保护线。机架应分别就近与接地排连接,不得将几个机架接地端子复联后在一处接地。

10) 线缆、标签质量要求

(1) 通信线缆、设备必须有标识。标签可根据维护习惯制定,但编号应是唯一的,不得重复,颜色应按统一规定,编号方法一致。

(2) 电源柜、电源分配柜中设备电源线短路器必须用规范标签标明连接去向,标签粘贴工整。

(3) 所有线缆两端均要粘贴标签,室内采用专用贴纸标签,室外采用塑料挂牌标签。

(4) 电源线、地线、传输线、光纤等标签紧贴线缆端头粘贴,距离端头 20mm。标签标示线缆去向的一面朝上或朝向维护面,以方便阅读。

11) 室外馈线走线架安装质量要求

(1) 室外走线架宽度不小于 0.4m,横档间距不大于 0.8m。

(2) 从铁塔和桅杆到馈线孔应有连续的走线架。走线架一端应采用可应对热胀冷缩的固定方式,馈线窗处应略高于与铁塔固定处,保证雨水不会沿馈线流入室内。

(3) 走线架对荷载有足够的支撑力。

(4) 为使馈线进入室内更安全、更合理,施工更安全便利,高层机房外墙走线架应在馈线孔以下留有 1.5～2m 长。楼顶走线架安装主馈线时,相应的位置应有可供接地的孔洞。

12) 基站天线系统安装质量要求

(1) 天线抱杆。

① 抱杆位置设置应符合工程设计要求,抱杆应垂直于地面(偏差不超过 1°)。抱杆间的水平距离应符合设计要求。全向天线抱杆离塔体间距应不小于 1.5m,全向天线收、发抱杆间水平距离应不小于 3m,在屋顶安装时,全向天线与避雷器之间的水平间距应不小于 2.5m。

② 所有天线抱杆必须处于避雷针 45°保护范围之内。

③ 天线抱杆、悬臂及塔体必须紧固连接,符合安全要求;抱杆和悬臂必须防锈抗腐蚀。

(2) 天线组装。

① 先检查天线的数量、规格、型号,应符合工程设计要求,检查天线的内置倾角、波束宽度、增益等指标应与设计相符。

② 天线组装时应在比较平坦的地方,应在地面上铺上包装盒纸,勿使天线外表面受到损伤和污染。

③ 应使用专用安装附件按生产厂家安装技术说明书进行,应安装牢固,螺钉不能缺少或松动。

④ (1/2)″室外跳线应先行与天线接好并作好防水包裹绑扎。

(3) 天线吊装。

要用专用电缆盘支架、滑轮、绳索等设备。捆绑天线的绳索要牢靠,吊装时要用尾绳控制,不能让天线碰触地面、塔体或墙体以免磨损。

(4) 天线安装。

① 天线安装位置应符合工程设计,各天线间隔应符合水平和垂直度隔离度的设计要求。

② 天线安装在楼顶围墙(女儿墙)上时,天线底部距离围墙最高部分应大于 50cm。

楼顶桅杆站安装时,楼面不应对天线的覆盖方向造成阻挡,楼顶桅杆站的天线底到楼顶外墙边的连线与楼面的夹角应大于 60°。

③ 所有天线必须处于避雷针 45° 保护范围之内。

④ 定向天线安装时,抱杆顶端高出天线顶部不小于 20cm,同一系统各天线的高度应保持一致。

⑤ 天线方位角设定符合系统设计要求,最大允许误差小于 5°。天线俯角的设定符合系统设计要求,最大允许误差小于 1°。

13) 基站馈线系统安装质量要求

(1) 馈线头制作。

① 馈线头应在塔下制作,一般情况下,制作馈线头必须使用专用馈线刀,按馈线头厂家规定的规范步骤进行。

② 切割外皮时不能划伤馈线外导体,馈线的内芯不得留有任何遗留物,如碎屑、灰尘、雨水、汗滴等,切割制作过程至馈头装上前应使馈线头部向下,装馈头前应用专用清洁毛刷除去杂物,用刀具去毛刺;应避免脏手接触外内导体,不能漏装密封橡胶圈。

(2) 馈线吊装。

要用专用电缆盘支架、滑轮、绳索等设备。捆绑馈线的绳索要牢靠,不能让馈线碰触塔体或墙体以免磨损,馈线裁割后应及时用塑料布袋包封,不能让杂物进入内腔;吊装中两头都应做好标记。

(3) 馈线安装。

① 安装位置。

a. 应按室内避雷器的位置需要确定每根主馈线安放顺序和穿入窗口,尽量避免交叉。

b. 主馈线布放应做到顺直牢固,馈线间间隔均匀、平行,分层排列,整齐有序。

c. 必须使用专用的馈线卡子,馈线卡安装应牢固并在一条直线上,馈线卡应能卡紧馈线,馈线卡间距在竖直方向上一般应小于 1m,在水平方向上不大于 2m。

d. 在铁塔平台上,馈线不得接触到尖锐的表面。

② 安装工艺要求。

a. 主馈线入室必须用封洞板,并用护套密封。

b. 应能有效防止雨水顺馈线流入基站室内,由上向下的馈线要留有防水弯,防水弯半径必须大于馈线规定的最小转弯半径(一般馈线不小于 20 倍外径,软馈线不小于 10 倍外径);各馈线的防水弯应一致。

c. 安装馈线时,距馈线头 20cm 以内馈线不宜加馈线卡,以免引起接触不良或驻波比增大。

d. 馈线安装完成后表面不应有破皮、划伤和明显扭曲。

e. 未使用的入室孔洞口必须密封,整个密封窗应不透光。

③ 室外跳线安装。

a. 跳线规格、型号要符合设计要求。室外专用跳线和室内跳线不能弄错,不能混用。

b. 室外(1/2)″跳线的布放和绑扎应留有供优化调整用的余量,余量部分尽可能不打圈,如确需打圈,圈数不能满 2 圈,且弯曲半径应符合要求(大于外径 20 倍或 250mm)。

c. 室外跳线两端接头分别与天线、馈线连接处拧紧,一定要用防水胶泥和防水胶布作密封防水处理,防止雨水渗入。

d. 应用宽扎带和能长期不受风化的材料将室外跳线与桅杆或悬臂固定牢固,使之经受大风时无明显摇摆。防止因大风吹动导致接头松动。

14) 天馈系统防雷与接地质量要求

(1) 主馈线要求不少于三点接地,接地位置在平台上水平拐垂直前、塔下部垂直拐水平前、引入机房进馈线窗前或回水弯前的未弯曲部位,不可选在弯曲变形应力大的地方。

(2) 做防水连接时,馈线外皮去除尺寸要适当。

(3) 接地箍应能牢固地卡接到馈线的外导体上。

(4) 馈线接地线走向应顺着馈线下行方向指向地面布放,接在塔体的接地汇集排上,馈线窗前的接地线可接在馈线接地汇集铜排上。接地线的弯曲半径应符合规范和设计要求。

(5) 如果馈线长度超过 60m,必须增加接地点。如果馈线在过桥走线架或水平布放超过 20m 时也应增加一处接地;如果馈线小于 20m,允许两点接地。

(6) 接地线应尽量采用厂方配的专用馈线接地线,如现场需要裁剪,配套铜线鼻子须压制两道以上,并做好防水防腐处理。

(7) 塔体接地点和接地线连接处要事先清除油漆和锈,同时作防氧化处理。

(8) 在走线架上距馈线窗 1m 左右的位置安装避雷器组架,避雷器架必须与走线架严格绝缘,架面应与走线架垂直,其接地线应接到室外接地排上。

(9) 接地线敷设要求做到以下几点。

① 接地线敷设平直、牢固,固定点间距均匀,穿墙有保护管,油漆防腐完整。

② 焊接连接的焊缝完整、饱满,无明显气孔、咬肉等缺陷。

③ 螺栓连接紧密、牢固。

④ 防雷接地引下线的保护管固定牢靠,接触面镀锌或镀锡完整,螺栓等紧固件齐全,防腐均匀。

15) 加电检测质量要求

通信设备加电检查测试是质量控制的关键点之一,监理人员应进行旁站监理,按要求检查设备加电条件并监督施工人员加电的各个步骤，以保证设备的正常工作。

（1）设备加电前的检查。

① 检查布放的电源线、信号线应插接或焊接牢固。正、负极性无误，告警正常。信号端子连接正确。直流电源线外皮颜色、信号线标志应正确。

② 所有设备的保护地线安装牢固，接地良好。

③ 检查设备、部件、布线的绝缘电阻应符合技术指标要求。

④ 设备的各级过电流限值应符合规定要求。开关位置正确，其表面清洁，无金属碎屑。

⑤ 设备内子架、机盘安装位置正确、齐全，与设备说明书相符。机内布线无差错。

⑥ 机房和机架内应清洁干净。机房空调应打开，保持合适的温度（18～28℃）。

⑦ 检查机房供电系统的电压满足设备供电要求。

（2）加电应按设备说明书上的操作规程进行。采取逐级加电的方法并测量电源电压，确认正常后，方可进行下级加电。加电及测试时，监理人员应进行旁站监理。

（3）设备功能检查时，监理人员应要求施工人员对照设备出厂技术说明或厂验记录，检查各项功能应达到设计要求。

（4）设备进入测试阶段，监理人员应在现场检查施工单位、厂商的测试过程和测试方法，测试应在设备和仪表工作稳定的情况下进行。监理人员应检查测试仪表的参数设置、测试时间间隔及测试结果，确保现场测试项目完整、数据真实和可靠。测试值应符合技术指标要求，发现不合格时应详细记录和查找原因。

（5）施工人员测试时应按工程统一式样表格填写记录。监理人员应对测试数据认真审查和确认。

4.3.2　通信设备安装工程施工安全管理

1. 一般安全要求

（1）设备开箱时应注意包装箱上的标志，严禁倒置。开箱时应使用专用工具，严禁用锤猛力敲打包装箱。开箱后应及时清理箱板、铁皮、泡沫等杂物。雨雪、潮湿天气不得在室外开箱。

（2）在机房内搬移设备时，不得损坏地板和其他设备。

（3）施工作业所用工、机具应完好，不得带"病"作业。

（4）施工场地应配备消防器材。机房内严禁堆放易燃、易爆物品；严禁在机房内吸烟、饮水。

（5）在已有运行设备的机房内作业时，应划定施工作业区域。作业人员不得触碰在运设备，不得随意关断电源开关。

（6）多用插座、电烙铁、手电钻、电锤等工具的电源接线应绝缘良好，严禁将交流电源线挂在通信设备上。

（7）施工用临时电源应安装漏电保护器，并标明电压和容量。使用机房原有电源插座时必须先测量电压、核实电源开关容量。

（8）铁架、槽道、机架、人字梯上不得放置工具和器材。高凳上放置工具和器材时，人离开时必须随手取下。搬移高凳时，应先检查、清理高凳上的工具和器材。

（9）高处作业应使用绝缘梯或高凳。严禁脚踩铁架、机架和电缆走道；严禁攀登配线架支架；严禁脚踩端子板、弹簧排。

（10）涉电作业必须使用绝缘良好的工具，并由专业人员操作。在带电的设备、头柜、分支柜中操作时，作业人员应取下手表、戒指、项链等金属饰品，并采取有效措施防止螺钉、垫片、铜屑等金属材料掉落引起短路。

（11）在运行设备上方操作时，应对运行设备采取防护措施，严禁工具、螺钉等金属物品落入机内。

（12）重要工序应由操作技术熟练的人员操作。建设单位随工人员或监理人员、工程质检员应在施工现场监督检查。

（13）系统割接时，应做好割接方案和数据备份，同时制订应急预案。

（14）每日工作完毕离开现场前，应清理现场，切断作业电源。检查电源及其他不安全因素，确认无安全隐患。

2. 安装机架和布放电缆安全管理

（1）设备在安装时（含自立式设备），必须用膨胀螺栓对地加固，在抗震地区必须按设计要求，对设备采取抗震加固措施。

（2）在已运行的设备旁安装机架时应防止碰撞原有设备。

（3）布放线缆时，不应强力硬曳，并设人看管缆盘。在楼顶上布放引线时，不可站在窗台上作业。如必须站在窗台上作业时，必须扎绑安全带进行保护。

（4）布放线缆时应做好标识，其中电源线端头应作绝缘处理。

（5）在光纤槽道上布放尾纤时，严禁踩踏原有尾纤。在机房原有 ODF 架上布放尾纤时，严禁将在用光纤拔出而引起通信中断。

（6）开剖线缆不得损伤芯线。电源线端头必须镀锡后加装线鼻子，线鼻子的规格应符合要求。

（7）连接电源线端头时应使用绝缘工具。操作时应防止工具打滑、脱落。

（8）列头柜电源保险容量必须符合设计要求。插拔电源保险必须采用专用工具，不得用其他工具代替。

（9）在运行设备上布放电缆时必须对熔丝、电源开关进行保护，电缆头用绝缘胶布缠绕包封好后再进行布放。

3. 设备加电测试安全管理

（1）设备在加电前，应检查设备内不得有金属碎屑；电源正、负极不得接反和短路；设备保护地线良好；各级熔丝规格应符合设备的技术要求。

（2）设备加电时，必须沿电流方向逐级加电、逐级测量。

（3）插拔机盘、模块时必须佩戴接地良好的防静电手环。

（4）测试仪表应接地，测量时仪表不得过载。

（5）线路测试（抢修）时，应先断开设备与外缆的连接。

4. 上塔作业安全管理

（1）从事微波、移动通信基站等安装工程项目的高空作业人员必须经过专业培训考试合格并取得特种作业操作证，并且还应定期进行健康检查。

（2）施工单位应根据场地条件、设备条件、施工人员、施工季节编制施工安全技术措施，作为施工组织设计的一部分，经审核后必须认真执行。

（3）每道工序必须指定施工负责人，并在施工前必须由本工序负责人向施工人员进行技术和安全交底，明确分工。严禁任何违章作业的现象发生。

（4）各工序的工作人员必须着用相应的劳动保护用品，严禁穿拖鞋、硬底鞋或赤脚上塔作业。

（5）安全带必须经过检验部门的拉力试验，安全带的腰带、钩环、铁链都必须正常，用完后必须放在规定的地方，不得与其他杂物放在一起。施工人员的安全帽必须符合国家标准。

（6）以塔基为圆心，以塔高的 1.05 倍为半径的范围为施工区，应进行围拦，非施工人员不得进入。以塔基为圆心，塔高的 20％为半径的范围为施工禁区，施工时未经现场指挥人员同意并通知塔上作业人员暂停作业前，任何人不得进入。

（7）施工现场应无障碍物。如有沟渠、建筑物、悬崖、陡坎等必须采取有效的安全措施后方可施工。

（8）输电线路不得通过施工区。如遇有时，必须采取停电措施。

（9）手摇绞车、电动卷扬机、扒杆、吊杆、滑轮、钢丝绳等施工机具的安全系数必须符合安全规定。

（10）电动卷扬机、手摇绞车的安装位置必须设在施工围栏区外。

（11）遇到下列气候环境条件时严禁杆塔施工作业。

① 地面气温超过 40℃或低于−20℃时。

② 五级风及以上。

③ 沙尘、云雾或能见度低。

④ 雨雪天气。

⑤ 杆塔上有冰冻、霜雪尚未融化前。

⑥ 附近地区有雷雨。

（12）经医生检查身体有病不适应上塔的人员不得勉强上塔作业。前一天或当天饮过酒的人不得上塔作业。

（13）高处作业人员上塔前必须检查安全帽和安全带各个部位有无伤痕，如发现问题严禁使用。塔上作业时，必须将安全带固定在铁塔的主体结构上，不得固定在天线支撑杆上，严防滑脱。扣好安全带后，应进行试拉，确认安全后方可施工。

（14）上、下塔时必须按规定路径攀登，人与人之间距离应不小于 3m，行动速度宜慢不宜快。上塔人员不得在防护栏杆、平台和孔洞边沿停靠、坐卧休息。

（15）塔上作业人员不得在同一垂直面同时作业。

（16）塔上作业，所用材料、工具应放在工具袋内。所用工具应系有绳环，使用时套在手上,不用时放在工具袋内。塔上的工具、铁件严禁从塔上扔下。大小件工具都应用工具袋吊送。

(17) 在地面起吊天线、馈线或其他物体时,应在物体稍离地面时对钢丝绳、吊钩、吊装固定方式等作详细的安全检查。

(18) 吊装物件时,必须系好物件的尾绳,严格控制物体上升的轨迹,不得碰撞墙体。拉尾绳的作业人员应密切注意指挥人员的口令,松绳、放绳时应平稳。

(19) 塔上焊接。

① 焊接人员必须穿戴相应的专用劳保用品。上塔不得携带电焊软电缆、焊枪或气焊软管等工具。焊接工具必须在无电源或气源的情况下吊送。

② 电焊机应放在干燥场地,并加防雨设施,外壳应接地牢靠。

③ 在塔上电焊时,除有关人员外,其他人都应下塔并远离塔处。凡焊渣飘到的地方,严禁人员通过。电焊前应将作业点周边的易燃、易爆物品清除干净。电焊完毕后,必须清理现场的焊渣等火种。

(20) 在塔上有作业人员工作的期间内,指挥人员不得离开现场。应密切观察塔上作业人员的作业,发现违章行为应及时制止。

5. 移动通信的天线安装安全管理

(1) 吊装天线前应先勘察现场,制订吊装方案。天线施工人员必须明确分工和职责,由专人统一指挥。吊装现场必须避开电力线等障碍物。

(2) 吊装前应检查吊装工具的可靠性。当起吊的天线稍离地面时,应再次检查吊装物,确认可靠后再继续起吊。

(3) 起吊天线时,应使天线与铁塔(或楼房)保持安全距离,不可大幅度摆动。向建筑物的楼顶吊装时,起吊的钢丝绳不得摩擦楼体。

(4) 天线挂架强度、水平支撑杆的安装角度应符合设计要求。固定用的抱箍必须安装双螺母,加固螺栓必须由上往下穿。如需另加镀锌角钢固定时,不得在天线塔角钢上钻孔或电焊。

(5) 辐射器安装应注意极化方向,顶端固定拉绳调整的长度应一致,确保拉力均匀。

(6) 安装防辐射围圈前,应在主反射面锅沿边先粘防泄漏垫,再装防尘布,防尘布周围的固定弹簧拉钩调整长度应一致。

6. 馈线安装安全管理

(1) 吊装椭圆软波导前必须将一端接头安装平整、牢固,并用塑料布包扎严密再进行吊装。

(2) 吊装椭圆软波导应使用专用钢丝网套兜住馈线的一端,并绑扎到主绳上,不得使软波导扭折或碰撞塔体。

(3) 馈线与天线馈源,馈线与设备在连接处应自然吻合、自然伸直,不得受外力的扭曲影响。

(4) 馈线作弯时应圆滑,其曲率半径应符合设计要求。馈线进入机房内时应略高于室外或做滴水弯,雨水不得沿馈线流进机房。馈线进洞口处必须密封和做好防水处理。

（5）馈线进入机房前，必须至少有 3 处以上的防雷接地点；馈线进入机房后必须安装进雷器。

习题与思考

简答题

1. 通信管道工程施工质量控制点有哪些？

2. 通信线路工程施工质量控制点有哪些？

3. 通信设备安装工程施工质量控制点有哪些？

参 考 文 献

［1］ 中国通信企业协会通信设计施工专业委员会.通信建设监理管理与实务［M］.北京：北京邮电大学出版社,2009.

［2］ 于正永,钱建波,董进.通信建设工程监理［M］.北京：人民邮电出版社,2017.

［3］ 秦文胜.通信工程监理实务［M］.北京：高等教育出版社,2018.

［4］ 赵忠强,马培堡,陈开玲,等.通信建设工程现场监理［M］.北京：中国矿业大学出版社,2018.

监理资料整理模板

×× - ×××× - ××××

××××××××××

工程编号：××××××××××

监 理 资 料

公司总经理：＿＿＿＿＿＿＿＿＿＿＿＿＿＿

项 目 总 监：＿＿＿＿＿＿＿＿＿＿＿＿＿＿

审 核 人：＿＿＿＿＿＿＿＿＿＿＿＿＿＿

编 制 人：＿＿＿＿＿＿＿＿＿＿＿＿＿＿

×××监理有限公司
××年××月

目　录

序号	文　件　名	备注
1	监理单位资质证书	
2	监理合同	
3	监理规划	
4	监理实施细则	
5	工前会（设计交底、安全交底及图纸会审）	
6	监理工程师通知单	
7	监理工程师通知回复单	施工单位
8	工程告知书	推荐使用
9	工作联系单	
10	工程变更单及附件	
11	工程变更费用报审表	施工单位
12	工程开工/复工报审表	施工单位
13	工程暂停令	
14	施工组织设计（方案）报审表及附件	施工单位
15	施工单位资质证书	施工单位
16	分包单位资格报审表	施工单位
17	报验申请表	施工单位
18	工程款支付申请表	施工单位
19	工程款支付证书	
20	工程延期申请表	施工单位
21	工程延期审批表	
22	费用索赔申请表	施工单位
23	费用索赔审批表	
24	工程材料/构配件/设备报审表及证明文件	施工单位
25	材料、构配件进场检验记录	推荐使用
26	设备开箱检验记录	推荐使用
27	工程竣工报验单	施工单位
28	工程量清单	推荐使用
29	分专业质量控制点检查表	
30	旁站监理记录	推荐使用
31	见证取样和送检见证人员备案表	推荐使用
32	见证记录	推荐使用
33	会议纪要（工程例会/专题会议）	
34	来往函件	
35	监理日报（周报、月报）	
36	建设工程质量事故调查、勘察记录	施工单位
37	质量缺陷与事故的处理文件	
38	竣工结算审核意见书	推荐使用
39	工程质量评估报告	推荐使用
40	监理工作总结